测试信号处理技术学习及实践指导

王 睿　孙江涛　李 慧　屈晓磊　谢跃东　编著

北京航空航天大学出版社

内容简介

本书是北京市高等教育精品教材《测试信号处理技术》(第3版)配套的教学指导书,使用该教材的北京航空航天大学"信号分析与处理"课程是北京市精品课程、北京市优质本科课程。本书系统总结编者多年的教学经验和体会,特别注重培养学生对基本概念、基本方法和基本技能的掌握;实践指导部分旨在让读者通过MATLAB编程加深对基本理论的理解,增长知识应用技能。本书是一本很实用的教学指导书,亦可与不同版本的教科书配套使用。

本书第一部分围绕主教材的章节结构展开,每章由基本知识与重要知识、学习要求、重点和难点提示、习题精解、思考与练习题5个相互关联部分组成;本书第二部分与理论知识同步,编入了7个基于MATLAB仿真环境的实验项目,可供教学编程实践练习。本书还配有二维码,读者可扫码查看更多的教学资源。

本书可作为普通高等学校仪器仪表类各专业(含测控、光电、遥感和智能感知、导航和自动化)、电气信息、检测技术与自动化装置以及其他机电类专业的本科生教材或研究生参考书,亦可供上述领域的工程技术人员学习和参考。

图书在版编目(CIP)数据

测试信号处理技术学习及实践指导 / 王睿等编著.
北京 :北京航空航天大学出版社, 2025. 3. -- ISBN
978-7-5124-4591-8

Ⅰ. TN911.7

中国国家版本馆CIP数据核字第20255PU354号

测试信号处理技术学习及实践指导

王 睿 孙江涛 李 慧 屈晓磊 谢跃东 编著

策划编辑 陈守平 责任编辑 龚 雪

*

北京航空航天大学出版社出版发行

北京市海淀区学院路37号(邮编100191) http://www.buaapress.com.cn

发行部电话:(010)82317024 传真:(010)82328026

读者信箱:bhrhfs@126.com 邮购电话:(010)82316936

北京九州迅驰传媒文化有限公司印装 各地书店经销

*

开本:787×1 092 1/16 印张:10.75 字数:275千字

2025年3月第1版 2025年3月第1次印刷 印数:1 000册

ISBN 978-7-5124-4591-8 定价:32.00元

前　言

信号分析与处理是一门理论性和实践性均很强的本科生课程,同时也是高校仪器仪表类各专业的核心专业基础课,学生普遍感到难学,教师觉得难教。要全面掌握本课程的内容,教师应该在讲解基本概念、基本原理的基础上,加强学生基本技能的训练;而学生需要掌握本课程的重点,了解课程的难点,通过完成适量的习题和 MATLAB 程序实现,提高分析、解决实际问题和创新的能力。

本书是王睿、周浩敏编写的北京市高等教育精品教材《测试信号处理技术》(第 3 版)(以下简称教科书)配套的教学指导书。北京航空航天大学的"信号分析与处理"是北京市精品课程、北京市优质本科课程,为配合课程的建设,辅助教师更好地开展研究型教学,本书编者将从事信号分析与处理教学和科研的体会体现在编写内容之中,力图基础理论与应用背景并重,特别注重培养学生对基本概念、基本方法和基本技能的掌握,使本书能够满足师生们对富有启发性、实用性和可读性学习指导书的渴求,并以二维码的形式为读者提供了思维导图、MATLAB 程序、PPT 等电子教学资源,读者可将之与教科书配套使用,以起到良好的互补作用。

本书内容包括基本知识与重要知识、学习要求、重点和难点提示、习题精解、思考与练习题以及课内配套实践指导——MATLAB 实验等。学习要求包括理解、掌握和灵活运用信号分析与处理课程的知识点;重点和难点提示、例题分析部分对信号分析与处理的基本概念、基本方法和基本技能进行了阐述,并通过例题和 MATLAB 程序强化学生对"三基"的掌握程度。附录包括了 MATLAB 常用信号处理库函数,这些对读者使用 MATLAB 解决实际问题都大有益处。

作为立体化教材的重要组成部分,本书能起到与教科书互补、提高学生实际应用能力的作用。参加本书编写工作的有王睿(第 1、2、4 章和实验指导部分)、孙江涛(第 5、7 章和实验指导部分)、李慧(第 4、8 章)、屈晓磊(第 2、6 章)、谢跃东(第 3 章),全书由王睿统稿。此外,参加本书编写和资料整理工作的还有李世杰、邹泽森等研究生。

本书在编写的过程中,得到了编者所在学校和学院有关领导及北京航空航天大学出版社的支持和帮助,并获得了北京市优质本科课程专项建设基金的资助,编者在此表示感谢。

本书可作为普通高等学校仪器仪表类各专业(含测控、光电信息、遥感和智能感知、导航和自动化)、电气信息、检测技术与自动化装置以及其他机电类专业的本科生教材或研究生参考书,也可作为相关学科工程技术人员的参考书籍。我们希望本书有较大的读者覆盖面,教师、学生和工程技术人员都能够从中有所收获。这一愿望自然是美好的,但由于编写一本适用于研究型和工程应用型的教学指导书并非易事,受限于编者之能力,书中的不足之处,恳请读者批评指正,以便于我们今后编写出质量更高、使用效果更好的教学指导书。

编　者
2024 年 7 月 30 日于北京

目　　录

第一部分　学习指导与题解

第二部分 实践指导——MATLAB 实验指导

第一部分

学习指导与题解

第1章 概 论

1.1 基本知识与重要知识

第1章思维导图

1.1.1 概念及测试信号的分类

1. 测 试

测试包括测量、检测与试验，是人们认识客观事物的方法，测试过程是从客观事物中获取有关信息的认识过程。测试学科的任务一般是以测量系统的输出估计被测物理量，测试主要分成静态测量和动态测试，信号的处理与分析属于动态测试范畴。

2. 信息、消息、信号

在信息技术领域，信息（information）、消息（message）和信号（signal）是三个密切相关但却不同的重要概念。

（1）信 息

信息、物质和能量是物质世界的三大支柱。将信息表达为事物属性的标识，把信息定义为事物运动状态或存在方式的不确定性的描述，是目前较易被大家接受的信息的定义。

（2）消 息

消息是运动或状态变化的直接反映，是待传输或处理的原始对象，一般由符号、文字、数字、图像或语音序列等组成。

（3）信 号

信号是指任何试图传送某种信息的客观变量，包括物理变量、化学变量、生物变量等，总在系统上运行。对信号的描述主要有公式法、图(波)形法和表格法。

概括起来可以认为信息、消息和信号之间的联系和区别是：

① 信号是物理量或函数，是信息的载体，是消息的一种物理表现形式；

② 消息是信息的载体，消息中不确定的内容构成信息；

③ 信息是消息和信号的内涵，消息和信号都是信息的载体，必须对信号（包含的消息）进行分析和处理后，才能从信号中提取出信息。

3. 信号的分类

根据信号的不同特性，可以对信号进行不同视角的分类。几种常见的分类为：确定性信号与随机性信号、连续信号与离散信号、能量信号与功率信号、时限信号与频限信号、物理可实现信号与物理不可实现信号。

确定性信号是指在任意时间点上取值都是确定值的信号，又可以进一步分为周期信号和非周期信号。

周期信号是经过一定时间周而复始，而且是无始无终的信号。一个定义在$(-\infty,\infty)$区间的连续信号$f(t)$，如果存在一个最小的正值T，对全部t，满足条件

$$f(t)=f(t+nT) \tag{1-1}$$

则称 $f(t)$ 为周期信号。式中，T 为基波周期，$T=2\pi/\Omega_0$，Ω_0 为基频；$n=0,\pm1,\pm2,\cdots$。

周期信号线性组合后，即周期为 T_1 和周期为 T_2 的两个(或多个)周期信号相加，是否仍为周期信号主要取决于在这两个周期 T_1、T_2 之间是否有最小公倍数 T_0，若存在最小公倍数，则有 $T_0=n_1T_1=n_2T_2$ 或 $T_1/T_2=n_2/n_1=$有理数 (n_1、n_2 均为整数)成立，那么信号相加后是周期信号，否则就不是周期信号。

1.1.2 信号分析、信号处理与测试系统

1. 信号分析

信号分析即研究信号本身特性的过程。信号分析的经典方法有时域分析法和频域分析法。

2. 信号处理

信号处理是指对各种类型的信号按各种预期的目的及要求进行加工的过程。目的在于：通过对信号进行某种加工变换或运算，削弱信号中的多余内容，滤除混杂的噪声和干扰；或者将信号变换成容易处理、传输、分析与识别的形式，以便后续的其他处理。信号处理最基本的内容有变换、滤波、调制、解调、相关、卷积、增强、压缩、识别和估计等。广义的信号处理可把信号分析也包括在内。

3. 测试系统

测试系统的功用是精确地测量出被测对象中人们所需要的某些特征性参数信号，测试系统一般由传感器、中间变换装置和显示记录装置三个基本功能环节组成。

测试系统对参数进行测试时，要求系统本身既具有不失真传输信号的能力，还具有在外界各种干扰情况下能够提取和辨识信号中所包含的有用信息的能力。从信号的角度，“测试信号”是测试系统的“输入信号”和“输出信号”的统称。

1.2 学习要求

① 掌握信息、消息、信号的定义、联系和区别。

② 带着“为什么要这样分类”的问题，从逻辑上的排他性和完备性出发理解五种信号的主要分类方法。着重掌握确定性信号中的周期与非周期信号，连续与离散信号中的模拟信号、量化信号、抽样信号、数字信号的判别。

③ 了解并会判断能量信号、功率信号、非能量非功率信号。

④ 了解测试系统和测试信号的概念，掌握数字化信号分析与处理全过程的原理框图。

1.3 重点和难点提示

1.3.1 测试信号的分类及判断

1. 确定性信号与随机性信号的描述及分类

如图 1.1 所示，关注周期信号所具有的周而复始和无始无终的特点，参见 1.1.1 节的内容，重点应掌握周期信号中的周期 T 的求取，以及周期信号线性组合后是否为周期信号的判断。

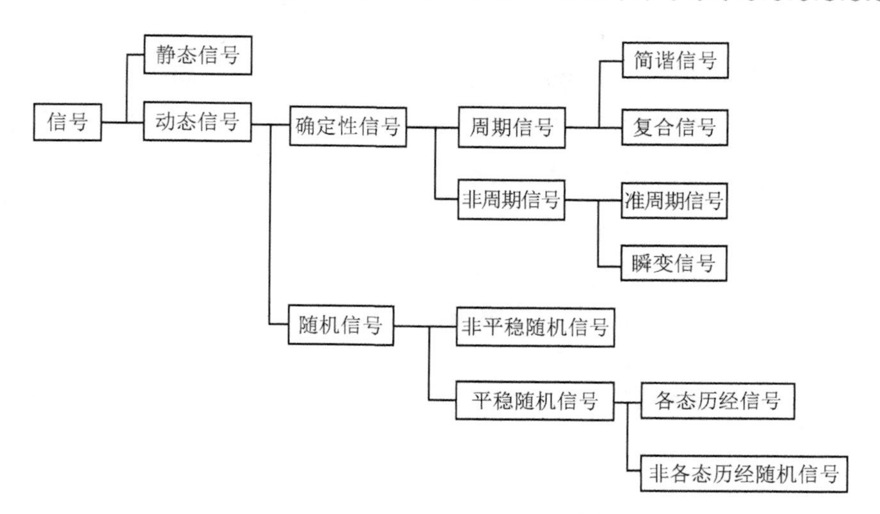

图 1.1　信号的确定性及随机性描述和分类

2. 模拟信号、量化信号、抽样信号、数字信号的定义和区别

重点关注抽样信号与数字信号的区别，如图 1.2 所示。

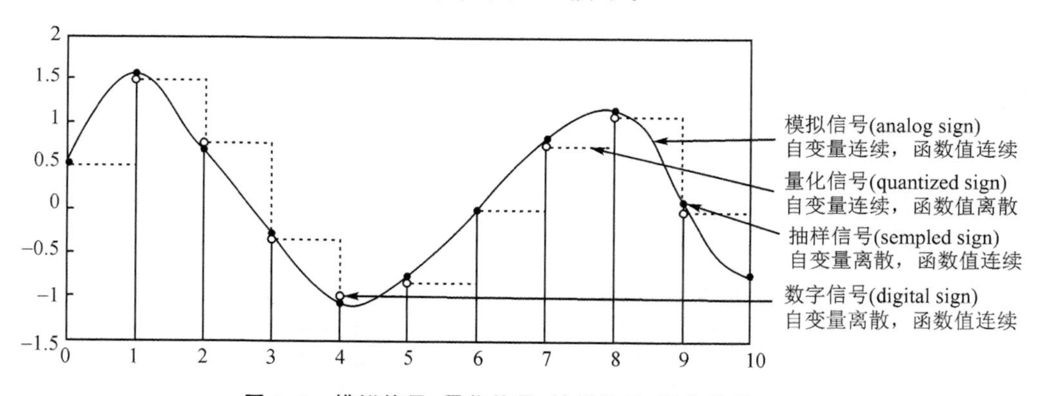

图 1.2　模拟信号、量化信号、抽样信号、数字信号

3. 能量信号、功率信号、非能量非功率信号

信号能量 E 是定义在时间区间$(-\infty,+\infty)$信号 $x(t)$ 的能量：

$$E=\int_{-\infty}^{+\infty}|x(t)|^{2}\mathrm{d}t<\infty$$

信号功率 P 是定义在时间区间$(-\infty,+\infty)$信号 $x(t)$的平均功率：

$$P=\lim_{(t_2-t_1)\to\infty}\frac{1}{t_2-t_1}\int_{t_1}^{t_2}|x(t)|\mathrm{d}t$$

若信号 $x(t)$的能量 E 满足：$0<E<\infty$(且 $P=0$)，则认为信号 $x(t)$为能量有限信号(简称为能量信号)，如非周期有限连续信号、指数衰减信号等；

若信号 $x(t)$的功率 P 满足：$0<P<\infty$(且 $E=\infty$)，则认为信号 $x(t)$为功率有限信号(简称为功率信号)，如周期连续信号等。

判断一个信号是能量信号还是功率信号，首先需要计算其能量和功率，然后判断它是所存在三种组合中的哪种信号：

① 有限能量+零功率→能量信号，代表波形：一个孤零零的方波。

② 无穷能量+有限功率→功率信号，代表波形：一个无限延伸的正弦波。

③ 无穷能量+无穷功率→非功率非能量信号，代表波形：一个无限延伸的单调波形。

1.3.2 模拟测试信号的数字信号处理系统

测试系统隶属于系统，使用测试系统进行某一参量测试的整个过程都是信号的流程，即信号的获取、加工、处理、显示、记录等。

如果系统的输入输出均为模拟信号，则用数字方法对信号处理的整个过程应包括 A/D、DSP、D/A 三个必不可少的部分。若输入为频带无限信号，则根据抽样定理，在 A/D 前还需要设置抗混叠滤波器，D/A 后设置重构低通滤波器，信号处理全过程的概念性图示如图 1.3 所示。

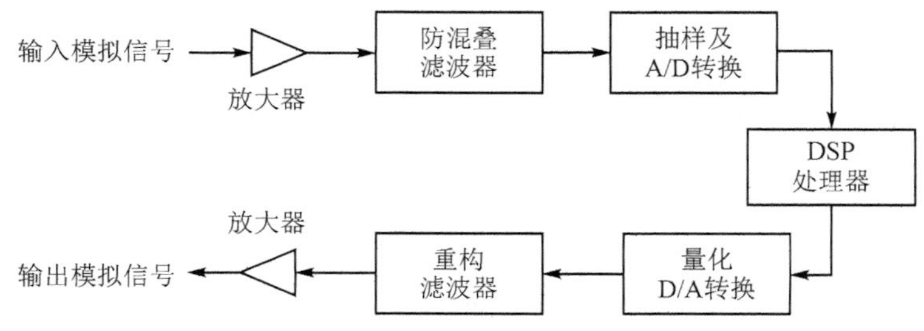

图 1.3 模拟信号的数字信号处理系统

1.4 习题精解

1. 以国产 C919 商业首飞成功事件为例，说明和分析信息、信号、消息的联系和区别。

扫码看图文

扫码看视频

2. 已知信号 $v(t)$ 由三个周期信号相加而成，这三个信号分别是：$x_1(t)=\cos 0.5t$，$x_2(t)=\sin 2t$，$x_3(t)=2\cos\frac{7}{6}t$。

① 判断信号 $v(t)$ 的周期。

② 在信号 $v(t)$ 上再叠加另外一个信号 $x_4(t)=3\sin 5\pi t$ 构成信号 $w(t)$，即 $w(t)=x_1(t)+x_2(t)+x_3(t)+x_4(t)$，判断信号 $w(t)$ 是否是周期信号。

解：① 为了判断信号 $v(t)$ 的周期，必须知道 $x_1(t)$、$x_2(t)$ 和 $x_3(t)$ 的周期比值是否为整数之比：

$$T_{01}=\frac{2\pi}{\omega_1}=\frac{2\pi}{0.5},\quad T_{02}=\frac{2\pi}{\omega_2}=\frac{2\pi}{2},\quad T_{03}=\frac{2\pi}{\omega_3}=\frac{2\pi}{7/6}$$

周期的比值为

$$\frac{T_{01}}{T_{02}}=\frac{2\pi/0.5}{2\pi/2}=\frac{2}{0.5}=4,\quad \frac{T_{01}}{T_{03}}=\frac{2\pi/0.5}{2\pi(7/6)}=\frac{7/6}{0.5}=\frac{7}{3}$$

两个比值皆可用一个有理分式表示，这说明 $v(t)$ 是一个周期信号。显然，两个分母的最小公倍数 $n_1=1\times3=3$，则信号 $v(t)$ 的基本周期为 $T_0=n_1T_{01}=3\times2\pi/0.5=12\pi(\mathrm{s})$。

② 在信号 $v(t)$ 上再叠加另外一个信号 $x_4(t)=3\sin 5\pi t$ 构成信号 $w(t)$，即 $w(t)=x_1(t)+x_2(t)+x_3(t)+x_4(t)$。这个新的信号的周期性必须按照①中的方法判定。由于 $x_4(t)$ 的叠加所带来的周期之比为

$$\frac{T_{01}}{T_{04}}=\frac{2\pi/0.5}{2\pi/5\pi}=\frac{5\pi}{0.5}$$

又由于 π 是一个无理数，所以上述的周期比值是无理数。这说明 $w(t)$ 是一个非周期信号。

3. 设 $f_1(t)$ 和 $f_2(t)$ 是基本周期分别为 T_1 和 T_2 的周期信号，证明 $f(t)=f_1(t)+f_2(t)$ 是周期为 T 的周期信号的条件为（m、n 为正整数）

$$mT_1=nT_2=T$$

证明： 设 $f(t)=f_1(t)+f_2(t)$ 的周期为 T，则存在

$$f(t+T)=f_1(t+T)+f_2(t+T)=f(t)=f_1(t)+f_2(t)$$

而

$$f_1(t)+f_2(t)=f_1(t+mT_1)+f_2(t+nT_2)$$

所以

$$mT_1=nT_2=T$$

4. 试判断下列信号是否是周期信号，若是，确定其周期。

① $f(t)=3\cos 2t+6\cos \pi t$　　② $f(t)=(a\sin t)^2$

③ $f(t)=\sin 2\pi t, t\geqslant 0$　　④ $f[m]=\sin(\pi m/4)+\cos(\pi m/8)-2\sin(\pi m/2)$

解： ① 信号 $\cos 2t$ 的周期为 $T_1=\pi$，信号 $\cos \pi t$ 的周期为 $T_2=2$，根据习题 2②的结论，$f(t)=3\cos 2t+6\cos \pi t$ 为非周期信号。

② $f(t)=(a\sin t)^2=\dfrac{a^2}{2}(1-\cos 2t)$ 是周期信号，且周期 $T=\pi$。

③ $f(t)=\sin 2\pi t, t\geqslant 0$，因为周期信号必须在区间 $(-\infty<t<+\infty)$ 上满足 $f(t)=f(t+T)$，所以此信号为非周期信号。

④ 信号 $f[m]$ 是三个周期信号之和，三个信号周期分别为 $M_1=8, M_2=16, M_3=4$，所以信号 $f[m]$ 是周期信号，且 $M=16$。

5. 试判断下列信号是能量信号还是功率信号。

① $x_1(t)=\dfrac{\pi}{2}\mathrm{e}^{-t}, t\geqslant 0$；② $x_2(t)=\sin 2t+\sin 2\pi t$；③ $x_3(t)=\mathrm{e}^{-t}\sin 2t$。

解： ① $x_1(t)=\dfrac{\pi}{2}\mathrm{e}^{-t}$，$t\geqslant 0$

$$E=\lim_{T\to\infty}\int_0^T\left(\frac{\pi}{2}\right)^2\mathrm{e}^{-2t}\,\mathrm{d}t=\lim_{T\to\infty}\left(\frac{\pi}{2}\right)^2\left[\frac{1}{-2}\mathrm{e}^{-2t}\right]_0^T$$

$$=-\frac{\pi^2}{8}\lim_{T\to\infty}(\mathrm{e}^{-2T}-1)=-\frac{\pi^2}{8}\lim_{T\to\infty}\left(\frac{1}{\mathrm{e}^{2T}}-1\right)=\frac{\pi^2}{8}$$

$$P=\lim_{T\to\infty}\frac{1}{2T}\int_0^T\left(\frac{\pi}{2}\right)^2\mathrm{e}^{-2t}\,\mathrm{d}t=-\frac{\pi^2}{8}\lim_{T\to\infty}\left(\frac{1}{2T\mathrm{e}^{2T}}-\frac{1}{2T}\right)=0$$

所以 $x_1(t)$ 为能量信号。

② $x_2(t)=\sin 2t+\sin 2\pi t$

$$E=\lim_{T\to\infty}\int_{-T}^{T}(\sin 2t+\sin 2\pi t)^2\,dt$$

$$=\lim_{T\to\infty}\int_{-T}^{T}(\sin^2 2t+2\sin 2t\sin 2\pi t+\sin^2 2\pi t)\,dt$$

令 $A=2t$,$B=2\pi t$,则

$$E=\lim_{T\to\infty}\int_{-T}^{T}\left[\frac{1-\cos 4t}{2}+\frac{\cos(A+B)-\cos(A-B)}{2}+\frac{1-\cos 4\pi t}{2}\right]dt$$

$$=\lim_{T\to\infty}\int_{-T}^{T}\left[1-\frac{\cos 4t}{2}+\frac{\cos(A+B)-\cos(A-B)}{2}-\frac{\cos 4\pi t}{2}\right]dt$$

$$=\lim_{T\to\infty}\left[t-\frac{\sin 4t}{8}+\frac{\sin(2+2\pi)t}{(2+2\pi)2}-\frac{\sin(2-2\pi)t}{(2-2\pi)2}-\frac{\sin 4\pi t}{8\pi}\right]_{-T}^{T}$$

$$=\lim_{T\to\infty}\left[2T-\frac{\sin 4T}{8}+\frac{\sin(-4T)}{8}+\frac{\sin(2+2\pi)T}{4+4\pi}+\frac{\sin(2+2\pi)T}{4+4\pi}-\right.$$

$$\left.\frac{\sin(2-2\pi)T}{4-4\pi}-\frac{\sin(2-2\pi)T}{4-4\pi}-\frac{\sin 4\pi T}{8}-\frac{\sin 4\pi T}{8}\right]$$

$$=\lim_{T\to\infty}\left[2T-\frac{\sin 4T}{4}+\frac{\sin(2+2\pi)T}{2+2\pi}-\frac{\sin(2-2\pi)T}{2-2\pi}-\frac{\sin 4\pi T}{4}\right]$$

$$=\infty$$

$$P=\lim_{T\to\infty}\frac{1}{2T}\int_{-T}^{T}x_2^2(t)\,dt$$

$$=\lim_{T\to\infty}\left[1-\frac{\sin 4T}{8T}+\frac{\sin(2+2\pi)T}{(2+2\pi)2T}-\frac{\sin(2-2\pi)T}{(2-2\pi)2T}-\frac{\sin 4\pi T}{8T}\right]$$

$$=1$$

所以 $x_2(t)$ 为功率信号。

③ $x_3(t)=e^{-t}\sin 2t$

$$w=\lim_{T\to\infty}\int_{-T}^{T}e^{-t}\sin^2 2t\,dt$$

$$=\lim_{T\to\infty}\int_{-T}^{T}e^{-t}\,\frac{1-2\cos 4t}{2}\,dt$$

$$=\lim_{T\to\infty}\int_{-T}^{T}\frac{e^{-2t}}{2}\,dt-\lim_{T\to\infty}\int_{-T}^{T}e^{-2t}\cos 4t\,dt$$

$$=\lim_{T\to\infty}\left[\frac{e^{-2t}}{-2}\right]_{-T}^{T}-\lim_{T\to\infty}\int_{-T}^{T}e^{-2t}\cos 4t\,dt$$

$$=\lim_{T\to\infty}\left(\frac{e^{-2T}}{-4}+\frac{e^{2T}}{4}\right)-\lim_{T\to\infty}\int_{-T}^{T}e^{-2t}\cos 4t\,dt$$

因为
$$\int_{-T}^{T}e^{-2t}\cos 4t\,dt=\frac{1}{5}\left[-\frac{1}{2}e^{-2t}\cos 4t+e^{-2t}\sin 4t\right]_{-T}^{T}$$

所以
$$w=\lim_{T\to\infty}\left(\frac{e^{-2T}}{-4}+\frac{e^{2T}}{4}\right)-\lim_{T\to\infty}\frac{1}{5}\left[-\frac{1}{2}e^{-2t}\cos 4t+e^{-2t}\sin 4t\right]_{-T}^{T}$$

$$=\lim_{T\to\infty}\left(\frac{e^{-2T}}{-4}+\frac{e^{2T}}{4}\right)-\frac{1}{5}\lim_{T\to\infty}\left[-\frac{1}{2}e^{-2T}\cos 4T+e^{-2T}\sin 4T+\frac{1}{2}e^{2T}\cos 4T+e^{2T}\sin 4T\right]_{-T}^{T}$$

$$=\lim_{T\to\infty}\left(\frac{e^{-2T}}{-4}+\frac{e^{2T}}{4}+\frac{1}{10}e^{-2T}\cos 4T-\frac{1}{5}e^{-2T}\sin 4T-\frac{1}{10}e^{2T}\cos 4T-\frac{1}{5}e^{2T}\sin 4T\right)$$

$$=\lim_{T\to\infty}e^{-2T}\left[-\frac{1}{4}+\frac{\cos 4T}{10}-\frac{\sin 4T}{5}\right]+\lim_{T\to\infty}e^{2T}\left[\frac{1}{4}-\frac{\cos 4T}{10}-\frac{\sin 4T}{5}\right]$$

$$=0+\infty$$

$$P=\lim_{T\to\infty}\frac{e^{-2T}}{2T}\left[-\frac{1}{4}+\frac{\cos 4T}{10}-\frac{\sin 4T}{5}\right]+\lim_{T\to\infty}\frac{e^{2T}}{2T}\left[\frac{1}{4}-\frac{\cos 4T}{10}-\frac{\sin 4T}{5}\right]$$

$$=0+\infty$$

所以 $x_3(t)$既非功率信号,也非能量信号。

6. 对下列每一个信号求能量 E 和功率 P:

① $x_1(t)=e^{\alpha t},\alpha>0$　② $x_2(t)=e^{j(2t+\pi/4)}$　③ $x_3(t)=\cos t$

④ $x_1[n]=\left(\frac{1}{2}\right)^n u[n]$　⑤ $x_2[n]=e^{j(\pi/2n+\pi/8)}$　⑥ $x_3[n]=\cos\left(\frac{\pi}{4}n\right)$

解:

① $P_\infty=\infty$, $E_\infty=\infty$;　② $P_\infty=1$, $E_\infty=\infty$;　③ $P_\infty=1/2$, $E_\infty=\infty$;

④ $P_\infty=0$, $E_\infty=4/3$;　⑤ $P_\infty=1$, $E_\infty=\infty$;　⑥ $P_\infty=1/2$, $E_\infty=\infty$。

1.5 思考与练习题

1. 一个信号可否既是能量信号又是功率信号?可否既不是能量信号又不是功率信号?
2. 说明模拟信号、数字信号、量化信号与抽样信号之间的联系和区别。
3. 遵循逻辑的排他性和完备性原则,给出你自己的信号分类形式。
4. 简述模拟信号进行数字信号处理的全过程。
5. 测试信号与测试系统为什么是不可分割的整体?

第 1 章思考与练习题答案

第 2 章　连续时间信号和系统

2.1　基本知识与重要知识

第 2 章思维导图

2.1.1　基本连续时间信号

1. 常见的基本连续信号

测试信号通常以函数、曲线、数值、图像、视频、音频、电磁波等多种表现形式存在，人们通过测试系统接收、传送、处理这些信号，提取输出蕴含的信息。为便于信号的分析和处理，通常要将复杂信号用简单的基本信号表示，常见的基本连续信号如表 2-1 所列。

表 2-1　常见的基本连续信号

类　别	8 种基本信号		
特征信号	指数信号	$f(t)=A\mathrm{e}^{\alpha t}$	A 为常数，α 可以是实常数，也可以为复常数
	复指数信号	$f(t)=A\mathrm{e}^{st}=A\mathrm{e}^{(\sigma+\mathrm{j}\Omega)t}$	当 α 为复常数时，α 改用 s 表示，即 $s=\sigma+\mathrm{j}\Omega$，
	正余弦	$f(t)=A\sin(\Omega t+\theta)$	信号幅值为 A，初相位为 θ，角频率为 Ω（或频率为 f），自变量为 t，周期为 T，$T=1/f=2\pi/\Omega$
偶对称信号	抽样信号	$\mathrm{Sa}(t)=\sin t/t$	当 $t\to 0$ 时，$\mathrm{Sa}(t)\to 1$，且 $\int_0^{\infty}\mathrm{Sa}(t)\mathrm{d}t=\frac{\pi}{2}$ 或 $\int_{-\infty}^{\infty}\mathrm{Sa}(t)\mathrm{d}t=\pi$
		$\sin\mathrm{c}(t)=\frac{\sin\pi t}{\pi t}=\mathrm{Sa}(\pi t)$	Sa 函数过零位置：$\mathrm{Sa}(t)=0$，$t=\pm n\pi, n=1,2,3\cdots$
	单位矩形脉冲	$G(t)=E\left[u(t+\frac{\tau}{2})-u(t-\frac{\tau}{2})\right]$	矩形脉冲宽度为 τ，幅值为 E
奇异信号	单位冲激	对于在任意点 $t=t_0$ 处出现的冲激，可表示为 $\begin{cases}\int_{-\infty}^{\infty}\delta(t-t_0)\mathrm{d}t=1\\ \delta(t-t_0)=0, & t\neq t_0\end{cases}$	$\delta(t)=\lim_{\tau\to 0}\frac{1}{\tau}\left[u\left(t+\frac{\tau}{2}\right)-u\left(t-\frac{\tau}{2}\right)\right]$， $\delta(t)=\lim_{\tau\to 0}\left[\frac{1}{\tau}\mathrm{e}^{-\pi\left(\frac{t}{\tau}\right)^2}\right]$， $\delta(t)=\lim_{k\to\infty}\left[\frac{k}{\pi}\mathrm{Sa}(kt)\right]$
	单位阶跃	$u(t)=\begin{cases}1, & t>0\\ 0, & t<0\end{cases}$	① 利用阶跃函数还可以表示单边信号； ② $\frac{\mathrm{d}}{\mathrm{d}t}u(t)=\delta(t)$，$\int_{-\infty}^{t}\delta(\tau)\mathrm{d}\tau=u(t)$

续表 2-1

类 别	8种基本信号		
奇异信号	单位斜波	$R(t)=\begin{cases}0,t<0\\t,t\geqslant 0\end{cases}$	$R(t)=tu(t)$； $R(t)=\int_{-\infty}^{t}u(\tau)\mathrm{d}\tau$，$u(t)=\frac{\mathrm{d}R(t)}{\mathrm{d}t}$
	符号信号	$\mathrm{sgn}(t)=\begin{cases}1, & t>0\\-1, & t<0\end{cases}$	$\mathrm{sgn}(t)+1=2u(t)$ $\mathrm{sgn}(t)=2u(t)-1$

2. 单位冲激信号的物理意义、定义及性质

单位冲激信号用来描述那些持续时间极短而强度极大的物理现象，如力学中的爆炸、闪电、各种物理冲击和碰撞等。在 $t=t_0$ 处出现的单位冲激信号的狄拉克定义如下：

$$\begin{cases}\int_{-\infty}^{\infty}\delta(t-t_0)\,\mathrm{d}t=1\\ \delta(t-t_0)=0,t\neq t_0\end{cases}\tag{2-1}$$

虽然在现实中，一个真正的冲激信号是不可能产生的，但是数学中，冲激信号（函数）以及由冲激函数的周期重复组成的梳状函数在信号与系统的分析中是非常有用的。

单位冲激信号具有如下性质。

① 对称性：单位冲激信号为偶函数，即

$$\delta(-t)=\delta(t)\tag{2-2}$$

② 尺度压扩性：

$$\delta(at)=\frac{1}{|a|}\delta(t)\,(a\neq 0)\tag{2-3}$$

③ 积分性质：

$$\int_{-\infty}^{t}\delta(\tau)\mathrm{d}\tau=u(t)\tag{2-4}$$

④ 抽样特性（筛选特性）：

$$\int_{-\infty}^{\infty}f(t)\delta(t-t_0)\,\mathrm{d}t=f(t_0)\tag{2-5}$$

⑤ 乘积特性（加权特性）：

$$f(t)\delta(t-t_0)=f(t_0)\delta(t-t_0)\tag{2-6}$$

⑥ 搬移特性：

$$f(t)*\delta(t-t_0)=f(t-t_0)\tag{2-7}$$

一个函数与单位冲激函数的卷积，等价于把该函数平移到单位冲激函数的冲激点位置。

⑦ 高阶导数：

$$\delta^{(n)}(at)=\frac{\delta^{(n)}(t)}{|a|a^{n}},\quad a\neq 0\tag{2-8}$$

⑧ 重要关联公式：

$$\int_{-\infty}^{\infty}\mathrm{e}^{\mathrm{j}\Omega t}\mathrm{d}\Omega=2\pi\delta(t)\tag{2-9}$$

2.1.2 连续时间信号的时域运算

连续信号的基本运算规则主要有 10 种，如果再加上幅度比例(幅度倍乘系数)以及卷积和相关运算，可以看到在本教材中的信号运算方式可划分为以下三种模型(见本章思维导图)：

1. 信号幅度变量的计算

信号幅度变量的计算包括单信号的倍乘、微分和积分；多信号的相加、相乘。

信号经微分运算后会突出其变化部分；信号经积分运算后，其突变部分可变得光滑；多信号的相加、相乘的运算规则必须是将同一瞬间对应位置的两个函数值相加和相乘，可以认为抽样是相乘的一种特例，其物理意义如图 2.1 所示。

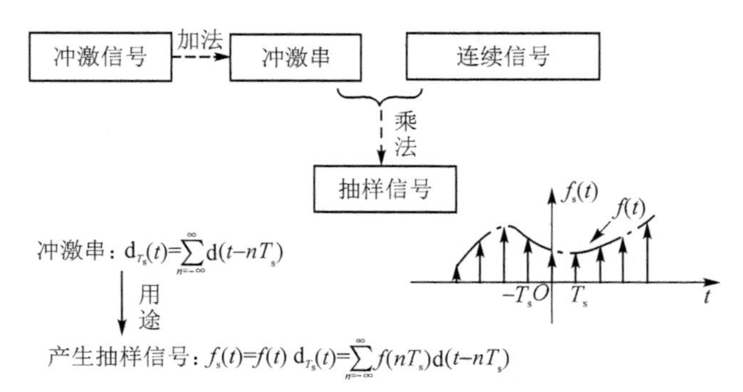

图 2.1 以抽样信号为例说明信号之间相加、相乘的物理意义

2. 信号自身整体运算

信号自身整体运算包括时移、反褶与尺度压扩。

① 时移运算：$f(t)\to f(t-b)$，其中参数 b 决定平移方向和位移量，$b>0$ 时右移，$b<0$ 时左移，如图 2.2 所示。

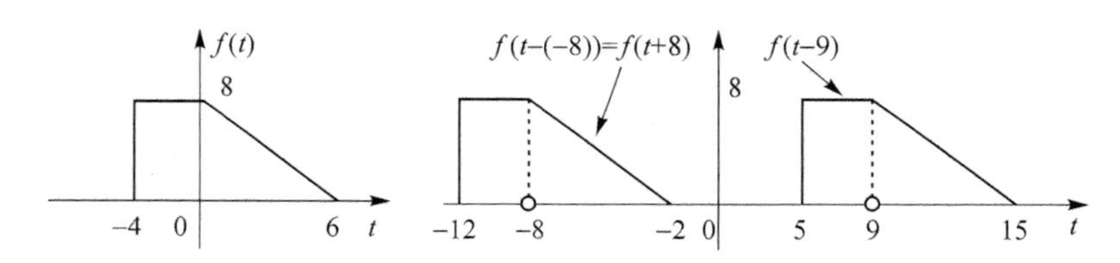

图 2.2 波形时移示例

② 反褶与尺度压扩：$f(t)\to f(at)$，其中参数 a 的符号控制是否先要反褶，$a>0$ 时不需要反褶，$a<0$ 时需要反褶；参数 a 的绝对值控制是压缩还是扩张，$|a|>1$ 波形压缩，$|a|<1$ 波形扩展(压缩或扩展倍数为 $1/|a|$)，如图 2.3 所示。

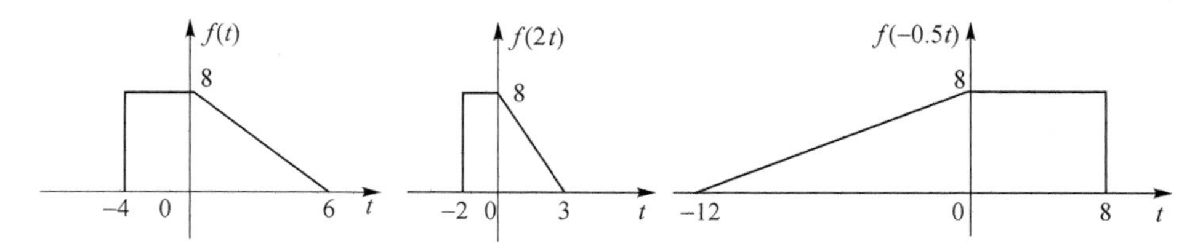

图 2.3 波形反褶与尺度压扩示例

3. 信号的关联运算:卷积和相关运算

卷积是信号之间的一种数学运算,采用积分变换实现,可以用于计算系统响应、光滑图像、探测地震等。对于连续和离散信号而言,卷积的原理是一样的,两者只存在形式上的不同,没有本质的差异。

相关计算主要用于发现两个信号或信号自身的相似性,可用于裂纹检测、地质勘探、飞机异常振动探测、生物特征识别等。

(1) 连续信号 $f_1(t)$和 $f_2(t)$的卷积运算定义为

$$f_1(t) * f_2(t) = \int_{-\infty}^{\infty} f_1(\tau) f_2(t-\tau) \, d\tau \tag{2-10}$$

其中,τ 是中间变量。卷积的步骤如下:

① 变量置换:先把两个信号的自变量 t 换成 τ ,得到 $f_1(\tau)$与 $f_2(\tau)$。

② 反褶:将 $f_2(\tau)$关于 τ 进行反褶得到 $f_2(-\tau)$ 。

③ 平移:将 $f_2(-\tau)$右移 t 个单位,得到 $f_2(t-\tau)$ 。

④ 相乘积分:对 $f_1(\tau) \cdot f_2(t-\tau)$ 进行积分,$\int_{-\infty}^{\infty} f_1(\tau) f_2(t-\tau) d\tau$ 的结果是两个函数曲线重合区域的面积。

(2) 卷积的性质

① 交换律:$f_1 * f_2 = f_2 * f_1$;

② 分配律:$f_1 * (f_2 + f_3) = f_1 * f_2 + f_1 * f_3$;

③ 结合律:$(f_1 * f_2) * f_3 = f_1 * (f_2 * f_3)$。

(3) 信号的相关运算

① 对于连续的实能量信号 $x(t)$和 $y(t)$,互相关函数为

$$R_{xy}(\tau) = \int_{-\infty}^{\infty} x(t) y(t+\tau) \, dt = \int_{-\infty}^{\infty} x(t-\tau) y(t) dt \tag{2-11}$$

注:若交换互相关函数下标 x 和 y 的先后次序,则有

$$R_{yx}(\tau) = R_{xy}(-\tau) \tag{2-12}$$

信号 $x(t)$的自相关函数为

$$R_{xx}(\tau) = \int_{-\infty}^{\infty} x(t) x(t+\tau) \, dt = \int_{-\infty}^{\infty} x(t-\tau) x(t) dt \tag{2-13}$$

② 对于连续的实功率信号,若 $x(t)$和 $y(t)$为周期为 $2T$ 的周期信号,则互相关函数 $R_{xy}(\tau)$和自相关函数 $R_{xx}(\tau)$分别为

$$R_{xy}(\tau) = \frac{1}{2T} \int_{-T}^{T} x(t) y(t+\tau) \, dt \tag{2-14}$$

$$R_{xx}(\tau) = \frac{1}{2T} \int_{-T}^{T} x(t) x(t+\tau) \, dt \tag{2-15}$$

③ 相关系数为

$$\rho_{xy} = \frac{R_{xy}(\tau)}{\sqrt{W_x} \sqrt{W_y}} \tag{2-16}$$

$$W_x = \int_{-\infty}^{\infty} x^2(t-\tau) \, dt = \int_{-\infty}^{\infty} x^2(t) dt \tag{2-17}$$

$$W_y = \int_{-\infty}^{\infty} y^2(t-\tau)\,\mathrm{d}t = \int_{-\infty}^{\infty} y^2(t)\,\mathrm{d}t \tag{2-18}$$

其中，$R_{xy}(\tau)$为信号 $x(t)$和 $y(t)$的互相关函数，W_x 和 W_y 为信号 $x(t)$和 $y(t)$的能量函数。

2.1.3 信号的分解

1. 交直流分解

将持续时间为 T，开始时间为 t_0 的信号 $f(t)$分解为直流分量 f_D 和交流分量 $f_A(t)$，表示为

$$f(t) = f_D + f_A(t) \tag{2-19}$$

式中，$f_D = \dfrac{1}{T}\displaystyle\int_{t_0}^{t_0+T} f(t)\,\mathrm{d}t$ 表示信号直流分量，$f_A(t)=f(t)-f_D$ 为信号的交流分量。

2. 奇偶分解

任何信号 $f(t)$都可以分解为偶分量 $f_e(t)$与奇分量 $f_o(t)$之和，即

$$f(t) = f_e(t) + f_o(t) \tag{2-20}$$

其奇分量表示为

$$f_o(t) = \frac{1}{2}[f(t) - f(-t)] \tag{2-21}$$

偶分量表示为

$$f_e(t) = \frac{1}{2}[f(t) + f(-t)] \tag{2-22}$$

经验证可知：$f_o(t)$和 $f_e(t)$分别为奇函数和偶函数，它们的定义域与 $f(t)$可能不同。

3. 虚实分解

在信号分析理论中，为建立某些理论完整的概念或简化计算，常借助复信号来研究某些实信号的问题。对于瞬时值为复数的信号 $f(t)$可分解为实、虚两个部分之和：

$$f(t) = f_r(t) + \mathrm{j}f_i(t) \tag{2-23}$$

$f(t)$的共轭复信号是 $f^*(t)$，即

$$f^*(t) = f_r(t) - \mathrm{j}f_i(t) \tag{2-24}$$

则信号 $f(t)$的实部 $f_r(t)$和虚部 $\mathrm{j}f_i(t)$分别可表示为

$$f_r(t) = \frac{1}{2}[f(t) + f^*(t)] \tag{2-25}$$

$$\mathrm{j}f_i(t) = \frac{1}{2}[f(t) - f^*(t)] \tag{2-26}$$

信号 $f(t)$的功率为

$$|f(t)|^2 = f(t)f^*(t) = f_r^2(t) + f_i^2(t) \tag{2-27}$$

4. 脉冲分解

任意连续信号 $f(t)$可以分解为一系列脉冲分量之和。一般分两种情况：一种是分解成矩形窄脉冲分量，该窄脉冲组合的极限情况就是冲激信号的叠加；另一种情况是分解为阶跃信号分量的叠加，这种分解不常用。

矩形窄脉冲分解（常用）：设当 τ 时刻，被分解的矩形对应脉高为 $f(\tau)$，脉宽为 $\Delta\tau$，此窄脉冲可表示为 $f(\tau)[u(t-\tau)-u(t-\tau-\Delta\tau)]$，$f(t)$ 即可表示成 $\tau=-\infty$到∞间许多这样矩形

窄脉冲的叠加：

$$f(t)=\sum_{\tau=-\infty}^{\infty}f(\tau)\left[u(t-\tau)-u(t-\tau-\Delta\tau)\right]$$
$$=\sum_{\tau=-\infty}^{\infty}f(\tau)\frac{\left[u(t-\tau)-u(t-\tau-\Delta\tau)\right]}{\Delta\tau}\cdot\Delta\tau \tag{2-28}$$

随着 $\Delta\tau\rightarrow 0$，有 $\sum\limits_{t=-\infty}^{\infty}\rightarrow\int_{-\infty}^{\infty}$，$\frac{\left[u(t-\tau)-u(t-\tau-\Delta\tau)\right]}{\Delta\tau}\rightarrow\delta(t-\tau)$，则

$$f(t)=\lim_{\Delta\tau\rightarrow 0}\sum_{\tau=-\infty}^{\infty}f(\tau)\frac{\left[u(t-\tau)-u(t-\tau-\Delta\tau)\right]}{\Delta\tau}\cdot\Delta\tau=\int_{-\infty}^{\infty}f(\tau)\delta(t-\tau)\,\mathrm{d}\tau \tag{2-29}$$

5. 正交分量分解

(1) 正交函数

一个定义域内函数之间的正交性可以通过内积，即函数乘积的积分来定义，两个函数 $f_i(t)$，$f_j(t)$ 在指定域 $\{t_1,t_2\}$ 内为正交的形式表达为

$$\langle f_i(t),f_j(t)\rangle=\int_{t_1}^{t_2}f_i(t)f_j(t)\,\mathrm{d}t=\begin{cases}0, & i\neq j\\ k, & i=j\end{cases},\quad k\neq 0 \tag{2-30}$$

(2) 正交函数集

给定一组函数，若对于任意两个不同的函数内积为零，而对于相同的函数内积为常数，则该函数集满足正交性。进而，若在该集合之外不存在函数与集合内的所有函数正交，则该集合构成了完备正交函数集。

令任一函数 $f(t)$ 在 (t_1,t_2) 上可（近似）表示为正交函数集 $\{g_1(t),g_2(t),\cdots,g_n(t)\}$ 内函数的线性组合，表示式为

$$f(t)\approx\sum_{r=1}^{n}c_r g_r(t) \tag{2-31}$$

$$c_r=\frac{\langle f(t),g_r(t)\rangle}{\langle g_r(t),g_r(t)\rangle}=\frac{\langle f(t),g_r(t)\rangle}{K_r}=\frac{1}{K_r}\int_{t_1}^{t_2}f(t)g_r(t)\,\mathrm{d}t,\quad r=1,2,\cdots,n \tag{2-32}$$

$$K_r=\langle g_r(t),g_r(t)\rangle=\int_{t_1}^{t_2}g_r(t)g_r(t)\,\mathrm{d}t \tag{2-33}$$

其中，n 为正交分量的个数，$g_r(t)$ 为正交函数，c_r 为对应的线性系数，且称某个正交函数与相应的线性系数的乘积为 $f(t)$ 的正交分量之一。若 $\{g_r(t)\mid r\leqslant n\}$ 为标准正交基，则 $K_r=1$。

2.1.4　连续时间系统的描述及其分类

1. 系统的概念

系统是若干相互作用、相互关联事物组合而成具有特定功能的整体。连续系统是指时间及系统的各个变量均连续的系统，一般用微分方程表示。

2. 系统的特性与分类

(1) 线性系统与非线性系统

满足叠加性与均匀性（齐次性）的系统称为线性系统，否则称之为非线性系统。

设 $x(t)$ 和 $y(t)$ 分别表示系统 $f(t)$ 的输入和输出，如果 $y_1(t)=f[x_1(t)]$，$y_2(t)=f[x_2(t)]$，则叠加性表示为

$$f[x_1(t)+x_2(t)]=y_1(t)+y_2(t)$$

均匀性表示为

$$f[ax_1(t)]=ay_1(t) \quad 或 \quad f[bx_2(t)]=by_2(t)$$

式中，a，b 为任意常数。上面两式可统一表示为

$$f[ax_1(t)+bx_2(t)]=ay_1(t)+by_2(t)$$

(2) 无记忆系统与有记忆系统

无记忆系统是指一个系统的响应只和当前时刻的激励有关；若系统的响应不仅和当前时刻的激励有关，还取决于其他时刻的激励或/和响应，则称为有记忆系统。

(3) 因果系统与非因果系统

所谓因果性，是指系统响应的出现时间不能早于系统激励的发生时间。具有因果性的系统称为因果系统，否则为非因果系统。

(4) 时不变系统与时变系统(移不变系统与移变系统)

所谓时不变性，是指系统的激励在发生的时间上有变化，由此而引起的系统响应也产生相应的相同时间改变。满足时不变性的系统称为时不变系统，即若 $y(t)=f[x(t)]$，则 $y(t-t_0)=f[x(t-t_0)]$。

(5) 稳定系统与非稳定系统

稳定性是指若系统的激励能量有限，则系统的响应能量有限。具备稳定性的系统称为稳定系统(也叫 BIBO——输入有界输出有界系统)。

2.2 学习要求

① 掌握基本连续信号的基本性质，尤其是抽样信号与单位冲激信号。熟练利用单位冲激信号的各种性质简化运算。

② 掌握连续时间信号的时移运算和波形展缩运算。可根据原函数的波形画出变化后新函数的波形图，或者根据变化后的函数波形得到原函数的波形。

③ 掌握卷积的物理意义、函数运算法和图解法。牢固掌握卷积运算的各种性质，并可以利用卷积的性质简化运算。掌握信号相关运算的物理意义、定义、性质及其与卷积的相互关系。

④ 掌握连续时间信号系统的特性，尤其需要熟练掌握系统的线性、因果性、时不变性、稳定性的定义及其一般性判定；并注意比较后面章节中线性时不变系统(LTI)的因果稳定性判定方法。

2.3 重点和难点提示

2.3.1 基本连续时间信号

1. 特征信号及欧拉公式

欧拉公式是数学中的一个重要公式，它表达了复数、指数和三角函数之间的关系。欧拉公式通常写作：

$$e^{ix}=\cos(x)+i\sin(x) \tag{2-34}$$

其中，e 是自然对数的底，i 是虚数单位，x 是实数。这个公式在信号处理中有着广泛的应用，特别是在周期性信号和频域分析方面。

以下是欧拉公式在信号处理中的几个应用。

① 频域分析：欧拉公式允许我们将复杂的信号分解成正弦和余弦成分。这对于分析信号的频谱特性非常有用。通过将信号转换到频域，可以识别信号中的频率成分，并进行滤波、谱分析等操作。

② 复指数信号：信号处理中的复指数信号（$Ae^{i\omega t}$）是一种非常重要的信号类型。欧拉公式用于分析和合成这种信号，其中 A 表示振幅，ω 表示角频率，t 表示时间。

③ 傅里叶变换：欧拉公式在傅里叶变换中起到关键作用。傅里叶变换用于将时域信号转换成频域信号，它利用了欧拉公式将信号分解成正弦和余弦波形。

④ 复数滤波：在某些信号处理应用中，复数滤波可以更好地捕捉信号的特性。欧拉公式用于分析复数滤波器的性能和设计。

总之，欧拉公式在信号处理中的应用涵盖了频域分析、信号合成、滤波和复杂信号的处理等方面，为信号处理领域提供了强大的工具和理论基础。

2. 单位冲激信号、单位冲激偶信号及其性质

① 奇异信号中的单位冲激信号 $\delta(t)$ 是一个现实物理世界不存在的信号，一般传统的函数定义无法准确有效地描述它，我们可通过广义函数由积分的方式来定义建立 $\delta(t)$ 的自变量与函数值间的对应关系，这是一种“泛函”的定义形式。

② $\delta(t)$ 除了具有 2.1 节中所述的性质，还有复合函数 $\delta[f(t)]$ 的性质，这里 $f(t)$ 是普通函数，若 $f(t)=0$ 有 n 个互不相等的实根 $t_1, t_2, \cdots, t_n$，则有 $\delta[f(t)]=\sum_{i=1}^{n}\frac{1}{|f'(t_i)|}\delta(t-t_i)$，且 $f'(t_i)\neq 0(i=1,2,\cdots,n)$。

③ $\delta(t)$ 的微分是冲激偶函数 $\delta'(t)$，$\delta'(t)$ 作为连续信号，满足时域连续信号的各种运算规则。

④ $\delta(t)$ 与 $\delta'(t)$ 的比较如表 2-2 所列。

表 2-2　$\delta(t)$ 与 $\delta'(t)$ 的比较

方　法	函数名	
	$\delta(t)$	$\delta'(t)$
引出	广义极限或 Dirac 函数 $\int_{-\infty}^{\infty}\delta(t)dt=1$ $\delta(t)=0(t\neq 0)$	$\delta'(t)=\frac{d\delta(t)}{dt}$ $\int_{-\infty}^{\infty}\delta'(t)dt=0$
奇偶	$\delta'(-t)=\delta'(t)$	$\delta'(-t)=\delta'(t)$
抽样	$f(t)\delta(t)=f(0)\delta(t)$ $\int_{-\infty}^{\infty}f(t)\delta(t)dt=f(0)$	$f(t)\delta'(t)=f(0)\delta'(t)-f'(0)\delta(t)$ $\int_{-\infty}^{\infty}f(t)\delta'(t)dt=-f'(0)$
积分	$\int_{-\infty}^{t}\delta(t)d\tau=u(t)$	$\int_{-\infty}^{t}\delta'(\tau)d\tau=\delta(t)$

续表 2-2

方　法	函数名	
	$\delta(t)$	$\delta'(t)$
与 $f(t)$ 卷积	$f(t)*\delta(t)=f(t)$	$f(t)*\delta'(t)=\frac{\mathrm{d}}{\mathrm{d}t}f(t)$

2.3.2 连续时间信号的时域运算

1. 时移、压扩和反褶的综合运算

连续时间信号的时域运算的基本运算相对比较简单，但将其综合起来就会比较复杂。如果在同一问题中综合出现时移、压扩和反褶三种运算，如 $f(at-b)$ 且 a,b 可取正负值，一般的处理方法是将其分解为若干基本运算的组合，变换的顺序可有不同选择，关键是后续的运算是相对前面运算后的时间变量来进行的，且所得的结果应完全相同。必须注意的是，无论哪种顺序，都应相对于自变量 t 而言，否则将出现错误。下面通过 $f(at-b)$ 中 $a=-2,b=-4$ 这个具体例子说明，如图 2.4 所示，已知 $f(t)$ 的波形，试画出 $f(4-2t)$ 的波形。

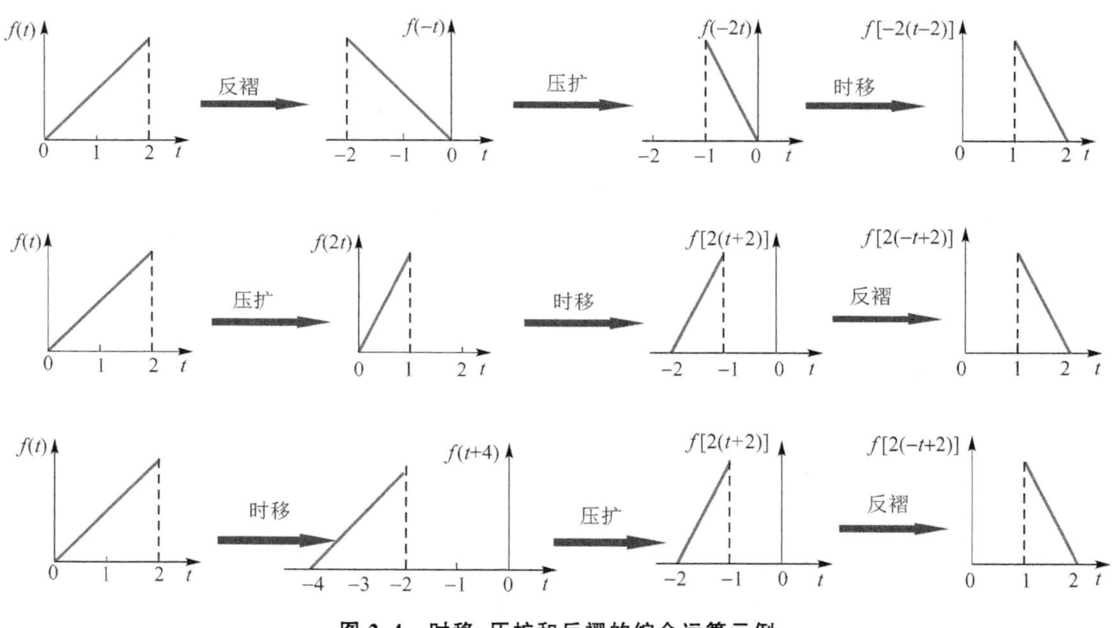

图 2.4　时移、压扩和反褶的综合运算示例

2. 卷积与相关运算的物理意义、相互关系

简单来说，卷积的普遍的意义表示过去、现在和将来过程（所有时刻）对现在的影响的累加。现实中存在的物理系统都是因果系统，所以此时卷积的物理意义也就表示过去所有时刻对现在的影响的累加。

(1) 卷积的微分

两个信号卷积的微分等于其中任一信号的微分与另一信号卷积，即

$$\frac{\mathrm{d}}{\mathrm{d}t}[f_1(t)*f_2(t)]=f_1(t)*\left[\frac{\mathrm{d}}{\mathrm{d}t}f_2(t)\right]=\left[\frac{\mathrm{d}f_1(t)}{\mathrm{d}t}\right]*f_2(t) \tag{2-35}$$

(2) 卷积的积分

两个信号卷积的积分等于其中任一信号的积分与另一信号的卷积,即

$$\int_{-\infty}^{t}(f_1 * f_2)(\lambda)\,\mathrm{d}\lambda = f_1(t) * \int_{-\infty}^{t} f_2(\lambda)\,\mathrm{d}\lambda = \left(\int_{-\infty}^{t} f_1(\lambda)\,\mathrm{d}\lambda\right) * f_2(t) \tag{2-36}$$

(3) 单位冲激信号卷积

任何信号与单位冲激信号卷积结果仍是自身

$$f(t) * \delta(t) = f(t) \tag{2-37}$$

两个信号(函数)做相关运算,本质上是信号(函数)做内积运算。在动态测试中,信号的相关性就是反映信号波形相互之间相似性的一种函数,它可以揭示信号的波形结构,当两个函数都具有相同周期分量的时候,它的极大值同样能体现这种周期性的分量。

给定实信号 $x(t)$和 $y(t)$,其卷积为

$$x(t) * y(-t) = \int_{-\infty}^{\infty} x(\tau) y(\tau - t)\,\mathrm{d}\tau \tag{2-38}$$

令 $\lambda = \tau - t$,则

$$x(t) * y(-t) = \int_{-\infty}^{\infty} x(\lambda + t) y(\lambda)\,\mathrm{d}\lambda = R_{yx}(t) \tag{2-39}$$

可见通过卷积可以实现信号的相关性分析。

$R_{xy}(t)$不是偶函数,其峰值偏离原点的位置反映了两信号有多大时移时,相关程度最高;$R_{xy}(t)$与 $R_{yx}(t)$是两个不同的函数,可以证明:

$$R_{yx}(t) = R_{xy}(-t) \tag{2-40}$$

信号 $x(t)$的自相关信号是 $R_{xx}(\tau)$,有

$$R_{xx}(\tau) = R_{xx}(-\tau) = x(\tau) * x(-\tau) \tag{2-41}$$

2.3.3　线性系统及线性非时变因果系统

线性系统和线性非时变因果系统是信号处理和系统理论中的两个重要概念,它们对于分析和处理信号以及控制系统有着重要的应用[3]。

1. 线性系统

线性性质:一个系统被称为线性系统,则它满足两个重要的线性性质——叠加性和齐次性。

叠加性:如果输入信号 $x_1(t)$对应于输出 $y_1(t)$,输入信号 $x_2(t)$对应于输出 $y_2(t)$,那么系统满足 $x_1(t)+x_2(t)$对应于 $y_1(t)+y_2(t)$。

齐次性:如果输入 $x(t)$对应于输出 $y(t)$,那么输入 $ax(t)$对应于输出 $ay(t)$,其中 a 是常数。

2. 线性非时变因果系统

时不变性:一个线性系统在不同时间下的行为是相同的,也就是说,系统的性质不随时间的变化而变化。

因果性:如果系统的响应仅依赖于当前和过去的输入信号值,而不依赖于未来的值,则这个线性系统被称为因果系统。这意味着系统不会提前预测或使用未来的信号值来产生输出。

线性时变因果系统是一类特殊的线性系统,它们具有线性性质和因果性,但不满足时不变性。具体来说,线性时变因果系统的输出仍然取决于输入信号和时间,但系统的性质可以随时

间而变化。例如,如果一个系统的参数随时间变化,但仍然满足线性性质和因果性,那么它可以被认为是线性非时变因果系统。这种系统在某些非平稳信号处理问题中具有重要的应用,例如在处理非稳态信号或时变系统建模时。

总之,线性非时变因果系统具有叠加性、齐次性、时不变性和因果性,而线性时变因果系统保留了叠加性、齐次性和因果性,但允许系统性质随时间变化,它们都是线性系统(具有叠加性、齐次性)的子集。这些概念在信号处理、系统分析和控制工程中有广泛的应用。

2.4 习题精解

1. 已知 $f(t)$的波形如图 2.5 所示,求 $f(3t+5)$。

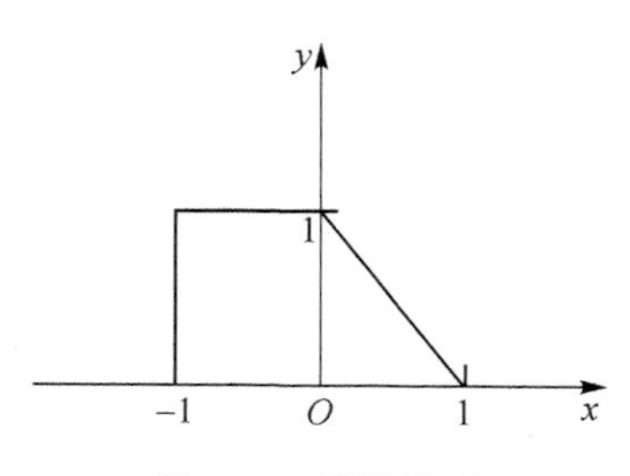

图 2.5 函数波形

解: ① 先对函数进行时移,如图 2.6 所示。

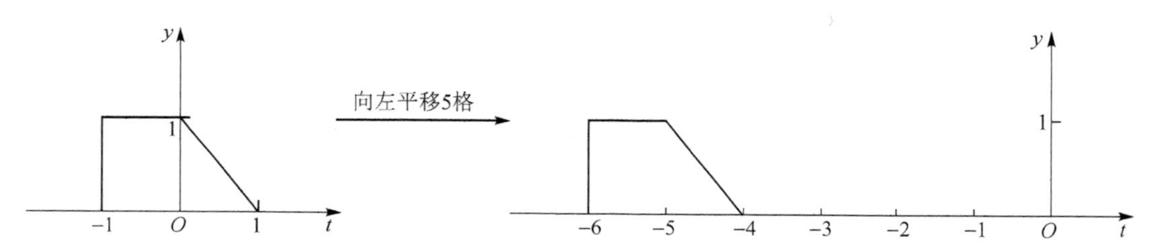

图 2.6 对函数进行时移

再对函数波形进行展缩,如图 2.7 所示。

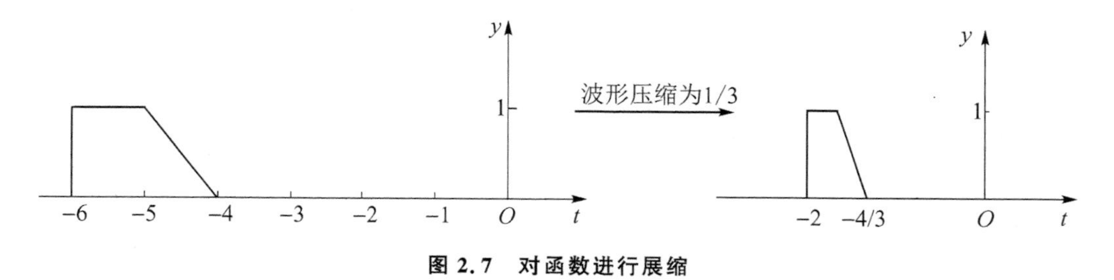

图 2.7 对函数进行展缩

② 先对函数波形进行展缩,如图 2.8 所示。

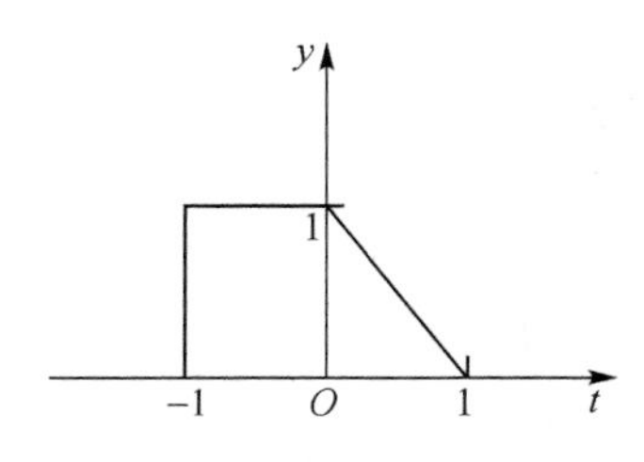

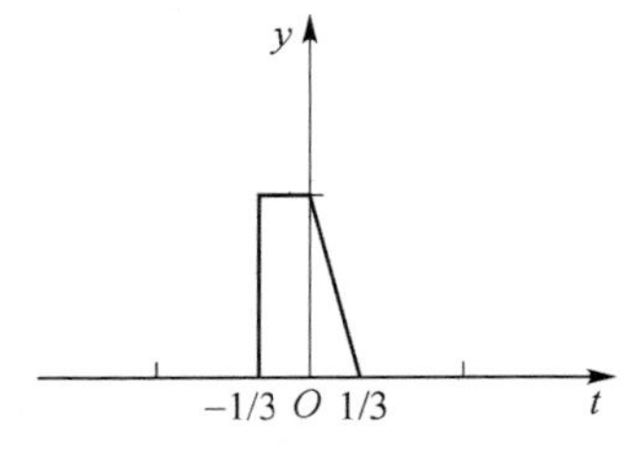

图 2.8　对函数进行展缩

再对函数进行时移，如图 2.9 所示。

图 2.9　对函数进行时移

2. 考察 $y(t)=t\cdot x(t)$是否为线性时不变系统。

解：① 首先判断是否线性：

$$x_1(t)\rightarrow y_1(t)=t\cdot x_1(t),\quad x_2(t)\rightarrow y_2(t)=t\cdot x_2(t)$$

设 $x_3(t)=a_1x_1(t)+a_2x_2(t)$，则

$$y_3(t)=t\cdot x_3(t)=t\left[a_1x_1(t)+a_2x_2(t)\right]=a_1tx_1(t)+a_2tx_2(t)=a_1y_1(t)+a_2y_2(t)$$

因此系统为线性系统。

② 判断是否时变：先对 $x(t)$延迟，再经过系统

$$x(t)\rightarrow x(t-t_0)\rightarrow t\cdot x(t-t_0)$$

$x(t)$先经过系统，再经过延迟

$$X(t)\rightarrow t_X(t)\rightarrow (t-t_0)\cdot x(t-t_0)$$

由此可见，系统为时变系统。

故 $y(t)$不是线性时不变系统。

3. 如图 2.10 所示，利用图解法计算 $f(t)$与 $h(t)$的卷积，其中

$$f(t)=\begin{cases}1, & -0.5<t<1\\0, & t\leqslant -0.5 \text{ 或 } t\geqslant 1\end{cases},\quad h(t)=\begin{cases}0.5t, & 0<t<2\\0, & t\leqslant 0 \text{ 或 } t\geqslant 2\end{cases}$$

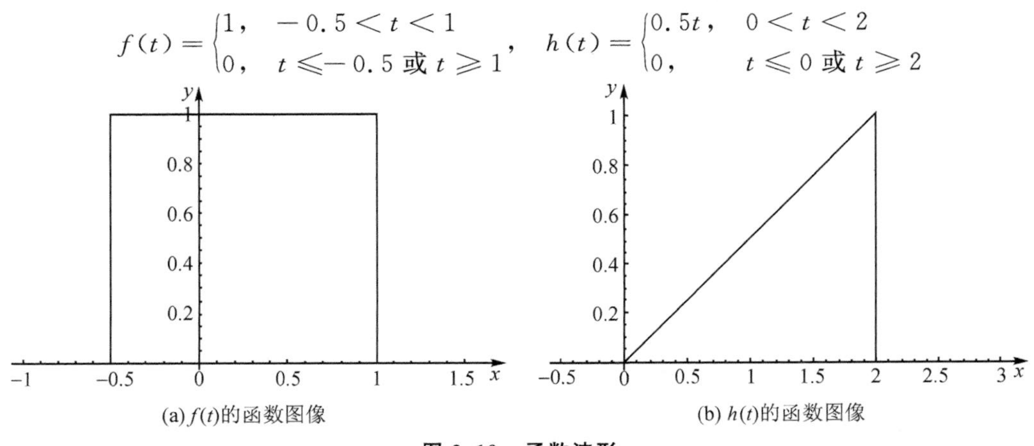

图 2.10　函数波形

解：图解法流程如下：

$h(t)$反褶得到$h(-\tau)$，如图 2.11 所示。平移时间 t 得到$h(t-\tau)$，如图 2.12 所示。

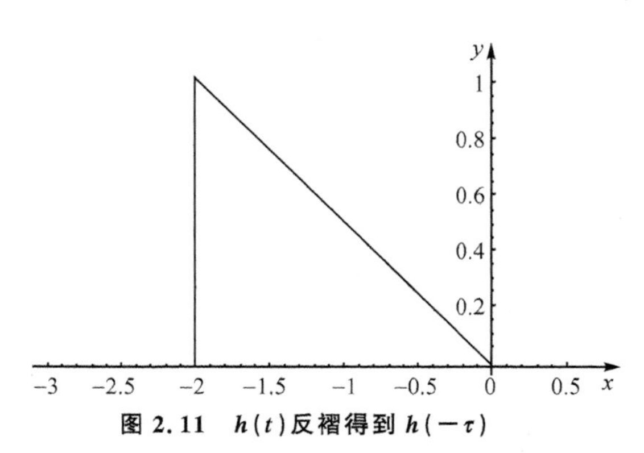

图 2.11　$h(t)$反褶得到$h(-\tau)$

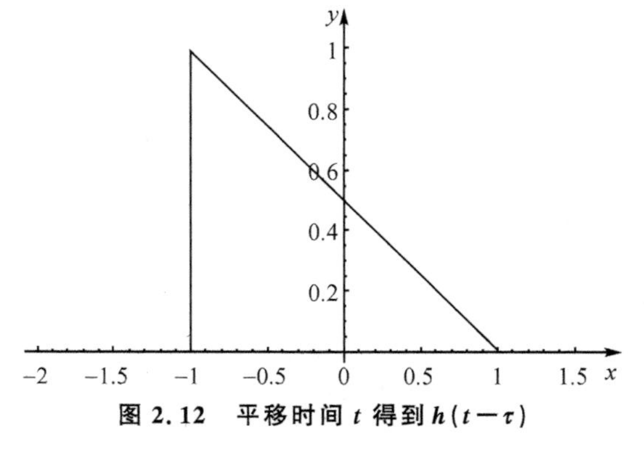

图 2.12　平移时间 t 得到$h(t-\tau)$

在区间$-\infty<t\leqslant-\dfrac{1}{2}$，$f(t)*h(t)=0$，如图 2.13 所示。在区间$-\dfrac{1}{2}\leqslant t\leqslant 1$，$f(t)*h(t)=\dfrac{t^2}{4}+\dfrac{t}{4}+\dfrac{1}{16}$，如图 2.14 所示。

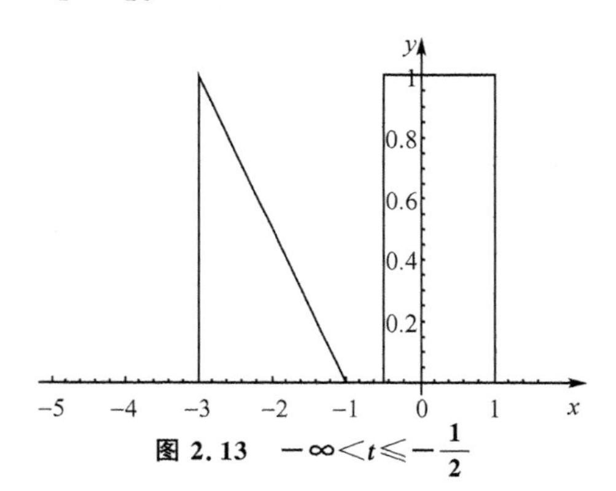

图 2.13　$-\infty<t\leqslant-\dfrac{1}{2}$

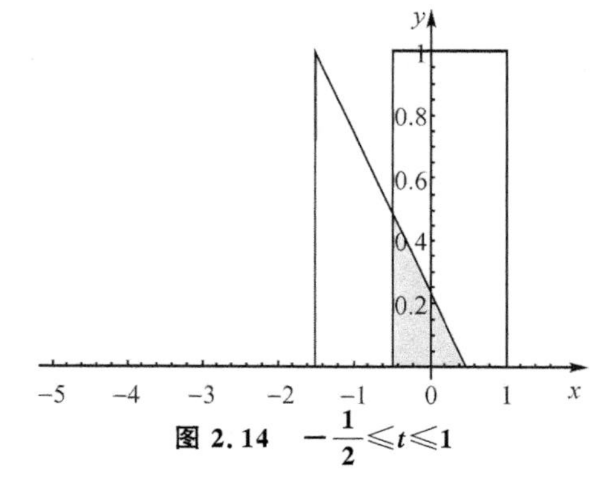

图 2.14　$-\dfrac{1}{2}\leqslant t\leqslant 1$

在区间 $1\leqslant t\leqslant\dfrac{3}{2}$，$f(t)*h(t)=\dfrac{3t}{4}-\dfrac{3}{16}$，如图 2.15 所示。在区间$\dfrac{3}{2}\leqslant t\leqslant 3$，$f(t)*h(t)=-\dfrac{t^2}{4}+\dfrac{t}{2}+\dfrac{3}{4}$，如图 2.16 所示。

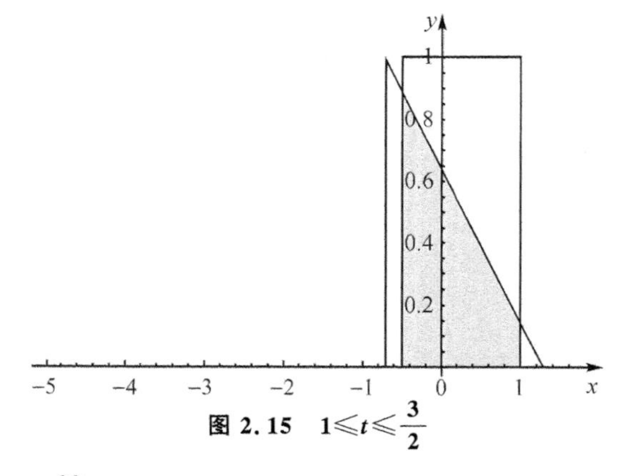

图 2.15　$1\leqslant t\leqslant\dfrac{3}{2}$

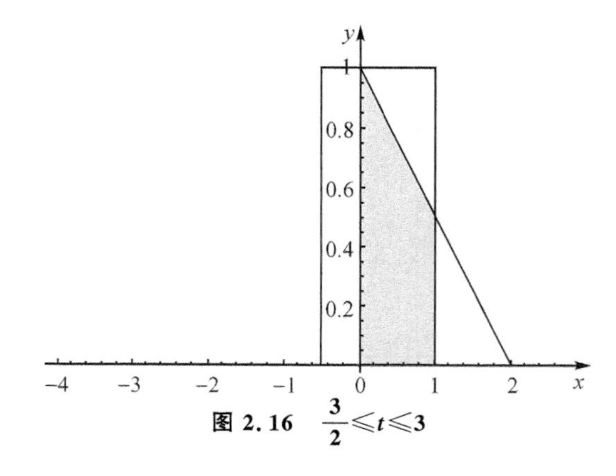

图 2.16　$\dfrac{3}{2}\leqslant t\leqslant 3$

在区间 $3\leqslant t<\infty$，$f(t)*h(t)=0$，如图 2.17 所示。最终结果如图 2.18 所示。

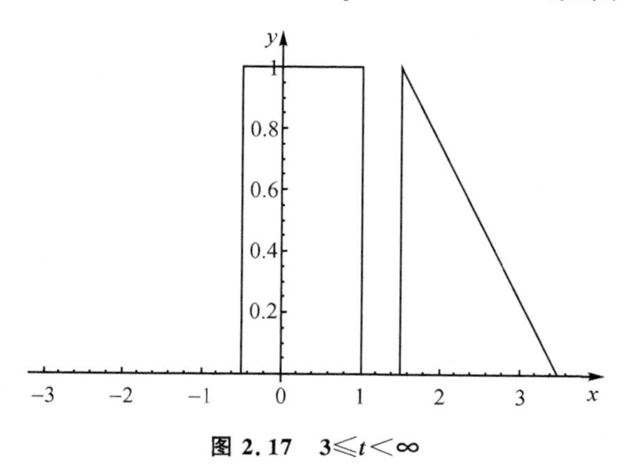

图 2.17　$3\leqslant t<\infty$

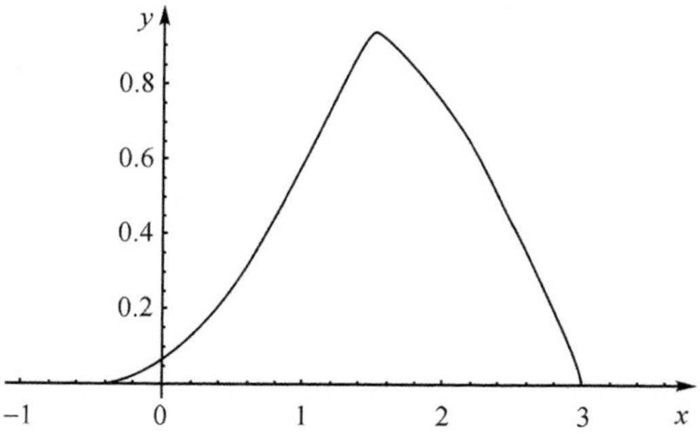

图 2.18　最终结果

4. 已知 $f(t)$ 的波形图如图 2.19 所示，画出经过下列波形变换后的波形图：

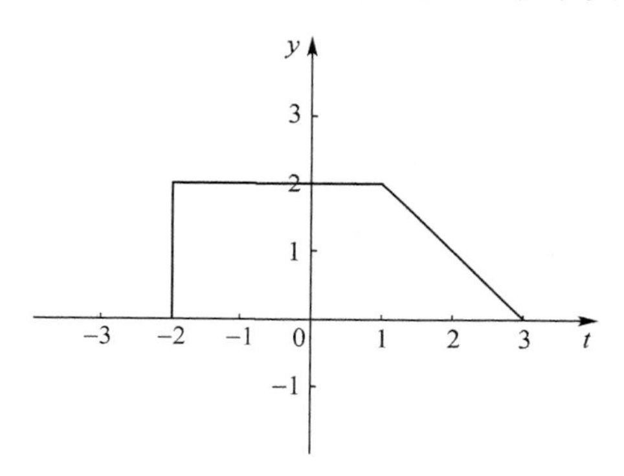

图 2.19　$f(t)$ 的波形图

① $f(t-1)$。

② $f(2t)$。

③ $f(-2t-3)$。

④ $\dfrac{\mathrm{d}f(t)}{\mathrm{d}t}$。

解： ① $f(t-1)$ 的波形图如图 2.20 所示。

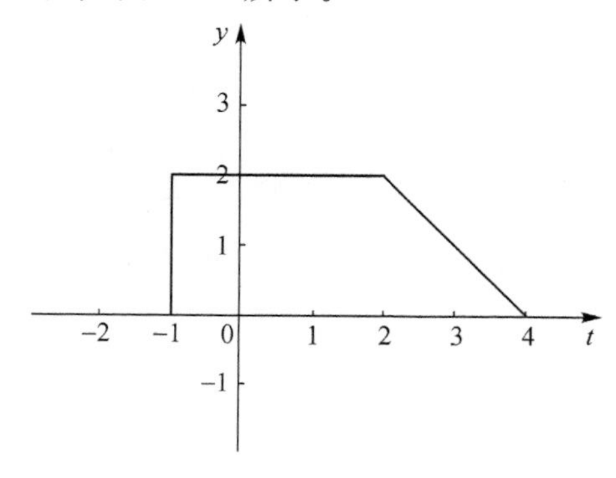

图 2.20　$f(t-1)$ 的波形图

② $f(2t)$的波形图如图 2.21 所示。

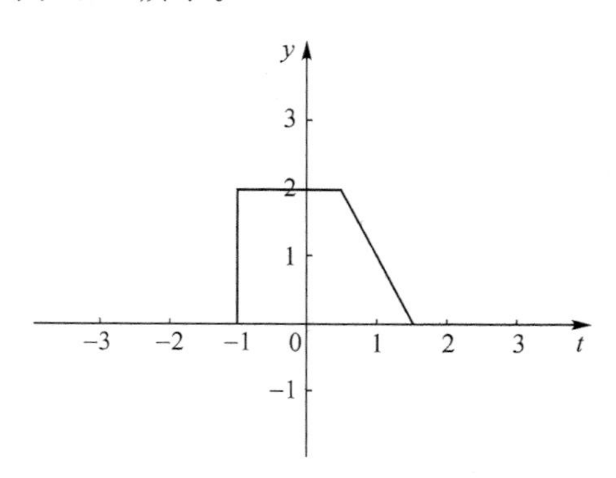

图 2.21　$f(2t)$的波形图

③ $f(-2t-3)$的波形图如图 2.22 所示。

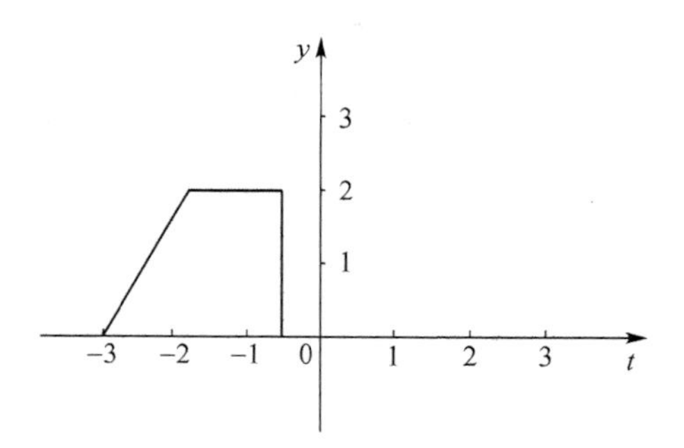

图 2.22　$f(-2t-3)$的波形图

④ $\frac{\mathrm{d}f(t)}{\mathrm{d}t}$的波形图如图 2.23 所示。

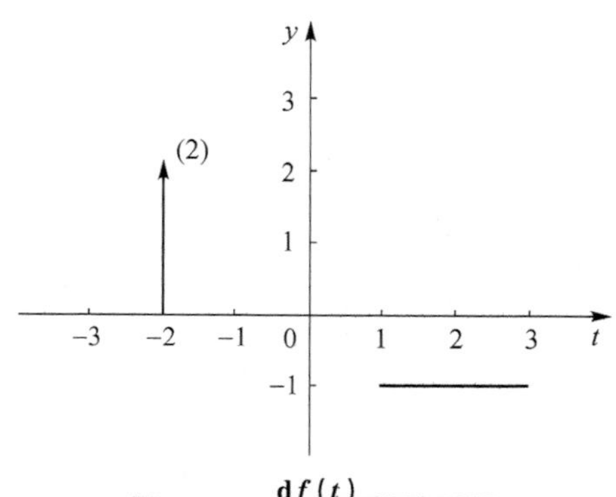

图 2.23　$\frac{\mathrm{d}f(t)}{\mathrm{d}t}$的波形图

5. 画出如图 2.24 所示函数波形的奇分量和偶分量。

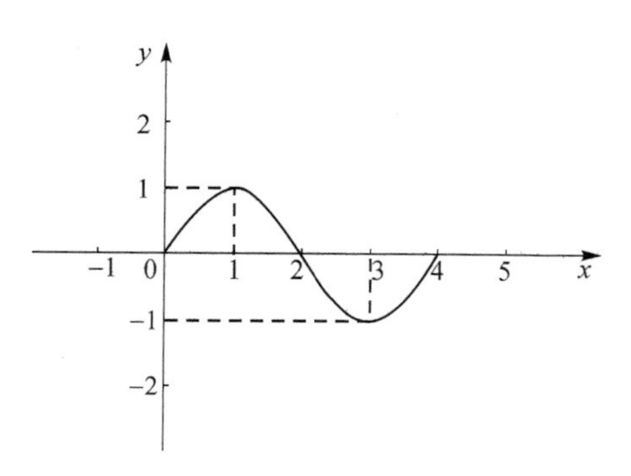

图 2.24　函数波形图

解： 偶分量如图 2.25 所示，奇分量如图 2.26 所示。

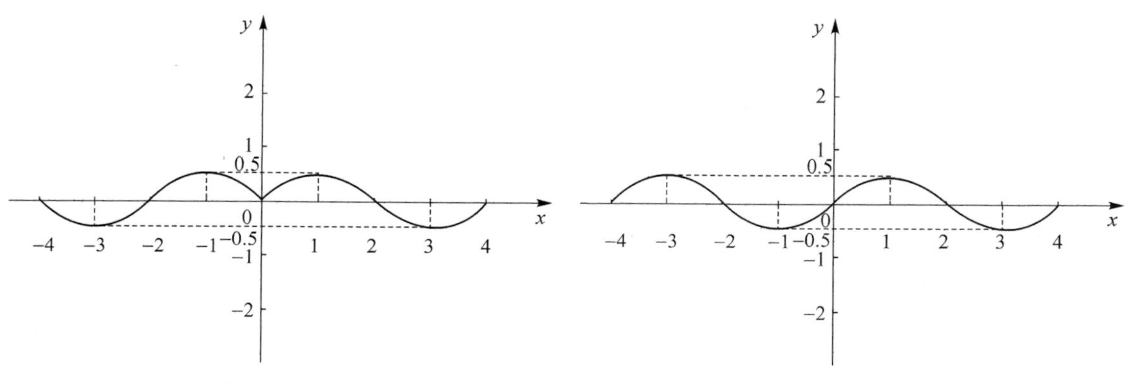

图 2.25　偶分量

图 2.26　奇分量

6. 某系统的输入是 $x(t)$，输出是 $y(t)$，若输入、输出满足 $y(t)=\sum\limits_{n=-\infty}^{\infty}x(t)\delta(t-nT)$。试判别该系统是否是线性系统？是否是时不变系统？

扫码看图文

扫码看视频

7. 判断下列系统是否具有线性、时不变性、因果性。

① $y(t)=\dfrac{\mathrm{d}x(t)}{\mathrm{d}t}$。

② $y(t)=\int_{-\infty}^{t}x(\tau)\mathrm{d}\tau$。

③ $y(t)=3x\left(\dfrac{t}{3}\right)$。

④ $y(t)=\int_{-\infty}^{6t}x(\tau)\mathrm{d}\tau$。

解：

① 线性、时不变性、因果性。

② 线性、时变性、因果性。

③ 线性、时变性、非因果性。

④ 线性、时变性、非因果性。

2.5　思考与练习题

1. 选择题

① 下列等式不成立的是(　　)

A. $f_1(t-t_0) * f_2(t+t_0)=f_1(t) * f_2(t)$

B. $\frac{\mathrm{d}}{\mathrm{d}t}[f_1(t) * f_2(t)]=\left[\frac{\mathrm{d}}{\mathrm{d}t}f_1(t)\right] * \left[\frac{\mathrm{d}}{\mathrm{d}t}f_2(t)\right]$

C. $f(t) * \delta'(t)=f'(t)$

D. $f(t) * \delta(t)=f(t)$

② 积分 $\int_{-5}^{5}(t-6)\delta(-3t+9)\mathrm{d}t$ 等于(　　)。

A. -3　　B. -1　　C. 1　　D. 3

③ 用下列差分方程描述的系统为线性系统的是(　　)

A. $y(k)+y(k-1)=5f(k)+3$

B. $y(k)+2y(k-2)=6|f(k)|$

C. $y(k)+ky(k-2)=f(1-k)+2f(k-1)$

D. $y(k)+y(k-1)y(k-2)=4f(k)$

④ 已知一连续系统在输入 $f(t)$ 作用下的零状态响应为 $y(t)=f(6t)$，则该系统为(　　)。

A. 线性时不变系统

B. 线性时变系统

C. 非线性时不变系统

D. 非线性时变系统

⑤ 已知 $x(t)$ 和 $h(t)$ 的波形如图 2.27 所示，则 $x(t) * h(t)$ 的波形是(　　)

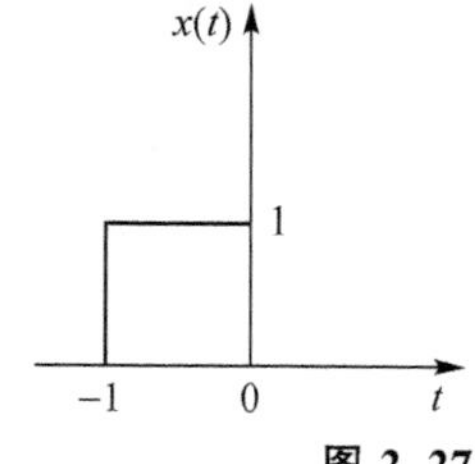

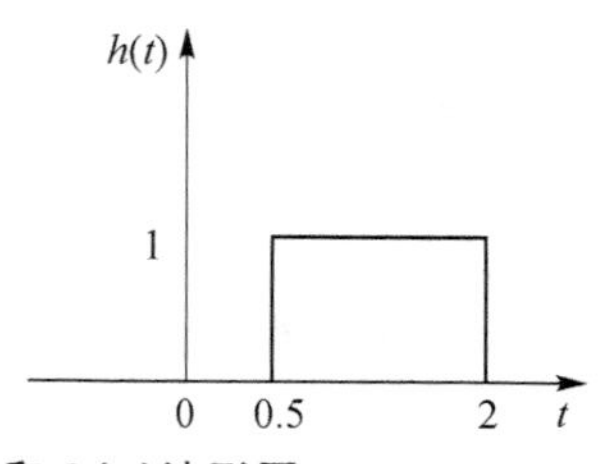

图 2.27　$x(t)$ 和 $h(t)$ 波形图

A.
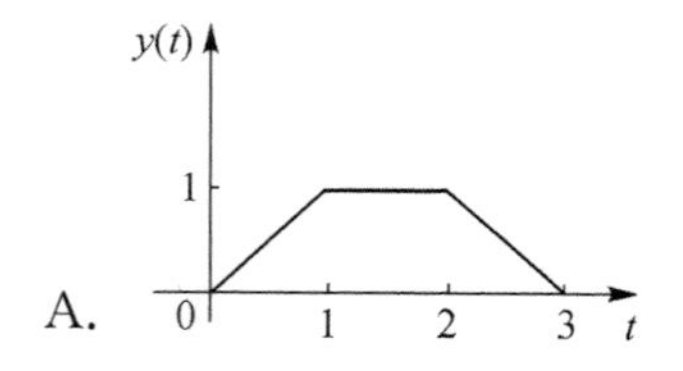

B.
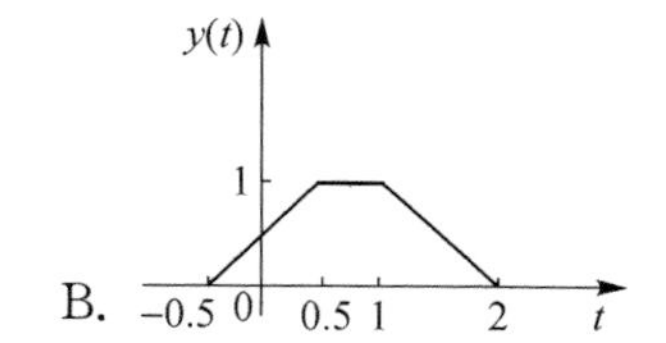

C. 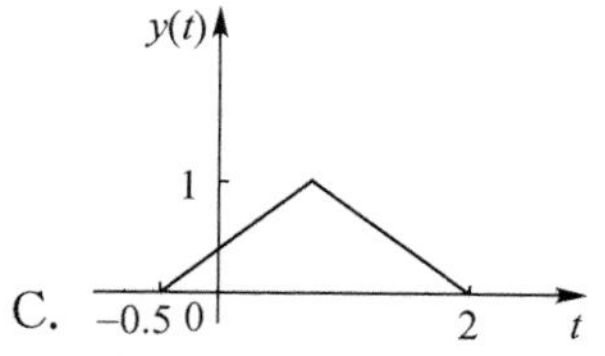

D. 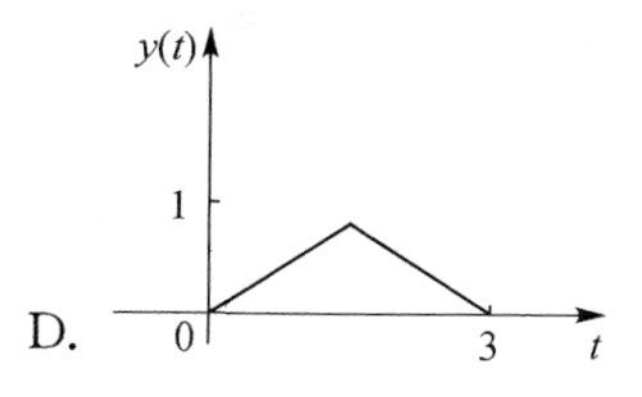

2. 填空题

① 已知连续时间信号 $f(t)=\sin t[u(t)+u(t-\pi/2)]$，其微分 $f'(t)=$________。

② $\int_{-\infty}^{\infty}\cos 4\pi t\delta(4t-1)\mathrm{d}t=$________。

③ 试利用卷积性质求积分 $\mathrm{e}^{-t}*\delta'(t)=$________。

④ $f(-at-b)$是将 $f(-at)$向________(左/右)平移________个单位。

3. 利用冲激函数的性质计算下列表达式：

① $\sin 2\pi t\cdot\delta\left(2t+\frac{1}{2}\right)$。

② $\cos \pi t\cdot\delta\left(t+\frac{1}{2}\right)$。

③ $\int_{t_0^-}^{t_0^+}\delta(t-t_0)\mathrm{d}t$。

④ $\int_{-\infty}^{t_0^-}\delta(t-t_0)\mathrm{d}t$。

⑤ $[\sin t*\delta(2t-\pi)]'$。

⑥ $(\sin t*t)*\delta(2t-\pi)+(\sin t*t)*\delta(2t+\pi)$。

4. 求出下列各函数的卷积：

① $f_1(t)=au(t), f_2(t)=\mathrm{e}^{-at}u(t)(a>0)$。

② $f_1(t)=\mathrm{e}^{-2at}u(t), f_2(t)=\sin tu(t)$。

③ $f_1(t)=\cos t, f_2(t)=\delta\left(t+\frac{\pi}{4}\right)-\delta\left(t-\frac{\pi}{4}\right)$。

④ $f_1(t)=u(t+1)-u(t-1), f_2(t)=u(t)-u(t-2)$。

⑤ $f_1(t)=2t\cdot[u(t)-u(t-1)], f_2(t)=u(t)-u(t-2)$。

5. 判断下列系统的线性、时不变性与因果性：

① $y(t)=\frac{1}{3}t\cdot\cos(x(t))$。

② $y(t)=x(4t)$。

③ $y(t)=x^2(t)$。

④ $y(t)=x(t-3)$。

扫码看图文

扫码看视频

6. 某线性时不变连续时间系统的输入 $f(t)$和单位冲激响应 $h(t)$如图 2.28 所示，从时域求解该系统的零状态响应 $y(t)$。

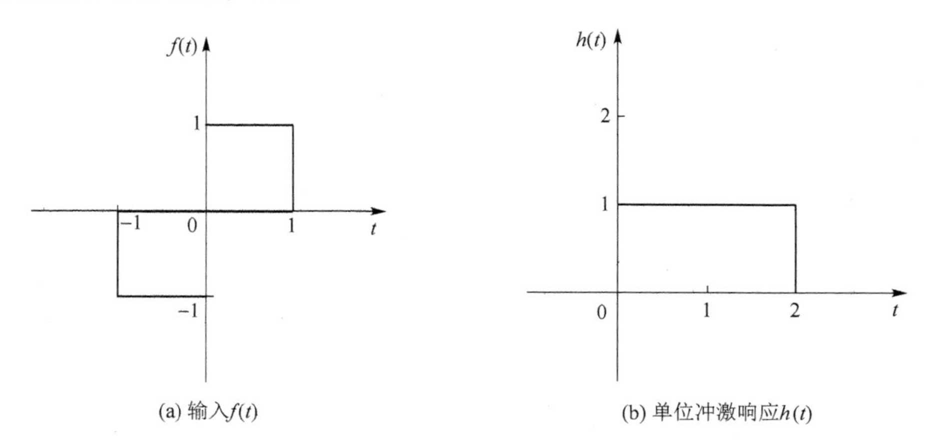

(a) 输入$f(t)$　　(b) 单位冲激响应$h(t)$

图 2.28　练习题 6 图

第 2 章思考与练习题答案

第 3 章　连续信号傅里叶变换

3.1　基本知识与重要知识

第 3 章思维导图

3.1.1　周期信号的频谱分析——傅里叶级数

1. 狄里赫利条件

对于连续周期信号，如果一个周期内，函数满足狄里赫利条件：

① 有限个间断点，而且这些点的函数值是有限值(必要条件)；

② 有限个极值点(必要条件)；

③ 函数绝对可积(充分条件)。

则该周期函数可用傅里叶级数表示。

2. 三角函数形式傅里叶级数

任一周期信号 $f(t)$ 可表示为

$$\begin{aligned} f(t) &= f(t+nT_1) && \text{(时域)} \\ &= a_0 + \sum_{n=1}^{\infty}(a_n\cos n\Omega_1 t + b_n \sin n\Omega_1 t) && \text{(频域)} \end{aligned} \tag{3-1}$$

求解 a_n 时，式(3－1)等号两边乘以 $\cos n\Omega_1 t$；求解 b_n 时，式(3－1)等号两边乘以 $\sin n\Omega_1 t$。根据正交函数的正交性求解系数 a_0，a_n 和 b_n，可得

$$a_0 = \frac{1}{T_1}\int_{t_0}^{t_0+T_1} f(t)\mathrm{d}t \tag{3-2}$$

$$a_n = \frac{2}{T_1}\int_{t_0}^{t_0+T_1} f(t)\cos n\Omega_1 t\,\mathrm{d}t \tag{3-3}$$

$$b_n = \frac{2}{T_1}\int_{t_0}^{t_0+T_1} f(t)\sin n\Omega_1 t\,\mathrm{d}t \tag{3-4}$$

其中，a_0 是直流分量，$a_n\cos n\Omega_1 t$ 是余弦分量，$b_n \sin n\Omega_1 t$ 是正弦分量。

Ω_1 是基频，对应的交变分量是基波；其他交变分量($n\geqslant 2$)统称为谐波，谐波频率是基波频率的整数倍。

幅度和相位：基波和谐波分量的幅度 c_n 和相位 φ_n 的计算公式如下：

$$c_n = \sqrt{a_n^2 + b_n^2} \tag{3-5}$$

$$\varphi_n = \arctan\left(-\frac{b_n}{a_n}\right) \tag{3-6}$$

$c_n - n\Omega_1$ 是信号 $f(t)$ 的幅度谱，$\varphi_n - n\Omega_1$ 是信号 $f(t)$ 的相位谱。由此可见，周期信号的幅度谱和相位谱是离散的。

三角函数形式傅里叶级数的幅度谱和相位谱只存在正频率分量，因此也称为单边谱。

3. 指数形式傅里叶级数

利用欧拉公式可得周期信号的指数形式傅里叶级数展开式：

$$f(t)=\sum_{n=-\infty}^{\infty}F_n \mathrm{e}^{\mathrm{j}n\Omega_1 t} \tag{3-7}$$

$$F_n=\frac{1}{T_1}\int_{T_1}f(t)\mathrm{e}^{-\mathrm{j}n\Omega_1 t}\mathrm{d}t,\quad n\in\mathbf{Z} \tag{3-8}$$

系数 F_n 的推导和求解如下(重点)：

将式(3-7)等号两端乘以 $\mathrm{e}^{-\mathrm{j}n\Omega_k t}$,可得

$$f(t)\mathrm{e}^{-\mathrm{j}n\Omega_k t}=\sum_{n=-\infty}^{\infty}F_n \mathrm{e}^{\mathrm{j}n\Omega_1 t}\mathrm{e}^{-\mathrm{j}n\Omega_k t} \tag{3-9}$$

将式(3-9)等号两边从 0 到 $T_1=2\pi/\Omega_1$ 对 t 积分,得

$$\int_0^{T_1}f(t)\mathrm{e}^{-\mathrm{j}n\Omega_k t}\mathrm{d}t=\int_0^{T_1}\sum_{n=-\infty}^{\infty}F_n \mathrm{e}^{\mathrm{j}n\Omega_1 t}\mathrm{e}^{-\mathrm{j}n\Omega_k t}\mathrm{d}t \tag{3-10}$$

将式(3-10)等号右边的积分和求和次序交换后,得

$$\int_0^{T_1}f(t)\mathrm{e}^{-\mathrm{j}n\Omega_k t}\mathrm{d}t=\sum_{n=-\infty}^{\infty}F_n\int_0^{T_1}\mathrm{e}^{\mathrm{j}n(\Omega_1-\Omega_k)t}\mathrm{d}t \tag{3-11}$$

根据三角函数的正交性

$$\sum_{n=-\infty}^{\infty}F_n\int_0^{T_1}\mathrm{e}^{\mathrm{j}n(\Omega_1-\Omega_k)t}\mathrm{d}t=\begin{cases}T_1, & \Omega_k=\Omega_1\\ 0, & \Omega_k\neq\Omega_1\end{cases} \tag{3-12}$$

因此

$$F_n=\frac{1}{T_1}\int_{T_1}f(t)\mathrm{e}^{-\mathrm{j}n\Omega_1 t}\mathrm{d}t,\quad n\in\mathbf{Z} \tag{3-13}$$

$$F_n=\frac{1}{2}(a_n-\mathrm{j}b_n),\quad n=\pm1,\pm2,\pm3,\cdots \tag{3-14}$$

$$F_{-n}=\frac{1}{2}(a_n+\mathrm{j}b_n),\quad n=\pm1,\pm2,\pm3,\cdots \tag{3-15}$$

幅度：
$$|F_n|=|F_{-n}|=\frac{1}{2}|c_n|=\frac{1}{2}|d_n|=\frac{1}{2}\sqrt{a_n^2+b_n^2},\quad n\neq0 \tag{3-16}$$

相位：
$$\varphi_n=\arctan\left(-\frac{b_n}{a_n}\right),\quad n=\pm1,\pm2,\pm3,\cdots \tag{3-17}$$

相位：
$$\varphi_{-n}=\arctan\left(\frac{b_n}{a_n}\right),\quad n=\pm1,\pm2,\pm3,\cdots \tag{3-18}$$

$|F_n|-n\Omega_1$ 和 $|F_{-n}|-n\Omega_1$ 称为复幅谱,$\varphi_n-n\Omega_1$ 与 $\varphi_{-n}-n\Omega_1$ 称为复相谱。因为包含正频率分量和负频率分量,因此指数形式傅里叶级数的频谱称为双边谱。复幅谱的直流分量与实频谱相等,谐波分量是对应实频谱谐波分量的一半。这里注意,负频率分量是为了应用欧拉公式而引入的,并没有实际的物理意义。

复幅谱呈现偶对称,复相谱呈现奇对称。两种形式的傅里叶级数展开如表 3-1 所列。

表 3-1　两种形式的傅里叶级数展开

<table>
<tr><th>三角函数形式傅里叶级数展开</th><th>指数形式傅里叶级数展开</th></tr>
<tr><td>$f(t)=a_0+\sum_{n=1}^{\infty}(a_n\cos n\Omega_1 t+b_n\sin n\Omega_1 t)$
$a_0=\frac{1}{T_1}\int_{t_0}^{t_0+T_1}f(t)\mathrm{d}t$
$a_n=\frac{2}{T_1}\int_{t_0}^{t_0+T_1}f(t)\cos n\Omega_1 t\,\mathrm{d}t$
$b_n=\frac{2}{T_1}\int_{t_0}^{t_0+T_1}f(t)\sin n\Omega_1 t\,\mathrm{d}t$</td><td>$f(t)=\sum_{n=-\infty}^{\infty}F_n\mathrm{e}^{\mathrm{j}n\Omega_1 t}$
$F_n=\frac{1}{T_1}\int_{T_1}f(t)\mathrm{e}^{-\mathrm{j}n\Omega_1 t}\mathrm{d}t,\quad n\in\mathbf{Z}$</td></tr>
<tr><td colspan="2">两种展开之间的关系：
$F_n=\frac{1}{2}(a_n-\mathrm{j}b_n),\quad n=\pm1,\pm2,\pm3,\cdots$
$F_{-n}=\frac{1}{2}(a_n+\mathrm{j}b_n),\quad n=\pm1,\pm2,\pm3,\cdots$
$\lvert F_n\rvert=\lvert F_{-n}\rvert=\frac{1}{2}\lvert c_n\rvert=\frac{1}{2}\lvert d_n\rvert=\frac{1}{2}\sqrt{a_n^2+b_n^2},\quad n\neq0$
$\varphi_n=\arctan\left(-\frac{b_n}{a_n}\right),\quad n=\pm1,\pm2,\pm3,\cdots$
$\varphi_{-n}=\arctan\left(\frac{b_n}{a_n}\right),\quad n=\pm1,\pm2,\pm3,\cdots$</td></tr>
</table>

4. 周期信号的频谱特点

(1) 离散性

频谱由不连续的谱线组成,每一条谱线代表一个正弦分量,即频谱具有离散性。相邻离散间隔等于基频 Ω_1,$\Omega_1=\frac{2\pi}{T_1}$。

(2) 谐波性

频谱有无穷多个频谱,且每条谱线都只能出现在基波频率 Ω_1 的整数倍的频率上,即频谱具有谐波性。

(3) 收敛性

各次谐波的振幅总是随着谐波次数的增大而逐渐减小;当谐波次数无限增大时,谐波分量的振幅也就趋于无限小,即频谱具有收敛性。

5. 周期信号的功率谱、帕斯瓦尔定律及吉伯斯现象

平均功率:周期信号的平均功率反映了周期信号的总体强弱,即

$$P=\frac{1}{T_1}\int_{-\frac{T_1}{2}}^{\frac{T_1}{2}}[f(t)]^2\mathrm{d}t \tag{3-19}$$

将周期信号的三角函数形式傅里叶级数代入式(3-19),并结合三角函数的正交性,可得

$$P=a_0^2+\frac{1}{2}\sum_{n=1}^{n=+\infty}(a_n^2+b_n^2)=c_0^2+\frac{1}{2}\sum_{n=1}^{n=+\infty}c_n^2=\sum_{n=-\infty}^{n=+\infty}\lvert F_n\rvert^2 \tag{3-20}$$

即帕斯瓦尔定律,周期信号的平均功率等于傅里叶级数展开各谐波分量有效值的平方和,证明了信号在时域和频域上的能量守恒。同时,帕斯瓦尔定律也能用于证明频域上第一个零点内

的信号功率已占信号总功率的 90%。

吉伯斯现象：在利用傅里叶级数对信号进行重构时，对于具有跳变的信号，在间断点附近，重构信号有峰起（小幅的振荡和过冲），其幅度并不随参与合成谐波分量数的增加有明显减小。具体而言，当参与合成的项目趋近于无穷时，该峰起值趋于一个常数，约等于间断点总跳变值的 9%。

3.1.2 非周期信号的频谱分析——傅里叶变换

1. 傅里叶变换：从周期信号到非周期信号

（1）非周期信号的定义

对于周期信号，当周期趋近于无穷时，周期信号变为非周期信号。其特点是信号不是无始无终的或信号不是周期性地出现。同时，相邻谱线间隔 $\Omega_1=\dfrac{2\pi}{T_1}$ 趋于无限小，即离散谱变成了连续谱。离散谱的幅度 $F(n\Omega_1)$ 也趋于无穷小。因此，用周期信号的频谱 $F(n\Omega_1)-n\Omega_1$ 来描述非周期信号的频谱不再合适。但它们的比值 $F(n\Omega_1)/(n\Omega_1)$ 趋于一个稳定值，因此引出了频谱密度的概念。

（2）频谱密度

指单位频带上的频谱值，即 $F(n\Omega_1)/(n\Omega_1)$。结合傅里叶级数展开式和频谱密度，可以得到非周期信号的傅里叶变换：

$$F(\Omega)=\int_{-\infty}^{+\infty} f(t)\mathrm{e}^{-\mathrm{j}\Omega t}\,\mathrm{d}t=A(\Omega)+\mathrm{j}B(\Omega) \tag{3-21}$$

$$|F(\Omega)|=\sqrt{A(\Omega)^2+B(\Omega)^2}$$

$$\varphi(\Omega)=\arctan\left(\frac{B(\Omega)}{A(\Omega)}\right)$$

由此可见，非周期信号频谱的主要特点是连续谱。$|F(\Omega)|$ 称为非周期信号的幅度谱，$\varphi(\Omega)-\Omega$ 称为非周期信号的相位谱。

傅里叶反变换：

$$f(t)=\frac{1}{2\pi}\int_{-\infty}^{+\infty} F(\Omega)\,\mathrm{e}^{\mathrm{j}\Omega t}\,\mathrm{d}\Omega \tag{3-22}$$

2. 典型非周期信号的频谱

典型非周期信号包括冲激信号、矩形脉冲信号、直流信号、单边指数信号等，其傅里叶变化如表 3－2 所列。

表 3－2　典型非周期信号的傅里叶变换

序　号	$f(t)$	$F(\Omega)$
1	冲激信号： $\delta(t)$ $f(t)$ (1) O t	1

续表 3-2

序　号	$f(t)$	$F(\Omega)$
2	矩形脉冲信号： $f(t)=\begin{cases}E, & -\frac{\tau}{2}\leqslant t\leqslant\frac{\tau}{2}\\0, & 其他\end{cases}$	$E\tau\mathrm{Sa}\left(\frac{\Omega\tau}{2}\right)$
3	直流信号(不满足绝对可积,可通过矩形脉冲信号$\tau\to\infty$来求解)： $f(t)=E,\quad -\infty\leqslant t\leqslant+\infty$	$2\pi E\delta(\Omega)$ 注:可以观察到时域无限宽,频率无限窄
4	单边指数信号： $f(t)=\begin{cases}E\mathrm{e}^{-\alpha t}, & t>0,\alpha>0\\0, & t<0\end{cases}$	$\frac{E}{\alpha+\mathrm{j}\Omega}$
5	符号信号(不满足绝对可积,可通过双边函数 $\mathrm{sgn}(t)\mathrm{e}^{-\alpha\lvert t\rvert}$ 取极限 $\alpha\to0$ 来求解)： $f(t)=\mathrm{sgn}(t)=\begin{cases}+1, & t>0\\-1, & t<0\end{cases}$	$\frac{2}{\mathrm{j}\Omega}$

续表 3-2

序 号	$f(t)$	$F(\Omega)$
6	阶跃信号$\left(\text{不满足绝对可积，将阶跃信号分解为}\frac{1}{2}+\frac{1}{2}\mathrm{sgn}(t)\text{来求解}\right)$： $f(t)=\begin{cases}1, & 0\leqslant t\\0, & \text{其他}\end{cases}$ $u(t)$ 1 O t	$\pi\delta(\Omega)+\frac{1}{\mathrm{j}\Omega}$

3. 傅里叶变换的性质

傅里叶变换的性质包括对偶性、线性、尺度变换、时移特性、频移特性等，如表 3-3 所列。

表 3-3 傅里叶变换的性质

序 号	若满足的条件	则对应的结论
1	对偶性： $f(t)\leftrightarrow F(\Omega)$	$F(t)\leftrightarrow 2\pi f(-\Omega)$
2	线性(满足齐次性+叠加性)： $f(t)=\sum_{n}^{\infty}a_n f_n(t)$	$F[f(t)]=\sum_{n}^{\infty}a_n F[f_n(t)]$ 注：阶跃信号的傅里叶变换就用到了齐次性+叠加性
3	尺度变换： $F[f(t)]=F(\Omega)$	$F[f(at)]=\frac{1}{\vert a\vert}F\left(\frac{\Omega}{a}\right)$ 注：若 $a>1$，则时域脉宽压缩，频域频带展宽
4	时移特性： $F[f(t)]=F(\Omega)$	$F[f(t-t_0)]=\vert F(\Omega)\vert\cdot\mathrm{e}^{-\mathrm{j}\Omega t_0}$ 与尺度变换相结合： $F[f(at-t_0)]=$ $\frac{1}{\vert a\vert}\left\vert F\left(\frac{\Omega}{a}\right)\right\vert\mathrm{e}^{-\frac{\mathrm{j}\Omega t_0}{a}}, a\neq 0$
5	频移特性： $F[f(t)]=F(\Omega)$	$F[f(t)\mathrm{e}^{\pm\mathrm{j}\Omega_0 t}]=F(\Omega\mp\Omega_0)$ 与尺度变换相结合： $F\left[\frac{1}{\vert a\vert}f\left(\frac{t}{a}\right)\mathrm{e}^{\frac{\pm\mathrm{j}\Omega_0 t}{a}}\right]=$ $F(a\Omega\mp\Omega_0), a\neq 0$ 注：注意符号的变换

续表 3-3

序　号	若满足的条件	则对应的结论
6	时域微分特性： $f(t)\leftrightarrow F(\Omega)$	$f'(t)\leftrightarrow \mathrm{j}\Omega F(\Omega)$ $f^{(n)}(t)\leftrightarrow (\mathrm{j}\Omega)^n F(\Omega)$
7	频域微分特性： $f(t)\leftrightarrow F(\Omega)$	$-\mathrm{j}tf(t)\leftrightarrow \mathrm{d}F(\Omega)/\mathrm{d}\Omega$ $(-\mathrm{j}t)^n f(t)\leftrightarrow \frac{\mathrm{d}^n F(\Omega)}{\mathrm{d}\Omega^n}$
8	时域积分特性： $f(t)\leftrightarrow F(\Omega)$	$F\left[\int_{-\infty}^{t} f(\tau)\mathrm{d}\tau\right]=$ $\pi F(0)\delta(\Omega)+\frac{F(\Omega)}{\mathrm{j}\Omega}$ 注：注意积分上限
9	频域积分特性： $f(t)\leftrightarrow F(\Omega)$	$F\left[\pi f(0)\delta(0)-\frac{f(t)}{\mathrm{j}t}\right]=$ $\int_{-\infty}^{\Omega} F(\sigma)\,\mathrm{d}\sigma$ 注：注意积分上限，注意和时域积分特性的比较
10	时域卷积特性： $f_1(t)\leftrightarrow F_1(\Omega)$ $f_2(t)\leftrightarrow F_2(\Omega)$	$F[f_1(t)*f_2(t)]=$ $F_1(\Omega)F_2(\Omega)$
11	频域卷积特性： $f_1(t)\leftrightarrow F_1(\Omega)$ $f_2(t)\leftrightarrow F_2(\Omega)$	$F[f_1(t)f_2(t)]=$ $\frac{1}{2\pi}F_1(\Omega)*F_2(\Omega)$ 注：注意和时域卷积对比，多了系数$\frac{1}{2\pi}$

3.1.3　周期信号的傅里叶变换

周期信号的傅里叶级数变换对：

$$f(t)=\sum_{n=-\infty}^{\infty} F_n \mathrm{e}^{\mathrm{j}n\Omega_1 t} \tag{3-23}$$

$$F_n=\frac{1}{T_1}\int_{T_1} f(t)\mathrm{e}^{-\mathrm{j}n\Omega_1 t}\mathrm{d}t,\quad n\in \mathbf{Z} \tag{3-24}$$

非周期信号的傅里叶变换对：

$$F(\Omega)=\int_{-\infty}^{\infty} f(t)\mathrm{e}^{-\mathrm{j}\Omega t}\mathrm{d}t=F[f(t)] \tag{3-25}$$

$$f(t)=\frac{1}{2\pi}\int_{-\infty}^{\infty} F(\omega)\,\mathrm{e}^{\mathrm{j}\Omega t}\mathrm{d}\Omega=F^{-1}[F(\Omega)] \tag{3-26}$$

注意傅里叶级数变换对和傅里叶变换对的区别：① 系数不一样；② 变换核不一样。

为了统一周期信号和非周期信号的频谱分析方法，下面来探索周期信号的傅里叶表达。

1. 周期信号傅里叶变换表达

对周期信号的傅里叶级数两端取傅里叶变换，并结合线性时不变系统性质和傅里叶变换的频移特性，可得周期信号傅里叶变换的表达式

$$F_{T_1}(\Omega)=2\pi\sum_{n=-\infty}^{\infty}F(n\Omega_1)\cdot\delta(\Omega-n\Omega_1) \tag{3-27}$$

由此可见，周期信号的傅里叶变换是由一系列冲激函数组成的，冲激出现在谐频点 $n\Omega_1$ 处，冲激强度为傅里叶系数 Fn 的 2π 倍。相比而言，周期信号的傅里叶级数是离散的有限幅度谱，这里反映了幅度谱和密度谱的联系。

2. 周期信号与单周期信号之间的频谱关系

周期信号的傅里叶级数系数：

$$F(n\Omega_1)=\frac{1}{T_1}\int_{-\frac{T_1}{2}}^{\frac{T_1}{2}}f(t)\mathrm{e}^{-\mathrm{j}n\Omega_1 t}\mathrm{d}t \tag{3-28}$$

单周期信号的傅里叶变换系数：

$$F_{\mathrm{d}}(\Omega)=\int_{-\frac{T_1}{2}}^{\frac{T_1}{2}}f_{\mathrm{d}}(t)\mathrm{e}^{-\mathrm{j}\Omega t}\mathrm{d}t \tag{3-29}$$

所以 $F(n\Omega_1)$ $$=\frac{1}{T_1}F_{\mathrm{d}}(\Omega)\bigg|_{\Omega=n\Omega_1} \tag{3-30}$$

因此，周期信号的频谱是单周期信号频谱在谐频点处的抽样值，再乘以 $1/T_1$。

结合公式(3-27)，周期信号傅里叶变换的求解流程为 $F_{\mathrm{d}}(\Omega)\rightarrow F(n\Omega_1)\rightarrow F_{T_1}(\Omega)$。

3.1.4 抽样定理和频率带宽

由于数字处理设备的局限性与实际时间连续的信号相矛盾，因此需要对连续时间信号进行抽样，抽样信号经量化后就变成了数字信号。模拟信号数字化的基本过程如图 3.1 所示。

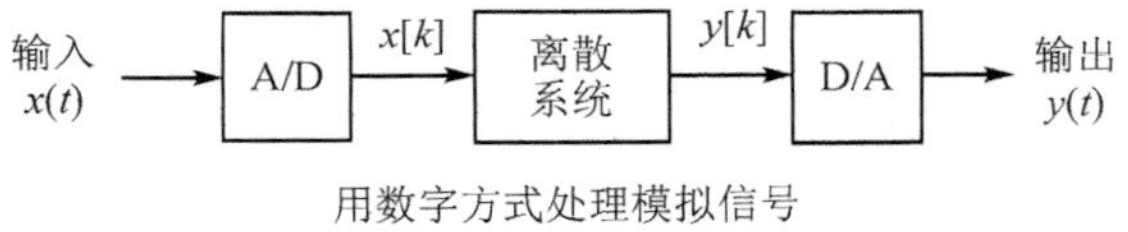

图 3.1 模数转换流程

从时域上看，抽样信号丢失了信号在抽样间隔的信息。如何不失真地从抽样信号恢复到原信号？

1. 自然抽样

自然抽样是指将连续信号 $f(t)$ 与周期性的抽样脉冲 $p(t)$ 相乘，即得到抽样信号 $f_s(t)$。自然抽样过程如图 3.2 所示。

连续信号的傅里叶变换：

$$f(t)\leftrightarrow F(\omega),\quad -\omega_m<\omega<\omega_m$$

抽样脉冲的傅里叶变换：

$$p(t)\leftrightarrow P(\omega)=2\pi\sum_{n=-\infty}^{\infty}P_n\delta(\omega-n\omega_s)$$

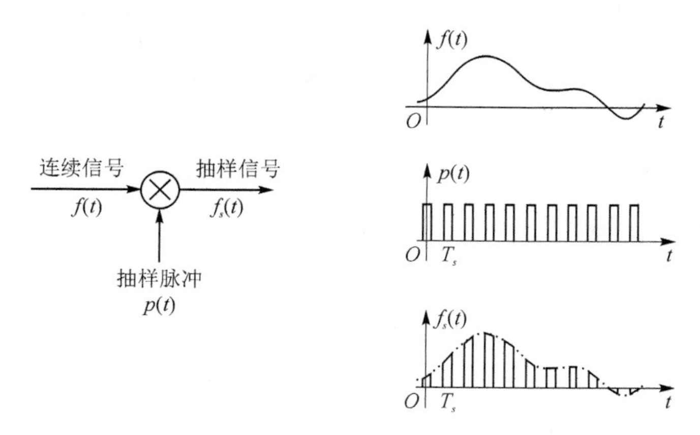

图 3.2 抽样过程及频谱图

抽样信号的傅里叶变换：

$$f_s(t) \leftrightarrow F_s(\omega)$$

根据频域卷积定理

$$F_s(\omega)=\frac{1}{2\pi}F(\omega) * P(\omega)=\frac{\tau}{T_s}\sum_{n=-\infty}^{\infty}\mathrm{Sa}\left(\frac{n\omega_s\tau}{2}\right)F(\omega-n\omega_s) \tag{3-31}$$

矩形脉冲抽样信号及其频谱如图 3.3 所示。

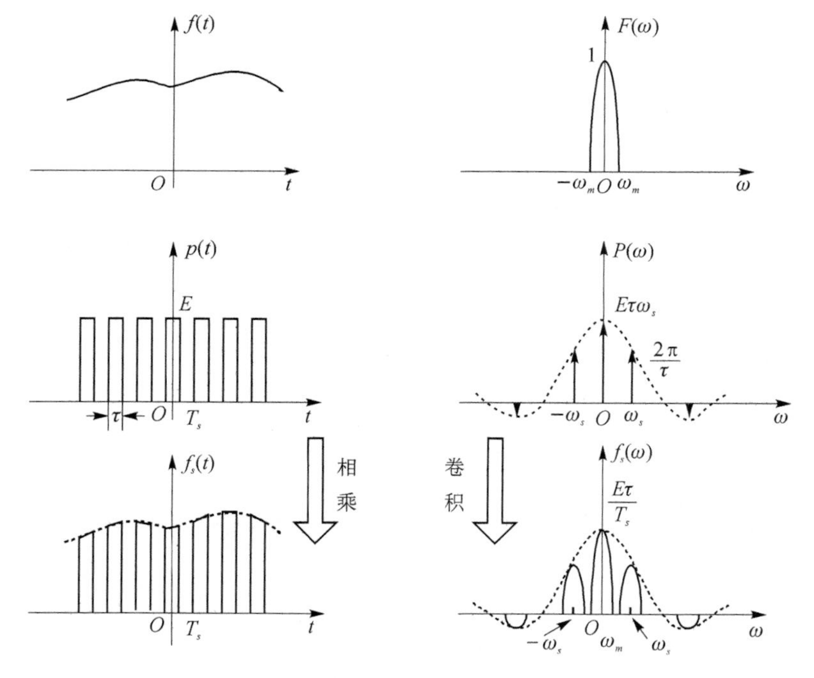

图 3.3 矩形脉冲抽样信号及其频谱

2. 理想抽样

当抽样脉冲的脉宽趋近于 0 时，抽样脉冲变为冲激脉冲，这种抽样称为冲激抽样或理想抽样。

连续信号的傅里叶变换：

$$f(t) \leftrightarrow F(\omega), \quad -\omega_m < \omega < \omega_m$$

冲激抽样的傅里叶变换：

$$p(t) \leftrightarrow P(\omega) = \omega_s \sum_{-\infty}^{\infty} \delta(\omega - n\omega_s)$$

冲激信号的傅里叶变换：

$$f_s(t) \leftrightarrow F_s(\omega)$$

根据频域卷积定理

$$F_s(\omega) = \frac{1}{2\pi} F(\omega) * P(\omega) = \frac{1}{T_s} \sum_{n=-\infty}^{\infty} F(\omega - n\omega_s) \tag{3-32}$$

冲激抽样信号及其频谱如图 3.4 所示。

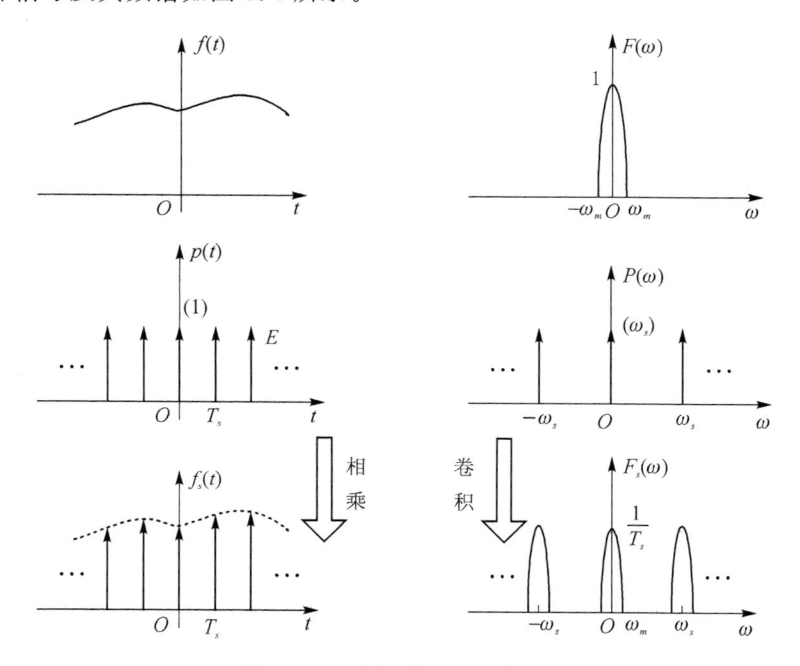

图 3.4 冲激抽样信号及其频谱

① 当 $n=0$ 时，$F_s(\omega) = \frac{1}{T_s} F(\omega)$，包含原信号的全部信息，幅度差 T_s 倍；

② 若接一个理想低通滤波器，其增益为 T_s，截止频率 $\omega_m < \omega_c < \omega_s - \omega_m$ 滤除高频成分，则可重现原信号。

3. 抽样定理

(1) 时域抽样定理(奈奎斯特抽样定理)

$f(t)$必须是带限信号，且抽样信号的抽样频率要大于等于信号最高频率的 2 倍，在时域上可完全恢复原连续信号。

$$\omega_s \geqslant 2\omega_m \tag{3-33}$$

(2) 频谱混叠

根据上述分析，当连续信号是带限信号但抽样频率过低时，或连续信号的频谱为无限带宽时，将产生频谱混叠现象。

当信号为带限信号，且 $\omega_m < \omega_s - \omega_m$ 时，频谱不会发生混叠，即能从抽样信号无失真地恢复原信号，其中 ω_m 是信号频率，ω_s 是抽样频率。

(3) 频域抽样定理

$f(t)$必须是时间受限信号，时间限定于$[-t_m, t_m]$，当抽样间隔 f_s 满足下式：

$$f_s < \frac{1}{2t_m} \tag{3-34}$$

即可无失真地恢复原信号。

对于频带无限宽的信号，通常需要抗混叠滤波器滤掉折叠频率以上的高频分量，把非带限信号转换为带限信号（见图 3.5），进而再根据奈奎斯特采样定理进行信号的恢复。实际工程应用中，抽样频率一般取信号带宽的 3～5 倍，甚至更高。

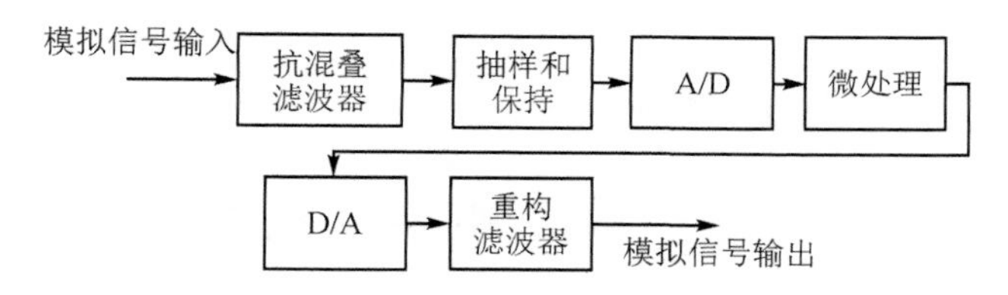

图 3.5　模拟信号的数字处理系统

3.1.5　非周期信号能量谱

(1) 能量谱

与功率谱相对应，把信号能量随频率分布的关系称为能量谱。

(2) 非周期信号的帕斯瓦尔定理

对能量有限的信号，在时域上积分得到的信号能量与频域上积分得到的相等，即信号经过傅里叶变换，总能量保持不变，符合能量守恒定律。

$$\begin{aligned} W &= \int_{-\infty}^{\infty} f^2(t)\mathrm{d}t \quad (\text{时域}) \\ &= \frac{1}{2\pi}\int_{-\infty}^{\infty} |F(\Omega)|^2 \mathrm{d}\Omega = \int_{-\infty}^{\infty} |F(f)|^2 \mathrm{d}f \quad (\text{频域}) \end{aligned} \tag{3-35}$$

$$G(\Omega) = |F(\Omega)|^2 \tag{3-36}$$

$$G(f) = |F(f)|^2 \tag{3-37}$$

$G(\Omega)-\Omega$（或 $G(f)-f$）这种谱称为能量密度谱（简称能谱）。

(3) 有效脉宽

有效脉宽为集中了脉冲中绝大部分能量的时间段，即

$$\int_{-\frac{\tau_0}{2}}^{\frac{\tau_0}{2}} f^2(t)\mathrm{d}t = \eta W = \eta\int_{-\infty}^{\infty} f^2(t)\mathrm{d}t \tag{3-38}$$

η 是指时间 τ_0 内的能量与信号总能量的比值，一般取 0.9 以上。

(4) 带宽

带宽为集中了脉冲中绝大部分能量的频带。

$$\frac{1}{\pi}\int_{0}^{\Omega_b} |F(\Omega)|^2 \mathrm{d}\Omega = \eta W = \eta\,\frac{1}{\pi}\int_{0}^{\infty} |F(\Omega)|^2 \mathrm{d}\Omega \tag{3-39}$$

η 是指 Ω_b 频段内的能量与信号总能量的比值，一般也取 0.9 以上。

(5) 3 dB 带宽(半功率带宽)

3 dB 带宽(半功率带宽)指频谱的幅值不低于最大值的 $1/\sqrt{2}$ 的频率期间。

3.2 学习要求

通过本章内容的教学，学生应掌握：

① 周期信号的傅里叶级数展开式。

② 傅里叶变换的定义及反变换。

③ 常用信号的傅里叶变换。

④ 傅里叶变换的性质。

⑤ 非周期信号的能量谱、频率带宽。

⑥ 抽样信号的傅里叶变换、抽样定理。

3.3 重点和难点提示

3.3.1 周期信号、典型信号的傅里叶变换及抽样定理

(1) 周期信号的傅里叶级数及频谱特点

重点掌握三角函数形式与指数形式的傅里叶级数表达式，频域表达式中各分量系数的求解和完备正交集知识点的关联。掌握三角函数形式与指数形式的傅里叶级数表达式中的区别和联系，尤其要注意频域如何从单边谱扩展到双边谱。

(2) 典型信号的傅里叶变换及傅里叶变换的对偶性

典型信号包括冲激信号、矩形脉冲信号、直流信号、单边指数信号、阶跃信号等。注意求解典型信号傅里叶变换时将前后知识点进行关联，比如冲激信号的傅里叶变换从傅里叶变换概念本身(第 3 章)和冲激信号性质(第 2 章)出发求得；直流信号、阶跃信号、符号信号不满足狄里赫利条件中的绝对可积，其傅里叶变换可通过对矩形脉冲信号傅里叶变换的时域脉冲取极限、对单边/双边指数信号的傅里叶变换取极限求得。傅里叶变换的对偶性主要指时域变量和频域变量的互易，需注意互易过程中符号和系数的不同。

(3) 抽样定理

重点掌握抽样过程中用到的傅里叶变换频域卷积特性——时域信号相乘后的傅里叶变换相当于原时域信号傅里叶变换后的卷积(注意频域中的系数 $1/(2\pi)$)，在此基础上掌握冲激信号抽样是将连续信号的频率进行周期性拓展，因此周期决定了频谱是否混叠。

3.3.2 傅里叶变换的性质、周期信号与单周期信号的频谱关系

(1) 傅里叶变换的性质

重点关注对偶性、时移特性、频移特性、时域卷积和频域卷积特性；从定义的角度出发，并结合 LTI 系统的性质，分析对偶性、时移特性、频移特性、时域卷积和频域卷积特性的推导过程。

（2）周期信号与单周期信号的频谱关系

对周期信号的傅里叶级数两端取傅里叶变换，并结合线性时不变系统性质和傅里叶变换的频移特性，可得周期信号傅里叶变换的表达式。观察周期信号和单周期信号的频谱表达式，可以看出周期信号的频谱是单周期信号频谱在谐频点处的抽样值再乘以 $1/T_1$。

3.4　习题精解

1. 一周期矩形信号的频率为 500 Hz，脉冲宽度 $\tau=0.5$ ms，幅度 $E=1$ V，其直流分量为________，基波分量为________，二次谐波为________。

解： 直流分量：0.25 V，基波分量：0.225 1 V，二次谐波：0.159 2 V。

2. 简述将周期信号展开成傅里叶级数的狄里赫利条件。

解： 狄里赫利条件（三个有限）：在一个周期内间断点的个数、极值点的个数、绝对积分数值有限。

3. 将周期为 T 的信号 $f(t)$ 展开为傅里叶级数，并根据计算结果，简单谈一谈周期信号的频谱特点。

$$f(t)=\begin{cases}E, & |t|\leqslant \dfrac{\tau}{2}\\ 0, & \dfrac{\tau}{2}<|t|<\dfrac{T}{2}\end{cases}$$

解： $f(t)=\dfrac{E\tau}{T}+2\dfrac{E\tau}{T}\sum\limits_{n=1}^{\infty}\mathrm{Sa}\left(\dfrac{n\pi\tau}{T}\right)\cos\dfrac{2n\pi}{T}t$。

周期信号的傅里叶频谱特点：仅在一些离散频率点 $n\Omega_1$ 上有值；离散间隔为 $\Omega_1=2\pi/T_1$；F_n 是双边谱，正负频率的频谱幅度相加才是实际幅度；信号的功率为 $\sum\limits_{n=-\infty}^{\infty}F_n{}^2$。

4. 假设周期为 4 的信号 $f(t)$ 如图 3.6 所示，试计算对应的复数傅里叶级数的系数。

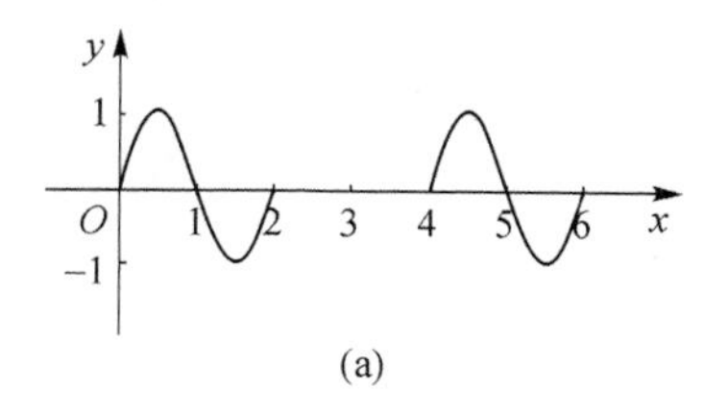

(a)

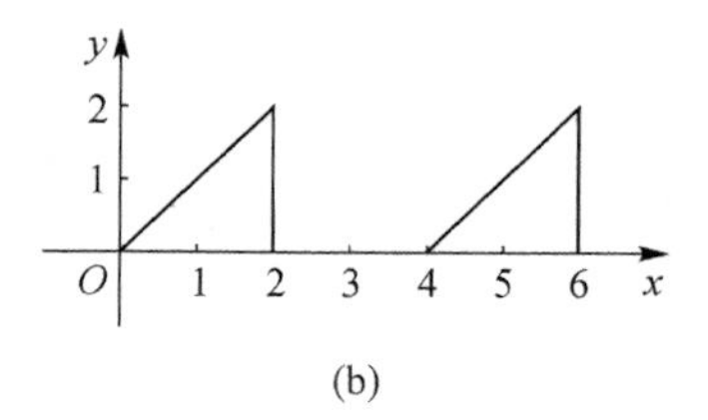

(b)

图 3.6　习题 4 图

解：（a）图：$F_n=\dfrac{n}{2\pi(4-n^2)}\left[1-(-1)^n\right]$。

（b）图：$F_n=-\dfrac{1}{\mathrm{j}\dfrac{\pi}{2}n}\left[(-1)^n\left(2+\dfrac{1}{\mathrm{j}\dfrac{\pi}{2}n}\right)-\dfrac{1}{\mathrm{j}\dfrac{\pi}{2}n}\right]$。

5. 有一种利用非线性器件产生谐波的方法，若产生如图 3.7 所示的脉冲波形（正弦波形的一部分）：

① 求三次谐波的振幅。

② θ_0 取多大时三次谐波的振幅能有最大值。

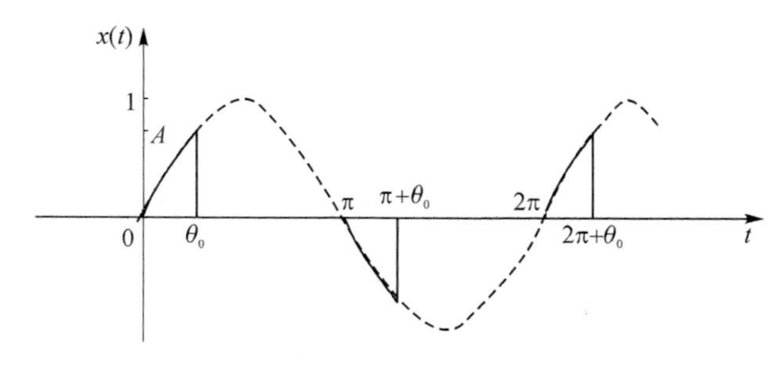

图 3.7　习题 5 图

解：① $a_3=\frac{2}{2\pi}\left(\int_0^{\theta_0}\sin t\cos 3t\,dt+\int_{\pi}^{\pi+\theta_0}\sin t\cos 3t\,dt\right)$

$$=\frac{1}{2\pi}\left[\int_0^{\theta_0}(\sin 4t-\sin 2t)dt+\int_{\pi}^{\pi+\theta_0}(\sin 4t-\sin 2t)dt\right]$$

$$=\frac{1}{2\pi}\left\{\frac{1}{4}(1-\cos 4\theta_0)+\frac{1}{2}(\cos 2\theta_0-1)+\frac{1}{4}[1-\cos 4(\pi+\theta_0)]-\frac{1}{2}[1-\cos 2(\pi+\theta_0)]\right\}$$

$$=\frac{1}{2\pi}\left\{\frac{1}{4}(1-\cos 4\theta_0)+\frac{1}{2}(\cos 2\theta_0-1)+\frac{1}{4}(1-\cos 4\theta_0)-\frac{1}{2}(1-\cos 2\theta_0)\right\}$$

$$=\frac{1}{2\pi}\left(-\frac{1}{2}-\frac{1}{2}\cos 4\theta_0+\cos 2\theta_0\right)$$

$$b_3=\frac{2}{2\pi}\left[\int_0^{\theta_0}\sin t\sin 3t\,dt+\int_{\pi}^{\pi+\theta_0}\sin t\sin 3t\,dt\right]$$

$$A_3=\sqrt{a_3^2+b_3^2}=\frac{1}{2\pi}\sqrt{\left(-\frac{1}{2}-\frac{1}{2}\cos 4\theta_0+\cos 2\theta_0\right)^2+\left(\sin 2\theta_0-\frac{1}{2}\sin 4\theta_0\right)^2}$$

$$=\frac{1}{2\pi}\sqrt{\frac{1}{4}+\frac{1}{4}+1+\frac{1}{2}\cos 4\theta_0-2\cos 2\theta_0}=\frac{1}{2\pi}\sqrt{1+(\cos 2\theta_0)^2-2\cos 2\theta_0}$$

$$=\frac{1}{2\pi}(1-\cos 2\theta_0)=\frac{(\sin\theta_0)^2}{\pi}$$

② 当 $\theta_0=\frac{\pi}{2}$ 时，$A_{3\max}=\frac{1}{\pi}\approx 0.318\ \mathrm{V}$。

6. 如图 3.8 所示，计算下列单周期信号的傅里叶变换。

解：(a)图：$\mathrm{j}\,\frac{2E}{\Omega}\left[\cos\left(\frac{\omega T}{2}\right)-\mathrm{Sa}\left(\frac{\omega T}{2}\right)\right]$，$F(0)=0$。

(b)图：$\frac{E}{\Omega^2 T}(1-\mathrm{j}\Omega T-\mathrm{e}^{-\mathrm{j}\Omega T})$。

(c)图：$\frac{E\omega_1}{\omega_1^2-\omega^2}(1-\mathrm{e}^{-\mathrm{j}\omega T})=\mathrm{j}\,\frac{2E\Omega_1}{\Omega_1^2-\Omega^2}\sin\left(\frac{\Omega T}{2}\right)\mathrm{e}^{-\mathrm{j}\frac{\Omega T}{2}}$，$F(\Omega_1)=\frac{ET}{2\mathrm{j}}\left(\Omega_1=\frac{2\pi}{T}\right)$。

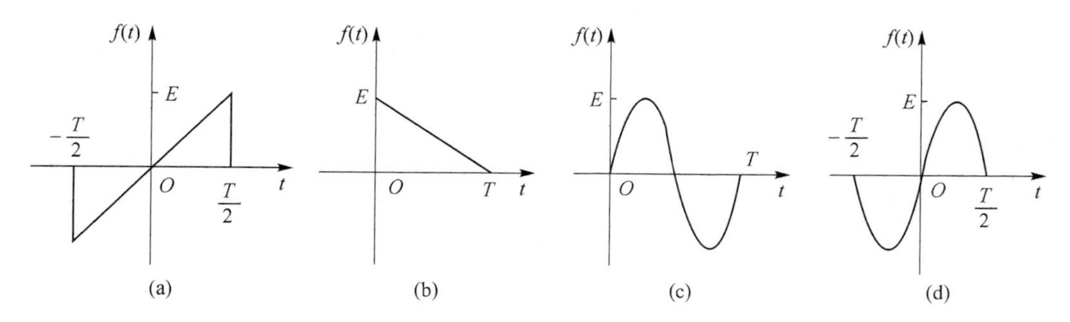

图3.8 习题6图

(d)图：$\mathrm{j}\dfrac{2E\Omega_1\sin\left(\dfrac{\Omega T}{2}\right)}{\Omega^2-\Omega_1^2}$，$F(\Omega_1)=\dfrac{ET}{2\mathrm{j}}\left(\Omega_1=\dfrac{2\pi}{T}\right)$。

7. 如图3.9所示，利用时域积分性求下列信号的傅里叶变换。

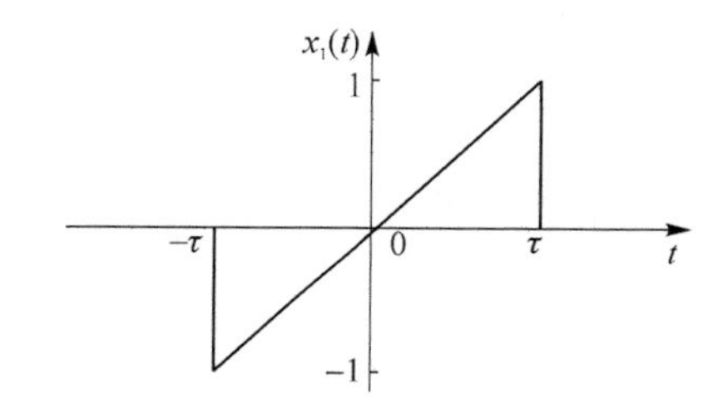

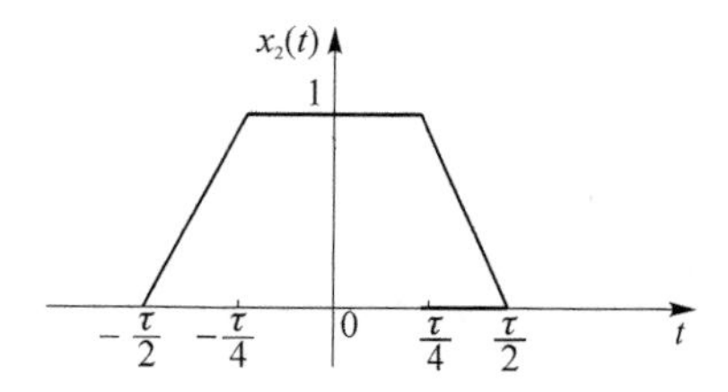

图3.9 习题7图

解：(a)图：$x_1'(t)=-\delta(t+\tau)-\delta(t-\tau)+\dfrac{1}{\tau}[\varepsilon(t+\tau)-\varepsilon(t-\tau)]\leftrightarrow-(\mathrm{e}^{\mathrm{j}\Omega\tau}+\mathrm{e}^{-\mathrm{j}\Omega\tau})+2\mathrm{Sa}(\Omega\tau)$，$x_1'(t)\leftrightarrow-2\cos\Omega\tau+2\mathrm{Sa}(\Omega\tau)$，$x_1(t)\leftrightarrow\dfrac{2}{\mathrm{j}\Omega}[\mathrm{Sa}(\Omega\tau)-\cos\Omega\tau]$。

(b)图：$x''_2(t)=\dfrac{4}{\tau}\left[\delta\left(t+\dfrac{\tau}{2}\right)+\delta\left(t-\dfrac{\tau}{2}\right)-\delta\left(t+\dfrac{\tau}{4}\right)-\delta\left(t-\dfrac{\tau}{4}\right)\right]\leftrightarrow\dfrac{8}{\tau}\left(\cos\dfrac{\Omega\tau}{2}-\cos\dfrac{\Omega\tau}{4}\right)$，$x_2(t)\leftrightarrow\dfrac{8}{\Omega^2\tau}\left(\cos\dfrac{\Omega\tau}{4}-\cos\dfrac{\Omega\tau}{2}\right)$。

8. 已知$x(t)$的傅里叶变换为$X(\Omega)$，试求下列函数的频谱函数。

① $tx(2t)$　② $(t-2)x(t)$　③ $tx'(t)$

④ $x(1-t)$　⑤ $(1-t)x(1-t)$　⑥ $x(2t-5)$

⑦ $\int_{-\infty}^{1-0.5t}x(\tau)\mathrm{d}\tau$　⑧ $\mathrm{e}^{\mathrm{j}t}x(3-2t)$　⑨ $x'(t)*\dfrac{1}{\pi t}$

解：① $x(2t)\leftrightarrow\dfrac{1}{2}X\left(\dfrac{\Omega}{2}\right)$，$-\mathrm{j}tx(2t)\leftrightarrow\dfrac{1}{2}\dfrac{\mathrm{d}X\left(\dfrac{\Omega}{2}\right)}{\mathrm{d}\Omega}$，$tx(2t)\leftrightarrow\dfrac{\mathrm{j}}{2}\dfrac{\mathrm{d}X\left(\dfrac{\Omega}{2}\right)}{\mathrm{d}\Omega}$。

② $tx(t)\leftrightarrow\mathrm{j}\dfrac{\mathrm{d}X(\Omega)}{\mathrm{d}\Omega}$，$(t-2)x(t)\leftrightarrow\mathrm{j}\dfrac{\mathrm{d}X(\Omega)}{\mathrm{d}\Omega}-2X(\Omega)$。

③ $x'(t)\leftrightarrow\mathrm{j}\Omega X(\Omega)$，$tx'(t)\leftrightarrow\mathrm{j}[\mathrm{j}\Omega X(\Omega)]'=-[\Omega X(\Omega)]'$。

④ $x(t+1)\leftrightarrow\mathrm{e}^{\mathrm{j}\Omega}X(\Omega)$，$x(-t+1)\leftrightarrow\mathrm{e}^{-\mathrm{j}\Omega}X(-\Omega)$。

⑤ $tx(t)\leftrightarrow \mathrm{j}\dfrac{\mathrm{d}X(\Omega)}{\mathrm{d}\Omega}$，$(t+1)x(t+1)\leftrightarrow \mathrm{j}\dfrac{\mathrm{d}X(\Omega)}{\mathrm{d}\Omega}\mathrm{e}^{\mathrm{j}\Omega}$，　$(1-t)x(1-t)\leftrightarrow \dfrac{\mathrm{d}X(-\Omega)}{\mathrm{j}\mathrm{d}\Omega}\mathrm{e}^{-\mathrm{j}\Omega}$。

⑥ $x(t-5)\leftrightarrow \mathrm{e}^{-\mathrm{j}5\Omega}X(\Omega)$，$x(2t-5)\leftrightarrow 0.5\mathrm{e}^{-\mathrm{j}\frac{5}{2}\Omega}X\left(\dfrac{\Omega}{2}\right)$。

⑦ $y(t)=\int_{-\infty}^{t}x(\tau)\mathrm{d}\tau\leftrightarrow \pi X(0)\delta(\Omega)+\dfrac{X(\Omega)}{\mathrm{j}\Omega}$，$y(t+1)=\int_{-\infty}^{t+1}x(\tau)\mathrm{d}\tau\leftrightarrow \pi X(0)\delta(\Omega)+\dfrac{X(\Omega)}{\mathrm{j}\Omega}\mathrm{e}^{\mathrm{j}\Omega}$，$y(-0.5t+1)=\int_{-\infty}^{1-0.5t}x(\tau)\mathrm{d}\tau\leftrightarrow 2\pi X(0)\delta(2\Omega)+2\dfrac{X(-2\Omega)}{-\mathrm{j}2\Omega}\mathrm{e}^{-\mathrm{j}2\Omega}=\pi X(0)\delta(\Omega)-\dfrac{X(-2\Omega)}{\mathrm{j}\Omega}\mathrm{e}^{-\mathrm{j}2\Omega}$。

⑧ $x(t+3)\leftrightarrow \mathrm{e}^{\mathrm{j}3\Omega}X(\Omega)$，$x(-2t+3)\leftrightarrow \dfrac{1}{2}\mathrm{e}^{-\mathrm{j}\frac{3\Omega}{2}}X\left(-\dfrac{\Omega}{2}\right)$，$\mathrm{e}^{\mathrm{j}t}x(3-2t)\leftrightarrow \dfrac{1}{2}\mathrm{e}^{\mathrm{j}\frac{3(1-\Omega)}{2}}X\left(\dfrac{1-\Omega}{2}\right)$。

⑨ $x'(t)\leftrightarrow \mathrm{j}\Omega X(\Omega)$，$\dfrac{1}{2}\mathrm{sgn}(t)\leftrightarrow \dfrac{1}{\mathrm{j}\Omega}$，$\dfrac{\mathrm{j}}{2}\mathrm{sgn}(t)\leftrightarrow \dfrac{1}{\Omega}$，$\dfrac{1}{t}\leftrightarrow \mathrm{j}\pi\mathrm{sgn}(-\Omega)$，$\dfrac{1}{\pi t}\leftrightarrow -\mathrm{j}\mathrm{sgn}(\Omega)$，$x'(t)*\dfrac{1}{\pi t}\leftrightarrow \mathrm{j}\Omega X(\Omega)[-\mathrm{j}\mathrm{sgn}(\Omega)]=\Omega X(\Omega)\mathrm{sgn}(\Omega)$。

9. 如图 3.10 所示，激励信号 $f(t)$ 的傅里叶变换为已知，画出该系统 A 点和 B 点的频谱图。

解：

$$f(t)\cos 3\Omega_0 t \Leftrightarrow \frac{1}{2}[F(\Omega+3\Omega_0)+F(\Omega-3\Omega_0)]$$

$$[f(t)\cos 3\Omega_0 t]*h(t)\Leftrightarrow \frac{1}{2}[F(\Omega+3\Omega_0)+F(\Omega-3\Omega_0)]H(\Omega)$$

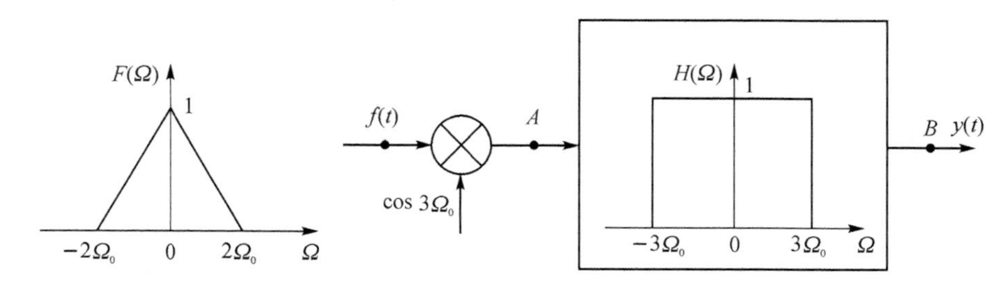

图 3.10　习题 9 图

10. 图 3.11 所示为一“信号采样及恢复”的原理线路，$x(t)$，$y(t)$ 为模拟信号，F_1，F_2 为滤波器，K 为理想冲激采样器。采样时间间隔为 1 ms。现要在下面提供的 5 种滤波器中选用 2 种，分别作为 F_1 及 F_2（每种滤波器只准用一次），使输出端尽量恢复原信号。该如何选择？申述理由（这里 f_c 为截止频率）。

① 高通滤波器 $f_c=2$ kHz。

② 低通滤波器 $f_c=2$ kHz。

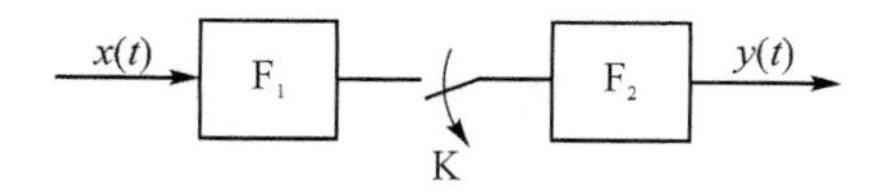

图 3.11　习题 10 图

③ 低通滤波器 $f_c=1\ \text{kHz}$。

④ 低通滤波器 $f_c=0.5\ \text{kHz}$。

⑤ 低通滤波器 $f_c=0.2\ \text{kHz}$。

解：由题可知，F_1 应该为低通滤波器，防止采样时发生混叠效应。F_2 应为低通滤波器，目的是滤除理想冲激采样带来的其他频域分量。采样频率 f_s 为 1 kHz，因此 F_1 的截止频率 f_m 应该低于 0.5 kHz。理想冲激抽样得到的采样信号的频谱是原始信号 $x(t)$ 频谱的周期延拓，因此 F_2 低通滤波器的截止频率 f_c 应满足：

$$f_m < f_c < f_s - f_m$$

综上，F_1 应该用⑤，F_2 应该用④。

11. 已知周期信号 $f(t)$ 的波形如图 3.12 所示，分别结合下述方法求 $f(t)$ 的傅里叶变换 $F(\Omega)$：

① 傅里叶变换的时域卷积定理。

② 周期信号的傅里叶级数。

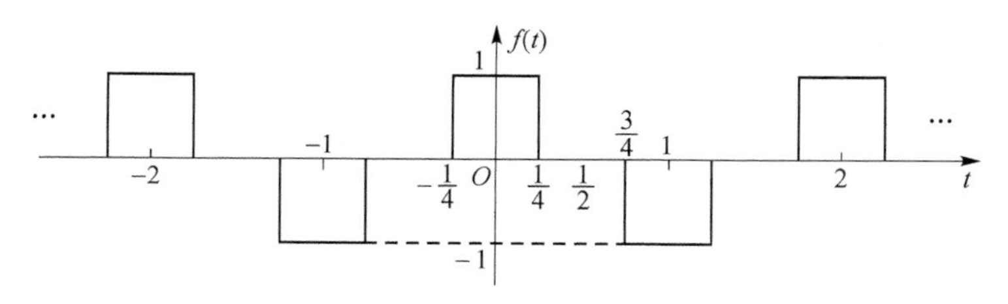

图 3.12　习题 11 图

12. 已知信号 $f(t)$ 的波形如图 3.13 所示，求 $f(t)$ 的傅里叶变换 $F(\omega)$。

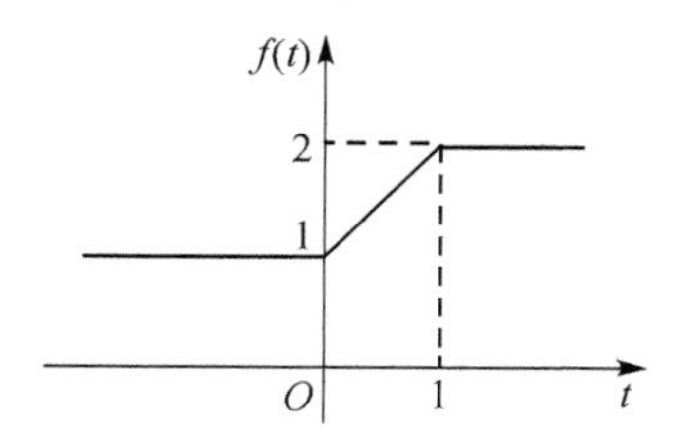

图 3.13　习题 12 图

扫码看习题 11 讲解

扫码看习题 12 讲解

3.5 思考与练习题

1. 求下列信号的傅里叶变换。

① $x_1(t)=\mathrm{e}^{-\mathrm{j}t}\delta(t-2)$　　② $x_2(t)=\mathrm{e}^{-3(t-1)}\delta'(t-1)$

③ $x_3(t)=\mathrm{sgn}(t^2-9)$　　④ $x_4(t)=\mathrm{e}^{-2t}\varepsilon(t+1)$

⑤ $x_5(t)=\mathrm{e}^{-\mathrm{j}t}\varepsilon(t-2)$　　⑥ $x_6(t)=\varepsilon(2t-1)$

2. 利用傅里叶反变换的性质，试分别求图 3.14 所示函数的傅里叶反变换。

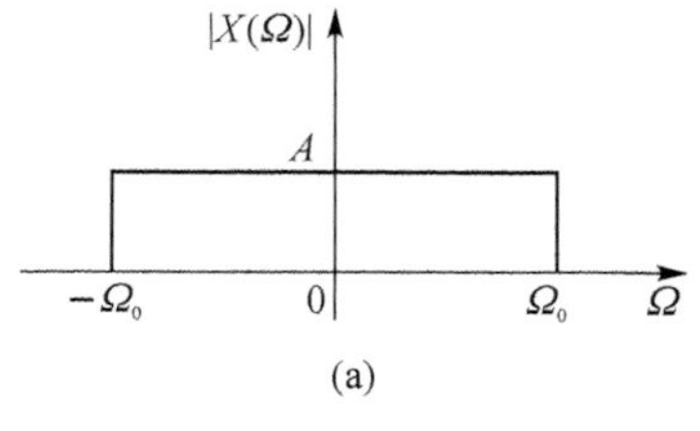

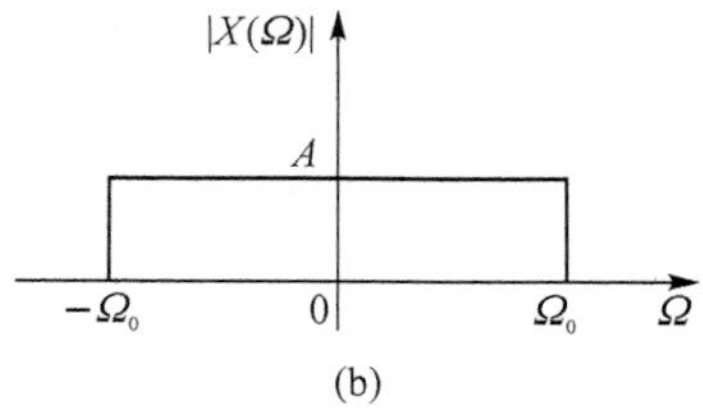

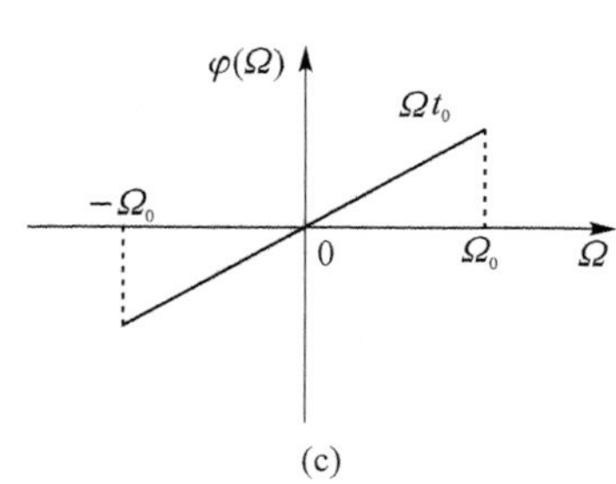

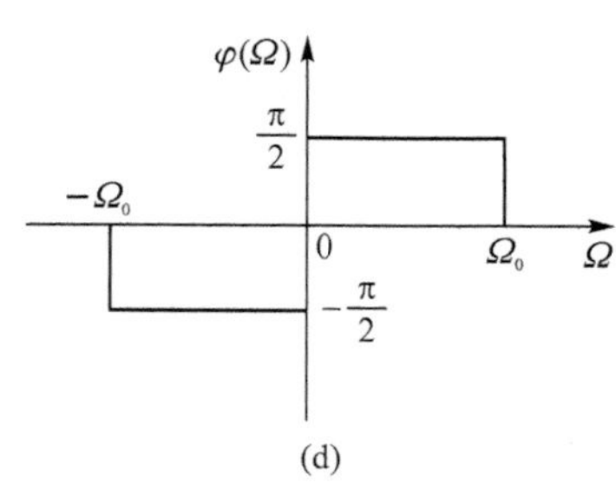

图 3.14　练习题 2 图

3. 求图 3.15 所示各信号的傅里叶变换。

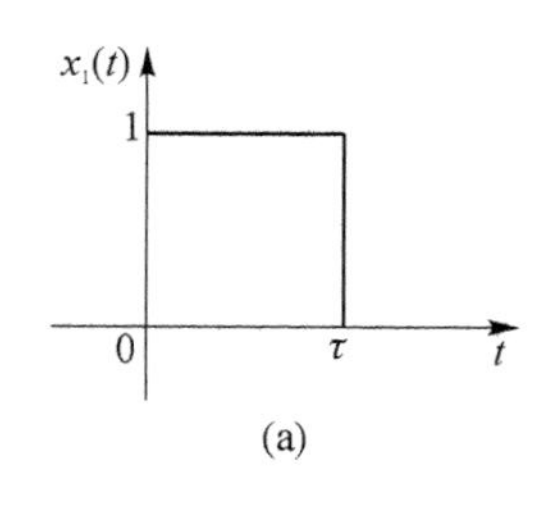

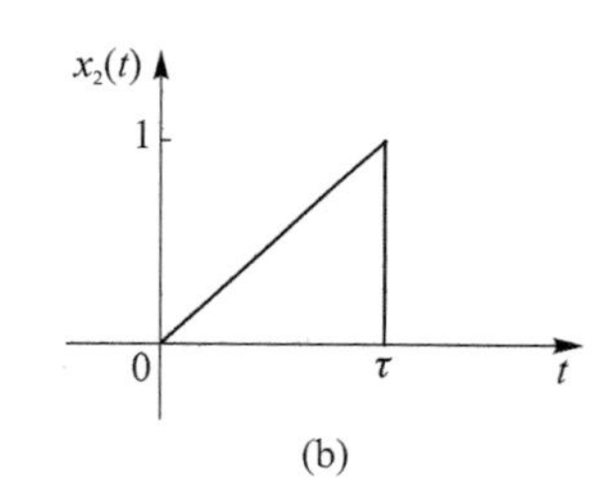

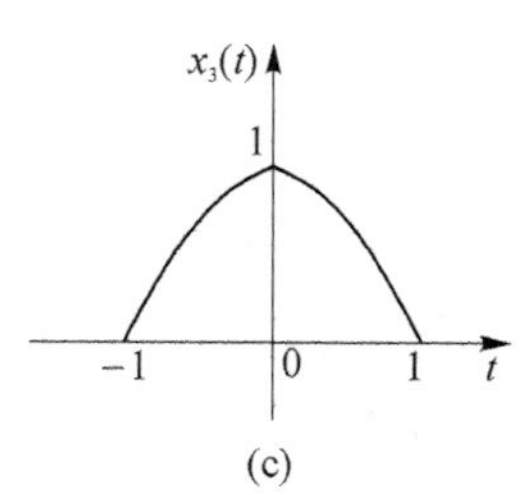

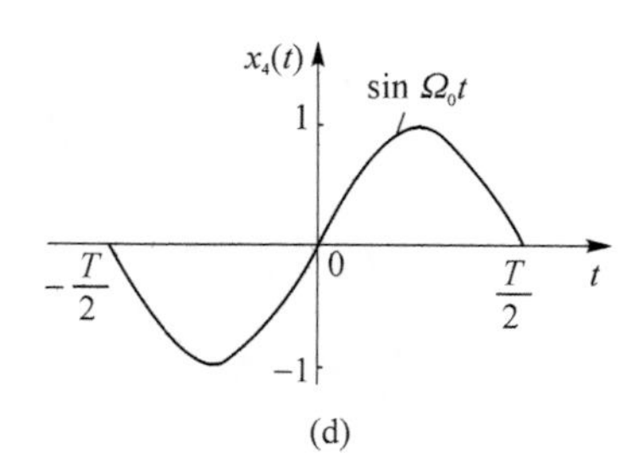

图 3.15　练习题 3 图

4. 某信号的频谱函数 $X(\Omega)$ 如图 3.16 所示，试求其傅里叶反变换。

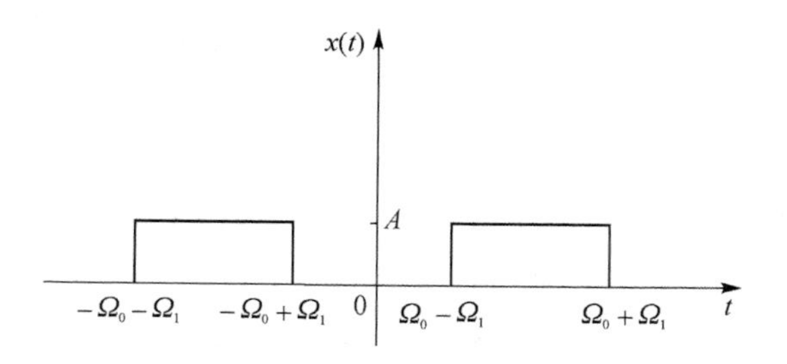

图 3.16　练习题 4 图

5. 分别画出图 3.17 所示信号的单边频谱图与双边频谱图。

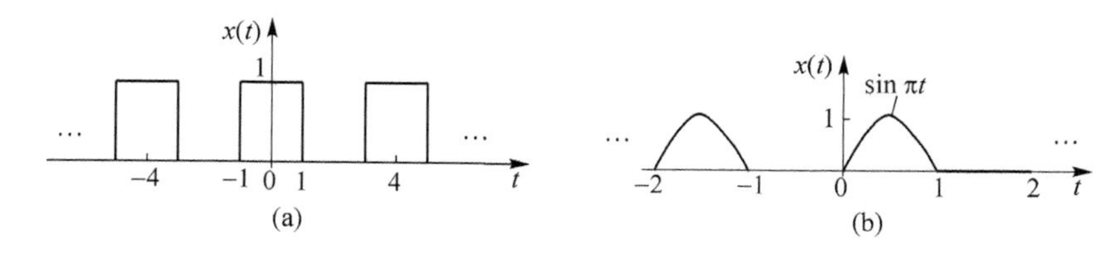

图 3.17　练习题 5 图

6. 图 3.18 所示为双边带通信中的幅度调制与解调系统，画出图中 $x(t)$ 与 $y(t)$ 的频谱图（$\Omega_c>\Omega_2$）。

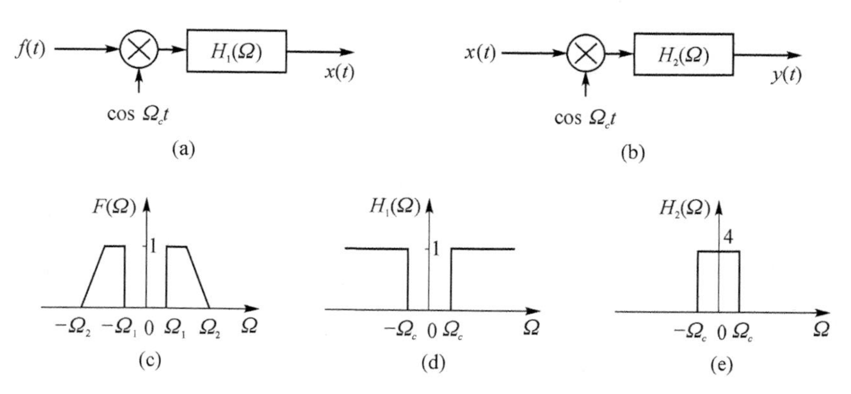

图 3.18　练习题 6 图

7. 已知系统输入信号为 $f(t)$，且 $f(t)\Leftrightarrow F(\mathrm{j}\Omega)$，系统函数为 $H(\mathrm{j}\Omega)=-2\mathrm{j}\Omega$，分别求下列两种情况的系统响应 $y(t)$：

① $f(t)=\sin\Omega_0 t u(t)$ 。

② $F(\Omega)=\dfrac{1}{\mathrm{j}\Omega(6+\mathrm{j}\Omega)}$。

8. 图 3.19 所示为双边带通信中的幅度调制与解调系统，画出图中 $x(t)$ 与 $y(t)$ 的频谱图。

9. 试求下列函数的傅里叶反变换。

① $X(\Omega)=\begin{cases}1, & |\Omega|<\Omega_0\\ 0, & |\Omega|>\Omega_0\end{cases}$

② $X(\Omega)=\delta(\Omega+\Omega_0)-\delta(\Omega-\Omega_0)$

③ $X(\Omega)=2\cos(3\Omega)$

④ $X(\Omega)=[\varepsilon(\Omega)-\varepsilon(\Omega-2)]\mathrm{e}^{-\mathrm{j}\Omega}$

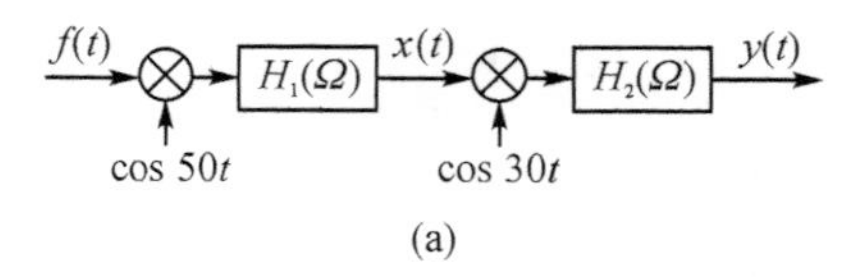

(a)

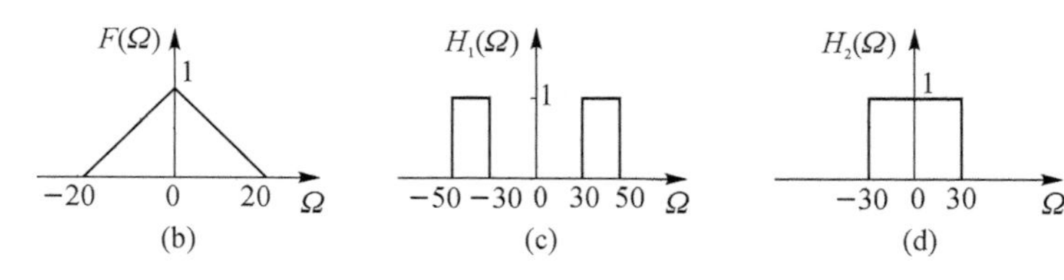

(b) (c) (d)

图 3.19 练习题 8 图

⑤ $X(\Omega)=\mathrm{sgn}(\Omega)$ ⑥ $X(\Omega)=\sum_{n=0}^{2}\frac{2\sin\Omega}{\Omega}\mathrm{e}^{-\mathrm{j}(2n+1)\Omega}$

10. 信号 $f(t)=\frac{\sin t}{\pi t}$ 通过图 3.20 所示的系统，系统的频率特性为

$$H(\Omega)=\mathrm{e}^{-\mathrm{j}\Omega t_0}[\varepsilon(\Omega+2)-\varepsilon(\Omega-2)]$$

在 $c(t)=\cos 1\,000t$ 和 $c(t)=\sum_{n=-\infty}^{\infty}\delta(t-0.1n)$ 两种情况下，分别求出 $Y_A(\Omega)$、$Y(\Omega)$和 $y(t)$，并画出它们的波形。

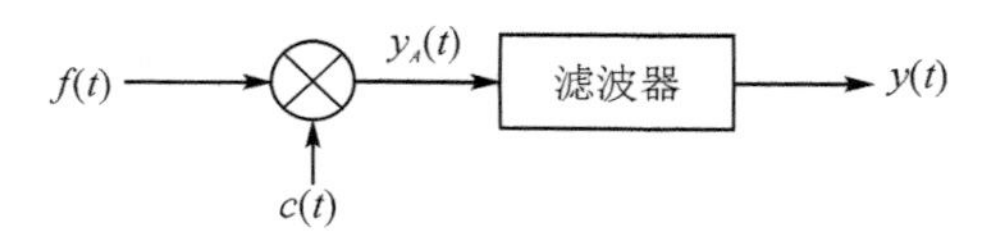

图 3.20 练习题 10 图

11. 一周期冲激信号 $\delta_T(t)=\sum_{n=-\infty}^{\infty}\delta(t-2n)$ 通过一频谱函数如图 3.21 所示的线性系统，试求其输出。

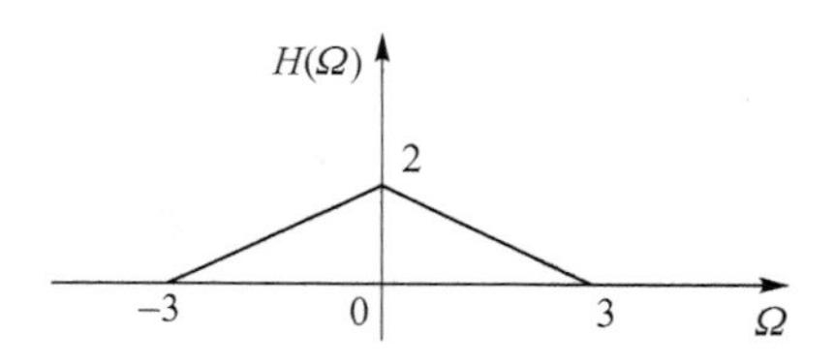

图 3.21 练习题 11 图

第 3 章思考与练习题答案

第 4 章　连续信号拉普拉斯变换

4.1　基本知识与重要知识

第 4 章思维导图

4.1.1　信号的拉普拉斯变换

拉普拉斯变换可将时域函数变换到复频域，即能够将一个定义在 $t \geqslant 0$ 的函数 $f(t)$ 转换为一个参数为复数 s 的函数 $F(s)$，也称为拉氏变换，是一个线性变换。当有些信号(函数)不满足绝对可积条件，并且需要考虑初始状态和起始点的情况时，求解傅里叶变换是非常困难的，那么应该怎么办？将信号 $f(t)$ 乘以衰减因子 $e^{-\sigma t}$ 后再做傅里叶变换，变成拉普拉斯变换，因此拉普拉斯变换就会有存在性问题，其存在的充分条件是 $f(t)e^{-\sigma t}$ 绝对可积。引入拉普拉斯变换的一个主要优点是可采用关于 s 的代数方程代替线性微分方程来分析线性系统的动态特性。这就为采用直观和简便的图解方法来确定控制系统的整个特性以及分析控制系统的运动过程提供了可能性。并且，拉普拉斯变换能将微分方程转化为代数方程，对于那些能用傅里叶变换进行分析的信号，同样也可以运用。在实际应用中，拉普拉斯变换被广泛用于物理和工程领域，例如分析电子电路、谐振子、光学仪器及机械设备等。

通过学习拉普拉斯变换的定义、性质以及收敛域，学会求信号的拉普拉斯变换。因为线性系统往往用线性微分方程描述，通过拉普拉斯变换，解微分方程的问题就转化成了解关于 s 的代数方程的问题，对于求解系统的全响应特别方便。拉普拉斯变换从某种意义上可认为是傅里叶变换的推广，它对于那些能用傅里叶变换进行分析的信号，同样也可以运用。而收敛域是指能使信号的拉普拉斯变换存在的 s 值的范围。只有选择适当的 σ 值才能使 $f(t)e^{-\sigma t}$ 的傅里叶变换成立，即信号的拉普拉斯变换存在，因此，对于信号 $f(t)$ 的双边拉普拉斯变换，需要确定其收敛域。

傅里叶变换是拉普拉斯变换的一种特例。根据拉普拉斯变换收敛域的不同，拉普拉斯变换与傅里叶变换的关系存在三种情况：

① 收敛域包含 $j\Omega$ 轴，$F(\Omega)=F_B(s)|s=j\Omega$。

② 收敛域不包含 $j\Omega$ 轴，这时信号不存在傅里叶变换。

③ 收敛域的收敛边界为 $j\Omega$ 轴，且轴上极点为单极点，k_i 是相应拉普拉斯变换部分分式展开的系数，$F(\Omega)=F_B(s)\mid s=j\Omega+\pi\sum_{i=1}^{p}k_i\delta(\Omega-\Omega_i)$。

常见函数的
拉普拉斯变换

考虑因果信号，应着重掌握单边拉普拉斯变换定义；根据单边拉普拉斯变换定义，可以对一些常见函数进行拉普拉斯变换；掌握常见函数如阶跃函数、指数函数、冲击信号、t 的幂函数的拉普拉斯变换。

拉普拉斯变换的主要性质包括线性性质、微分性质、积分性质、位移性质、延迟性质、初值定理与终值定理等。这些性质使得拉普拉斯变换在解决常数系数的线性微分或积分方程，以及分析线性非时变系统的输入输出信号方面非常有用。

4.1.2 单边拉普拉斯变换的性质

1. 线性性质

掌握线性性质的定理内容：

若 $L[f_1(t)]=F_1(s)$，$L[f_2(t)]=F_2(s)$，则有

$$L[af_1(t)+bf_2(t)]=aF_1(s)+bF_2(s)$$

证明：

$$L[af_1(t)+bf_2(t)]=\int_{0^-}^{+\infty}[af_1(t)+bf_2(t)]\mathrm{e}^{-st}\mathrm{d}t=\int_{0^-}^{+\infty}af_1(t)\mathrm{e}^{-st}\mathrm{d}t+\int_{0^-}^{+\infty}bf_2(t)\mathrm{e}^{-st}\mathrm{d}t$$
$$=aF_1(s)+bF_2(s)$$

掌握线性性质的计算。

2. 时移特性

掌握时移特性的定理内容(提示：傅里叶变换的时移特性可以向左或向右移动，然而单边拉式变换时移特性只有在对时间进行右移(时间延迟)时才有效)：

若 $f(t)\leftrightarrow F(s)$，$\mathrm{Re}[s]>\sigma_c$，则有

$$f(t-t_0)u(t-t_0)\leftrightarrow F(s)\mathrm{e}^{-st_0},\quad \mathrm{Re}[s]>\sigma_c$$

证明：

$$L[f(t-t_0)u(t-t_0)]=\int_{0^-}^{+\infty}f(t-t_0)u(t-t_0)\mathrm{e}^{-st}\mathrm{d}t$$
$$=\mathrm{e}^{-st_0}\int_{0^-}^{+\infty}f(t-t_0)u(t-t_0)\mathrm{e}^{-s(t-t_0)}\mathrm{d}(t-t_0)$$
$$=F(s)\mathrm{e}^{-st_0},\quad \mathrm{Re}[s]>\sigma_c$$

掌握时移特性的计算。

3. s 域平移

掌握 s 域平移的定理内容：

若 $f(t)\leftrightarrow F(s)$，$\mathrm{Re}[s]>\sigma_c$，则有

$$f(t)\mathrm{e}^{s_0t}\leftrightarrow F(s-s_0),\quad \mathrm{Re}[s]>\sigma_c+\sigma_0$$

证明：

$$f(t)\mathrm{e}^{s_0t}\leftrightarrow\int_{0^-}^{+\infty}f(t)\mathrm{e}^{s_0t}\mathrm{e}^{-st}\mathrm{d}t=\int_{0^-}^{+\infty}f(t)\mathrm{e}^{-(s-s_0)t}\mathrm{d}t=F(s-s_0),\quad \mathrm{Re}[s]>\sigma_c+\sigma_0$$

掌握 s 域平移的计算。

4. 展缩变换

掌握展缩变换的定理内容；展缩变换的常数 a 为正数而不能是负数，因为 a 为负数会使得原来的因果信号变成非因果信号，而单边拉普拉斯变换只对因果信号有效。

若 $f(t)\leftrightarrow F(s)$，$\mathrm{Re}[s]>\sigma_c$，则有

$$f(at)\leftrightarrow\frac{1}{a}F\left(\frac{s}{a}\right),\quad \mathrm{Re}[s]>a\sigma_c$$

证明：

$$f(at)\leftrightarrow\int_{0^-}^{+\infty}f(at)\mathrm{e}^{-st}\mathrm{d}t=\frac{1}{a}\int_{0^-}^{+\infty}f(at)\mathrm{e}^{-\frac{s}{a}(at)}\mathrm{d}(at)=\frac{1}{a}F\left(\frac{s}{a}\right),\quad \mathrm{Re}[s]>a\sigma_c$$

掌握展缩变换的应用计算。

5. 时域微分与复频域微分特性

掌握时域微分与复频域微分特性的定理内容：

(1) 时域微分

若 $f(t)\leftrightarrow F(s)$，$\mathrm{Re}[s]>\sigma_c$，则有

$$f'(t)\leftrightarrow sF(s)-f(0^-),\quad \mathrm{Re}[s]>\sigma_c$$

证明：

$$f'(t)\leftrightarrow\int_{0^-}^{+\infty}f'(t)\mathrm{e}^{-st}\mathrm{d}t=f(t)\mathrm{e}^{-st}\Big|_{0^-}^{+\infty}+s\int_{0^-}^{+\infty}f(t)\mathrm{e}^{-st}\mathrm{d}t=\lim_{t\to\infty}f(t)\mathrm{e}^{-st}-f(0^-)+sF(s)$$

$$=sF(s)-f(0^-)$$

推广到 n 阶微分，类似可得

$$f^n(t)\leftrightarrow s^nF(s)-\sum_{k=1}^{n}s^{n-k}f^{k-1}(0)$$

式中，$f^{k-1}(t)=\dfrac{\mathrm{d}^{(k-1)}f(t)}{\mathrm{d}t^{(k-1)}}$。

(2) 复频域微分

若 $f(t)\leftrightarrow F(s)$，$\mathrm{Re}[s]>\sigma_c$，则有

$$-tf(t)\leftrightarrow F'(s),\quad \mathrm{Re}[s]>\sigma_c$$

证明：

$$\frac{\mathrm{d}}{\mathrm{d}s}F(s)=\frac{\mathrm{d}}{\mathrm{d}s}\left[\int_{0^-}^{+\infty}f(t)\mathrm{e}^{-st}\mathrm{d}t\right]=\int_{0^-}^{+\infty}f(t)\frac{\mathrm{d}}{\mathrm{d}s}[\mathrm{e}^{-st}]\mathrm{d}t=\int_{0^-}^{+\infty}-tf(t)\mathrm{e}^{-st}\mathrm{d}t$$

掌握时域微分与复频域微分特性的计算。

6. 时域积分与复频域积分特性

掌握时域积分与复频域积分特性的定理内容：

(1) 时域积分

若 $f(t)\leftrightarrow F(s)$，$\mathrm{Re}[s]>\sigma_c$，则有

$$\int_{-\infty}^{t}f(\tau)\mathrm{d}\tau\leftrightarrow\frac{1}{s}F(s)+\frac{1}{s}\left[\int_{-\infty}^{0^-}f(\tau)\mathrm{d}\tau\right],\quad \mathrm{Re}[s]>\sigma_c$$

证明： 设 $h(t)=\int_{-\infty}^{t}f(\tau)\mathrm{d}\tau$，$h'(t)=f(t)$ 且 $h(0)=\int_{-\infty}^{0^-}f(\tau)\mathrm{d}\tau$，由时域微分性质可知：

$$F(s)=sL[h'(t)]-\int_{-\infty}^{0^-}f(t)\mathrm{d}t\Rightarrow L\left[\int_{-\infty}^{t}f(\tau)\mathrm{d}\tau\right]=\frac{1}{s}F(s)+\frac{1}{s}\left[\int_{-\infty}^{0^-}f(\tau)\mathrm{d}\tau\right]$$

推广到 n 阶积分，类似可得

$$L\left[\overbrace{\int\cdots\int}^{\text{共}n\text{个}}f(t)(\mathrm{d}t)^n\right]=\frac{F(s)}{s^n}+\sum\frac{1}{s^{n-k+1}}\left[\overbrace{\int\cdots\int}^{\text{共}n\text{个}}f(t)(\mathrm{d}t)^n\right]_{t=0}$$

(2) 复频域积分

若 $f(t)\leftrightarrow F(s)$，$\mathrm{Re}[s]>\sigma_c$，则有

$$\frac{1}{t}f(t)\leftrightarrow\int_s^{\infty}F(s)\,\mathrm{d}s,\quad \mathrm{Re}[s]>\sigma_c$$

证明：

$$\int_s^{\infty}F(s)\,\mathrm{d}s=\int_s^{\infty}\int_{0^-}^{\infty}f(t)\mathrm{e}^{-st}\mathrm{d}t\,\mathrm{d}s=\int_{0^-}^{+\infty}f(t)\left[-\frac{1}{t}\mathrm{e}^{-st}\Big|_s^{+\infty}\right]\mathrm{d}t$$
$$=\int_{0^-}^{+\infty}\frac{f(t)}{t}\mathrm{e}^{-st}\mathrm{d}t=L\left(\frac{f(t)}{t}\right)$$

掌握时域积分与复频域积分特性的计算。

7. 初值定理和终值定理

掌握初值定理和终值定理的内容；初值定理是 $f(t)$ 在 $t=0^+$ 时刻的值，而不是 $f(t)$ 在 $t=0$ 或 $t=0^-$ 时刻的值；初值定理中的 $F(s)$ 如果是有理分式，则必须是真分式；若无终值，则求出来的终值也是错误的；终值是否存在可从 s 域的极点所在区域做出判断。

(1) 初值定理

若函数 $f(t)$ 及其导数 $\frac{\mathrm{d}f(t)}{\mathrm{d}t}$ 可以进行拉氏变换，$L[f(t)]=F(s)$，且 $\lim\limits_{s\to\infty}sF(s)$ 存在，则有

$$\lim_{t\to 0^+}f(t)=f(0^+)=\lim_{s\to\infty}sF(s)$$

证明：

$$\lim_{s\to\infty}\int_{0^-}^{\infty}\frac{\mathrm{d}f(t)}{\mathrm{d}t}\mathrm{e}^{-st}\mathrm{d}t=\lim_{s\to\infty}sF(s)-f(0^-)$$

$$\lim_{s\to\infty}\int_{0^-}^{\infty}\frac{\mathrm{d}f(t)}{\mathrm{d}t}\mathrm{e}^{-st}\mathrm{d}t=\lim_{s\to\infty}\int_{0^-}^{0^+}\frac{\mathrm{d}f(t)}{\mathrm{d}t}\mathrm{e}^{-st}\mathrm{d}t+\lim_{s\to\infty}\int_{0^+}^{\infty}\frac{\mathrm{d}f(t)}{\mathrm{d}t}\mathrm{e}^{-st}\mathrm{d}t$$
$$=\lim_{s\to\infty}\int_{0^-}^{0^+}\frac{\mathrm{d}f(t)}{\mathrm{d}t}\mathrm{e}^{-st}\mathrm{d}t=f(0^+)-f(0^-)$$

即

$$\lim_{t\to 0^+}f(t)=f(0^+)=\lim_{s\to\infty}sF(s)$$

(2) 终值定理

若函数及其导数 $\frac{\mathrm{d}f(t)}{\mathrm{d}t}$ 可以进行拉氏变换，$L[f(t)]=F(s)$，且 $\lim\limits_{t\to\infty}f(t)$ 存在，则有

$$\lim_{t\to\infty}f(t)=f(\infty)=\lim_{s\to 0}sF(s)$$

证明：

$$\lim_{s\to 0}\int_{0^-}^{\infty}\frac{\mathrm{d}f(t)}{\mathrm{d}t}\mathrm{e}^{-st}\mathrm{d}t=\lim_{s\to 0}sF(s)-f(0^-)$$

$$\lim_{s\to 0}\int_{0^-}^{\infty}\frac{\mathrm{d}f(t)}{\mathrm{d}t}\mathrm{e}^{-st}\mathrm{d}t=\lim_{s\to 0}\int_{0^-}^{\infty}\mathrm{e}^{-st}\mathrm{d}f(t)=\int_{0^-}^{\infty}\mathrm{d}f(t)=\lim_{t\to\infty}f(t)-f(0^-)$$

即

$$\lim_{t\to\infty}f(t)=\lim_{s\to 0}sF(s)$$

8. 卷　积

掌握卷积定理的内容：

若 $L[f_1(t)]=F_1(s)$，$L[f_2(t)]=F_2(s)$，则有

$$f_1(t)*f_2(t)\leftrightarrow F_1(s)F_2(s)$$

证明： $f_1(t)*f_2(t)=\int_0^{+\infty}f_1(\tau)f_2(t-\tau)\mathrm{d}\tau$

$$\begin{aligned}f_1(t)*f_2(t)\leftrightarrow\int_{0^-}^{+\infty}f_1(t)*f_2(t)\mathrm{e}^{-st}\mathrm{d}t&=\int_{0^-}^{+\infty}\left[\int_0^{+\infty}f_1(\tau)f_2(t-\tau)\mathrm{d}\tau\right]\mathrm{e}^{-st}\mathrm{d}t\\&=\int_{0^-}^{+\infty}f_1(\tau)\left[\int_0^{+\infty}f_2(t-\tau)\mathrm{e}^{-st}\mathrm{d}t\right]\mathrm{d}\tau\\&=F_2(s)\int_{0^-}^{+\infty}f_1(\tau)\mathrm{e}^{-s\tau}\mathrm{d}\tau=F_1(s)F_2(s)\end{aligned}$$

掌握卷积定理的计算应用。

4.1.3　LTI 系统的拉普拉斯变换分析

能够利用拉普拉斯变换把线性常系数微分方程变换成 s 域的代数方程，从而把求解微分方程的问题变化为求解 s 域代数方程的问题。在解决实际问题中，简化线性微分方程，使对线性时不变系统的分析变得方便且有效。

熟练掌握利用拉普拉斯变换性质以及部分分式展开法计算求解单边拉普拉斯反变换。利用拉普拉斯变换性质求解单边拉普拉斯反变换，一般针对的对象函数 $F(s)$是一些比较简单的函数，可以利用常用的拉氏变换对并借助拉氏变换的性质求出 $f(t)$。针对有理真分式 $F(s)$时，可通过部分分式展开法求解单边拉普拉斯反变换，熟练掌握利用留数定理求解部分分式展开后各项系数的方法。并且，在掌握重要公式的基础上，能够利用拉普拉斯变换求解 LTI 系统响应。利用拉普拉斯变换可以把求解微分方程的问题变化为求解 s 域代数方程的问题，从而将求解过程进行简化。

4.2　学习要求

① 双边拉普拉斯变换的定义、收敛域。
② 拉普拉斯变换与傅里叶变换的关系。
③ 常用信号的拉普拉斯变换。
④ 单边拉普拉斯变换的性质及反变换。
⑤ 利用单边拉普拉斯变换求解 LTI 系统的响应。

4.3　重点和难点提示

4.3.1　理解拉普拉斯变换的定义及其与傅里叶变换的关系

① 连续时间信号与系统分析的原始性问题源自时域，傅里叶变换和拉普拉斯变换是将时域中的问题转换到变换域，本身并没有提出新的原始性问题。由拉普拉斯变换定义可知，拉普拉斯变换是对于部分因不满足绝对可积而不存在傅里叶变换的信号，通过乘以衰减因子 $\mathrm{e}^{-\sigma t}$ 使之绝对可积，从而得到相应的傅里叶变换，因此拉普拉斯变换可以看作傅里叶变换在更大变

量域中有条件的推广和延伸。严格来说,傅里叶变换是和双边拉普拉斯变换相对应的,并且拉普拉斯变换讨论中所体现的研究方法和思路与傅里叶变换是一脉相承的。

② 拉普拉斯变换在数学界被认为是求解线性常系数微分方程的一种数学工具,由于线性常系数微分方程是线性时不变系统(LTI 系统)的数学模型,因此它在信号与系统分析中有重要作用。源于数学分析中的复变函数分析要比实变函数分析简单,以复数 s 为变量的拉普拉斯变换表现形式相对于以实数 ω 为变量的傅里叶变换而言,在简化分析的计算过程方面比傅里叶变换具有明显的优势,因此拉普拉斯变换对于通过微分方程描述的 LTI 系统分析,具有快速简单的特点。

比如:对于仪器中用于信号测试和分析的电路系统而言,其微分方程是将电路元件电流和电压通过基尔霍夫电流和电压定理的线性叠加得到的,因此对电路元件的电流和电压进行拉普拉斯变换,再利用拉普拉斯变换的线性特点,就可得到电路系统 s 域元件模型,这样即可将电路系统分析中所建立的微分方程转化为代数方程,从而简化了分析过程。

③ 若 $H(s)$是 $h(t)$的拉普拉斯变换,由 $H(s)$的定义,我们可以通过 $H(s)$求解系统特定激励信号的零状态响应,还可以反过来求解系统的单位冲激响应 $h(t)$,而且通过 $h(t)$可以进行系统基于 $H(\omega)$的频域分析。

4.3.2 拉普拉斯变换收敛域

由于一般情况下,拉普拉斯变换是通过信号乘以衰减因子得到的有限积分,不同信号对衰减要求不同,所以就引出了变换的收敛域问题。由于实际应用中包括傅里叶变换在内的多数情形,都针对的是因果信号,因此我们在应用中主要讨论的单边拉普拉斯变换,其收敛域永远是 s 右半开平面,特别需要注意:s 右半开平面并不局限于右半边平面,且由于收敛域的变换不影响变换的运算,因此单边拉普拉斯变换的收敛域可以不必明确标明。但对于双边拉普拉斯变换,其收敛域必须明确标明,因为同一个拉普拉斯变换,收敛域不同,对应的时域信号不同。

当一个信号存在单边拉普拉斯变换时:① 若收敛域包括 $j\omega$ 虚轴,则一定存在傅里叶变换,且只需将 $F(s)$中的 s 换为 $j\omega$ 即可;② 若 $j\omega$ 虚轴为收敛域边界,则其傅里叶变换也存在,其值等于将 $F(s)$中的 s 换为 $j\omega$,加上包含 $\delta(\omega)$或其微分项部分;③ 若 $j\omega$ 虚轴既不在收敛域内也不在收敛边界上,则该信号的傅里叶变换不存在。

4.3.3 拉普拉斯反变换

拉普拉斯反变换的主要方法是部分分式法,其核心是将拉普拉斯变换表示为基本信号拉普拉斯变换的组合,基本形式主要有指数函数和三角函数两类。从信号角度来看,一般信号可以用指数信号的正交分解来表示,而指数信号拉普拉斯变换为有理多项式分式;从系统角度来看,LTI 的微分方程进行拉普拉斯变换后的结果一般为有理多项式分式。因此,若是只考虑有理多项式分式的拉普拉斯变换,那么留数法和部分分式法是相同的。

如果 $F(s)$不是真分式,可将 $F(s)$写成 $F(s)= A(s)+ F_1(s)$,其中 $A(s)$为 s 的多项式,$F_1(s)$为真分式;$F_1(s)$按常规方法求其拉普拉斯反变换,而 $A(s)$部分一般对应于 $\delta(t)$及其导数。

如果 $F(s)$含有 e^{-st_0},则可以将 $F(s)$分解为有理式 $F_0(s)$和 e^{-st_0} 两部分的乘积。首先求得 $F_0(s)$的反变换,得到 $f_0(t)$;再利用时移性质 $L^{-1}\{e^{-st_0}F(s)\}=f_0(t-t_0)u(t-t_0)$ 直接得到 $f(t)$。

4.3.4　拉普拉斯变换性质的应用

拉普拉斯变换性质与傅里叶变换性质有着很高的相似度，与傅里叶变换相同，求解信号的拉普拉斯变换的主要方法不是通过定义直接求解，而是根据一般信号与基本信号的关系，灵活应用拉普拉斯变换的性质。它们在分析问题时，关键在于如何确定有效而又简单的步骤，也就是如何在多种理论正确的方法中选择最有效的一种，基本思路都是：

① 明确选取基本信号；

② 分析一般信号与基本信号的运算关系。

比如：若求 $f(t)=t\cdot\sin\omega_1 t\cdot u(t)$ 的拉普拉斯变换，从信号角度来看本题包含三个信号，如何看待这些信号的作用就构成本题不同的解题方法。若把三个信号独立看待，则 $F(s)$ 等于三个信号的双边拉普拉斯变换的卷积，这在理论上是正确的，但操作实现上不可取。一般是以 $u(t)$ 为基本信号作为解题思路，令 $f(t)=\sin\omega_1 t\cdot[t\cdot u(t)]$ 或 $f(t)=t\cdot[\sin\omega_1 t\cdot u(t)]$，由拉普拉斯变换的微分性质和 s 域平移性质，求得 $F(s)=\dfrac{2\omega_1 s}{(s^2+\omega_1^2)^2}$。

4.4　习题精解

1．求下列函数的双边拉氏变换及收敛域。

① $e^{at}u(t)$，$a>0$　　　　② $e^{-at}u(-t)$，$a>0$

③ $te^{at}u(t)$，$a>0$　　　　④ $\cos\omega_c tu(-t)$

解：

$$① X_b(s)=\int_{-\infty}^{\infty}x(t)e^{-st}dt=\int_{-\infty}^{\infty}e^{at}u(t)e^{-st}dt=\int_{0}^{\infty}e^{at}e^{-st}dt=\int_{0}^{\infty}e^{-(s-a)t}dt$$

$$=\frac{1}{s-a}\int_{\infty}^{0}e^{-(s-a)t}d[-(s-a)]t$$

$$=\frac{1}{s+a}e^{-(s+a)t}\Big|_{\infty}^{0}\xlongequal{\sigma+a>0}\frac{1}{s+a}(1-0)=\frac{1}{s+a}$$

收敛域为 $\sigma>a$。

$$② X_b(s)=\int_{-\infty}^{\infty}x(t)e^{-st}dt=\int_{-\infty}^{\infty}e^{-at}u(-t)e^{-st}dt=\int_{-\infty}^{0}e^{-at}e^{-st}dt=\int_{-\infty}^{0}e^{-(s+a)t}dt$$

$$=\frac{-1}{s+a}\int_{-\infty}^{0}e^{-(s+a)t}d[-(s+a)]t$$

$$=\frac{-1}{s+a}e^{-(s+a)t}\Big|_{-\infty}^{0}\xlongequal{\sigma+a>0}\frac{-1}{s+a}(1-0)=\frac{-1}{s+a}$$

收敛域为 $\sigma<-a$。

$$③ X_b(s)=\int_{-\infty}^{\infty}x(t)e^{-st}dt=\int_{-\infty}^{\infty}te^{at}u(t)e^{-st}dt=\int_{0}^{\infty}te^{at}e^{-st}dt=\int_{0}^{\infty}te^{-(s-a)t}dt$$

$$=\frac{1}{(s-a)^2}\int_{0}^{\infty}[-(s-a)t]e^{-(s-a)t}d[-(s-a)]t$$

$$=\frac{1}{(s-a)^2}[-(s-a)t-1]e^{-(s-a)t}\Big|_{0}^{\infty}\xlongequal{\sigma-a>0}\frac{1}{(s-a)^2}(1-0)=\frac{1}{(s-a)^2}$$

收敛域为 $\sigma>a$。

④ $X_b(s)=\int_{-\infty}^{\infty}x(t)\mathrm{e}^{-st}\mathrm{d}t=\int_{-\infty}^{0}\cos\omega_c t\mathrm{e}^{-st}\mathrm{d}t=\frac{1}{2}\int_{-\infty}^{0}(\mathrm{e}^{\mathrm{j}\omega_c t}+\mathrm{e}^{-\mathrm{j}\omega_c t})\mathrm{e}^{-st}\mathrm{d}t$

$$=\frac{1}{2}\left[\int_{-\infty}^{0}\mathrm{e}^{\mathrm{j}\omega_c t}\mathrm{e}^{-st}\mathrm{d}t+\int_{-\infty}^{0}\mathrm{e}^{-\mathrm{j}\omega_c t}\mathrm{e}^{-st}\mathrm{d}t\right]=\frac{1}{2}\left[\frac{1-\mathrm{e}^{(s-\mathrm{j}\omega_c)\infty}}{\mathrm{j}\omega_c-s}-\frac{1-\mathrm{e}^{(s+\mathrm{j}\omega_c)\infty}}{\mathrm{j}\omega_c+s}\right]$$

$$=\frac{-s}{s^2+\omega_c^2}$$

收敛域为 $\sigma<0$。

2. 利用单边拉氏变换的性质求下列函数的单边拉氏变换及收敛域。

① $\mathrm{e}^{-2t}u(t)$　　② $(\mathrm{e}^{-at}\cos\beta t)u(t)$

③ $(\sin\omega t+\cos\omega t)u(t)$　　④ $t^2\delta''(t)$

⑤ $(t^2\cos\omega t)u(t)$　　⑥ $\int_0^t\sin\omega\tau\mathrm{d}\tau$

解：

① $\frac{1}{s+2}$，$\sigma>-2$。

② $\cos\beta tu(t)\leftrightarrow\frac{s}{s^2+\beta^2}$，$\mathrm{e}^{-at}\cos\beta tu(t)\leftrightarrow\frac{s+a}{(s+a)^2+\beta^2}$，$\sigma>-a$

③ $\sin\omega_0 tu(t)\leftrightarrow\frac{\omega_0}{s^2+\omega_0^2}$，$\cos\omega_0 tu(t)\leftrightarrow\frac{s}{s^2+\omega_0^2}$，$(\sin\omega_0 t+\cos\omega_0 t)u(t)\leftrightarrow\frac{s+\omega_0}{s^2+\omega_0^2}$，$\sigma>0$。

④ $\delta''(t)\leftrightarrow s^2$，$t^2\delta''(t)\leftrightarrow(s^2)''=2$，收敛域为整个 s 平面。

⑤ $\cos\omega_0 tu(t)\leftrightarrow\frac{s}{s^2+\omega_0^2}$，$t^2\cos\omega_0 tu(t)\leftrightarrow\left[\frac{s}{s^2+\omega_0^2}\right]''=\frac{2s^3-6\omega_0^2 s}{(s^2+\omega_0^2)^3}$，$\sigma>0$。

⑥ $\sin\omega_0 t\leftrightarrow\frac{\omega_0}{s^2+\omega_0^2}$，$\int_0^t\sin\omega_0\tau\mathrm{d}\tau\leftrightarrow\frac{\omega_0}{s(s^2+\omega_0^2)}$，$\sigma>0$。

3. 已知时间信号为 $f(t)=\begin{cases}\frac{2}{\tau}t, & 0\leqslant t<\frac{\tau}{2}\\ 2-\frac{2}{\tau}t, & \frac{\tau}{2}\leqslant t\leqslant\tau\\ 0, & 其他\end{cases}$，求 $f(t)$的拉普拉斯变换 $F(s)$。

解： $f(t)$的波形如图 4.1 所示，令 $f_1(t)=\frac{2}{\tau}tu(t)$，则 $F_1(s)=\frac{2}{\tau}\cdot\frac{1}{s^2}$，又有

$$f(t)=f_1(t)-2f_1(t-\frac{2}{\tau})+f_1(t-\tau)$$

故得

$$F(s)=F_1(s)-2F_1(s)\mathrm{e}^{-\frac{\tau}{2}s}+F_1(s)\mathrm{e}^{-s\tau}=\frac{2}{\tau s^2}\left(1-\mathrm{e}^{-\frac{\tau}{2}s}\right)^2$$

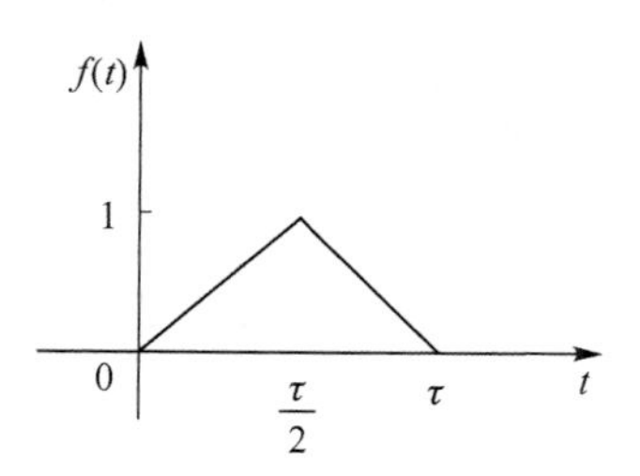

图 4.1　习题 3 图

4. 已知周期函数 $f(t)u(t)$（右半部周期性）如图 4.2 所示，试求 $f(t)u(t)$ 的拉普拉斯变换 $F(s)$。

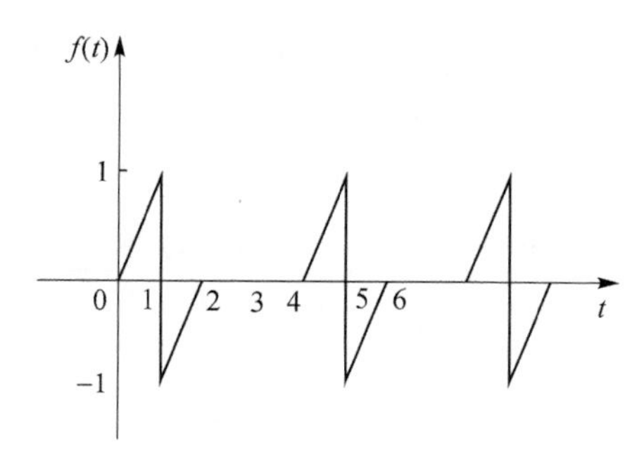

图 4.2　习题 4 图

解： 周期 $T=4$，一个周期内的信号为 $f_1(t)$，则

$$f_1(t)=tu(t)-2u(t)-(t-2)u(t-2)$$

拉普拉斯变换

$$F_1(s)=\frac{1}{s^2}-\frac{2}{s}\mathrm{e}^{-s}-\frac{1}{s^2}\mathrm{e}^{-2s}=\frac{1}{s^2}(1-\mathrm{e}^{-2s})-\frac{2}{s}\mathrm{e}^{-s}$$

周期函数

$$f(t)=\sum_{n=0}^{\infty}f_1(t)*\delta(t-4n)$$

拉普拉斯变换

$$F(s)=\sum_{n=0}^{\infty}F_1(s)*\mathrm{e}^{-4sn}=F_1(s)\cdot\sum_{n=0}^{\infty}\mathrm{e}^{-4sn}=\frac{F_1(s)}{1-\mathrm{e}^{-4s}}$$

$$=\frac{\left[\frac{1}{s}(1-\mathrm{e}^{-2s})-\frac{2}{s}\mathrm{e}^{-s}\right]}{1-\mathrm{e}^{-4s}}$$

5. 如图 4.3 所示系统，$f(t)=\mathrm{sgn}(t)$，$h(t)=\delta(t+1)-\delta(t-1)$，$s(t)=\cos 2\pi t$。求响应 $y(t)$ 的 $Y(\mathrm{j}\Omega)$。

解：

$$y_1(t)=f(t)*h(t)$$

故

$$Y_1(\mathrm{j}\Omega)=F(\mathrm{j}\Omega)H(\mathrm{j}\Omega)$$

令

$$F(\mathrm{j}\Omega)=\frac{2}{\mathrm{j}\Omega}$$

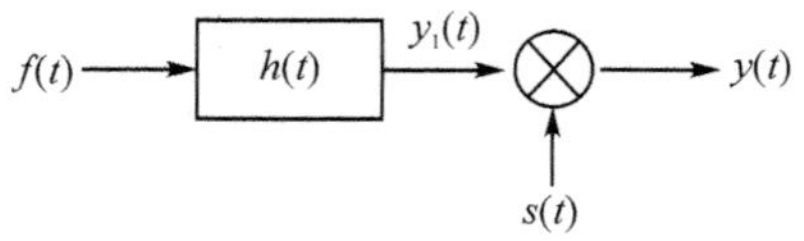

图 4.3　习题 5 图

$$H(\mathrm{j}\Omega)=\mathrm{e}^{\mathrm{j}\Omega}-\mathrm{e}^{-\mathrm{j}\Omega}=\mathrm{j}2\sin\Omega$$

故
$$Y_1(\mathrm{j}\Omega)=\frac{2}{\mathrm{j}\Omega}\times\mathrm{j}2\sin\Omega=\frac{4}{\Omega}\sin\Omega$$

又
$$y(t)=y_1(t)s(t)=y_1(t)\cos 2\pi t$$

故

$$\begin{aligned}Y(\mathrm{j}\Omega)&=\frac{1}{2\pi}Y_1(\mathrm{j}\Omega)*\pi[\delta(\Omega-2\pi)+\delta(\Omega+2\pi)]\\&=\frac{1}{2}\frac{4\sin\Omega}{\Omega}*[\delta(\Omega-2\pi)+\delta(\Omega+2\pi)]\\&=\frac{2\sin(\Omega-2\pi)}{\Omega-2\pi}+\frac{2\sin(\Omega+2\pi)}{\Omega+2\pi}\\&=2\mathrm{Sa}(\Omega-2\pi)+2\mathrm{Sa}(\Omega+2\pi)\end{aligned}$$

6. 已知信号 $F(s)=\ln\left(\frac{s^2+1}{s-1}\right)$，试求其拉普拉斯逆变换 $f(t)$。

解：

$$\frac{\mathrm{d}}{\mathrm{d}s}F(s)=\frac{s-1}{s^2+1}\cdot\frac{2s(s-1)-(s^2+1)}{(s-1)^2}=\frac{s^2-2s-1}{(s^2+1)(s-1)}=\frac{2s}{s^2+1}-\frac{1}{s-1}$$

由于
$$L^{-1}\left\{\frac{2s}{s^2+1}-\frac{1}{s-1}\right\}=(2\cos t-\mathrm{e}^t)u(t)$$

且
$$L^{-1}\left\{\frac{\mathrm{d}}{\mathrm{d}s}F(s)\right\}=-tf(t)$$

所以
$$-tf(t)=(2\cos t-\mathrm{e}^t)u(t)$$

即
$$f(t)=\frac{1}{t}(\mathrm{e}^t-2\cos t)u(t)$$

7. 求 $f(t)=(t+1)u(t+1)$ 的单边和双边拉氏变换。

解：因为 $f(t)$ 是 $t\geqslant -1$ 的函数，单边拉氏变换是 $t\geqslant 0$ 的情况，因此，$(t+1)u(t+1)$ 的单边拉氏变换与 $(t+1)u(t)$ 的拉氏变换相同。

$$F(s)=L[(t+1)u(t+1)]=\frac{1}{s^2}+\frac{1}{s}$$

双边拉式变换则直接用时移性质

$$F_b(s)=L_b[(t+1)u(t+1)]=\frac{1}{s^2}\mathrm{e}^s$$

8. 已知系统的微分方程为 $y''(t)+5y'(t)+6y(t)=2x(t)$，试用拉氏变换法求单位冲激响应与单位阶跃响应。

解：

① 求 $h(t)$：

$$s^2H(s)+5sH(s)+6H(s)=2$$

$$H(s)=\frac{2}{s^2+5s+6}=\frac{2}{s+2}-\frac{2}{s+3}$$

$$h(t)=2(\mathrm{e}^{-2t}-\mathrm{e}^{-3t})u(t)$$

② 求 $s(t)$：

$$s^2S(s)+5sS(s)+6S(s)=2/s$$

$$S(s)=\frac{2}{s(s^2+5s+6)}=\frac{1}{3s}-\frac{1}{s+2}+\frac{2}{3(s+3)}$$

$$s(t)=(\frac{1}{3}-\mathrm{e}^{-2t}+\frac{2}{3}\mathrm{e}^{-3t})u(t)$$

9. 已知系统的微分方程为 $y''(t)+4y'(t)+3y(t)=3x'(t)+x(t)$，$y'(0_-)=y(0_-)=1$，$x(t)=\mathrm{e}^{-2t}\varepsilon(t)$，试用拉氏变换法求零输入响应、零状态响应和全响应。

解：对方程两边进行单边拉氏变换得

$$s^2Y(s)-sy(0_-)-y'(0_-)+4sY(s)-4y(0_-)+3Y(s)=\frac{3s+1}{s+2}$$

$$s^2Y(s)+4sY(s)+3Y(s)=\frac{3s+1}{s+2}+s+5$$

$$Y(s)=\frac{3s+1}{(s+1)(s+2)(s+3)}+\frac{s+5}{(s+1)(s+3)}$$

$$Y(s)=\frac{-1}{s+1}+\frac{5}{s+2}-\frac{4}{s+3}+\frac{2}{s+1}-\frac{1}{s+3}$$

零输入响应为　$y_{zs}(t)=(-\mathrm{e}^{-t}+5\mathrm{e}^{-2t}-4\mathrm{e}^{-3t})u(t)$

零状态响应为　$y_{zi}(t)=(2\mathrm{e}^{-t}-\mathrm{e}^{-3t})u(t)$

全响应为　$y(t)=(\mathrm{e}^{-t}+5\mathrm{e}^{-2t}-5\mathrm{e}^{-3t})u(t)$

10. 因果信号 $f(t)$的拉普拉斯变换为 $F(s)=\dfrac{2s^3+6s^2+12s+20}{s^3+2s^2+3s}$，则 $f(0_+)=$________；$f(\infty)=$________；$f(t)$在 $t=0$ 的冲激强度为________。

11. 已知一个线性时不变系统对单位阶跃信号 $u(t)$ 的响应 $y_1(t)$ 为 $y_1(t)=(1-\mathrm{e}^{-t}-t\mathrm{e}^{-t})u(t)$，若该系统对某个输入 $x_2(t)$ 的响应为 $y_2(t)=(2-3\mathrm{e}^{-t}+\mathrm{e}^{-3t})u(t)$，求该输入信号 $x_2(t)$。

12. 求图 4.4 所示周期信号 $f(t)$的拉普拉斯变换。

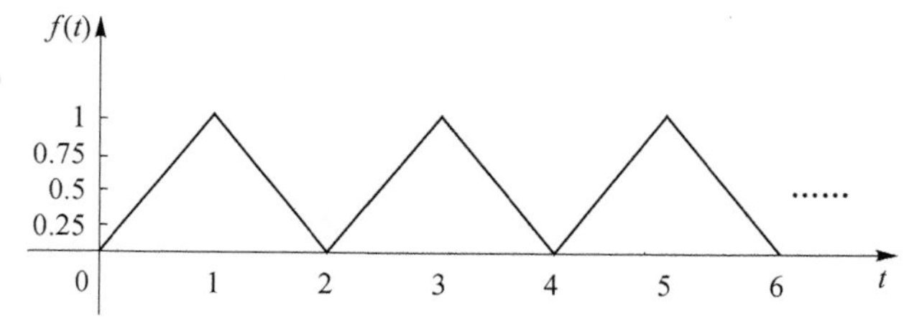

图 4.4　习题 12 图

扫码看习题 10～12 的讲解

4.5 思考与练习题

1. 求下列函数的拉氏变换。

① $f_1(t)=t\mathrm{e}^{-(t-2)}u(t-1)$；

② $f_2(t)=\mathrm{e}^{-\frac{t}{a}}f\left(\frac{t}{a}\right)$，设已知 $f(t)$ 的拉氏变换为 $F(s)$，$a>0$。

2. 利用单边拉氏变换的性质求下列函数的单边拉氏变换及收敛域。

① $t\delta'(t)$　　② $\mathrm{e}^{-2t}u(t-1)$

③ $\mathrm{e}^{-2(t-1)}u(t)$　　④ $\mathrm{e}^{-2(t-1)}u(t-1)$

3. 求图 4.5 所示信号的单边拉氏变换。

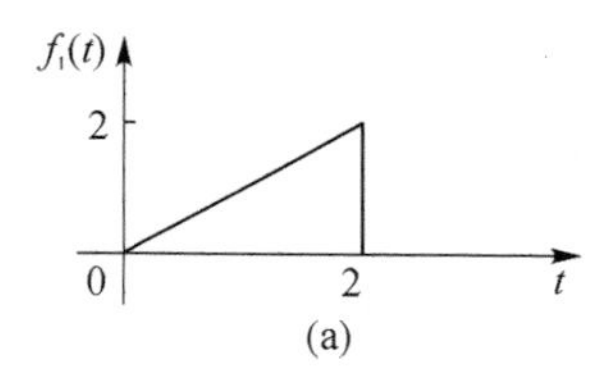

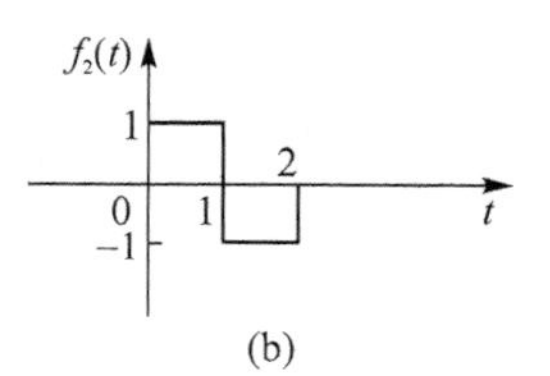

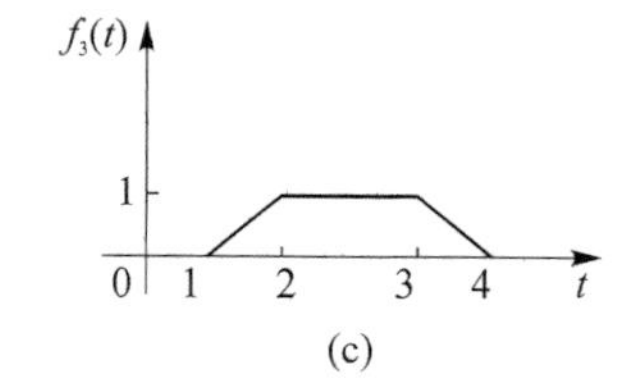

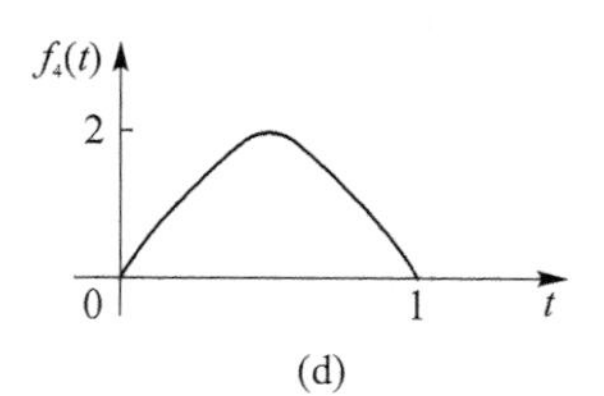

图 4.5　练习题 3 图

4. 求图 4.6 所示单边周期信号的单边拉氏变换。

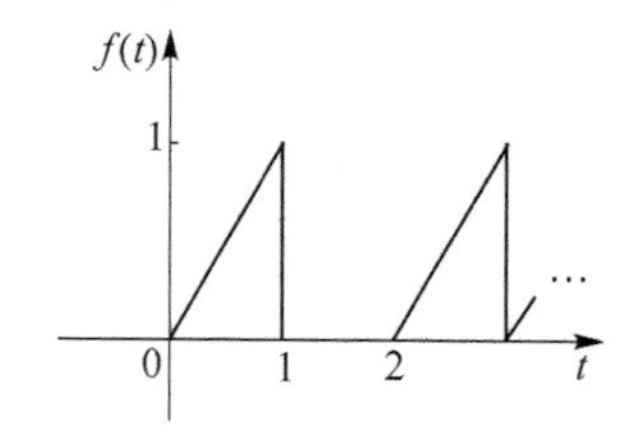

图 4.6　练习题 4 图

5. 求下列函数的单边拉氏反变换。

① $\frac{s}{s^2+9}$　② $\frac{s+2}{s^2+2s+2}$　③ $\frac{2s^2+s+2}{s(s^2+1)}$

④ $\frac{4}{s(s+2)^2}$　⑤ $\frac{1}{s^2+9}$　⑥ $\frac{2s+6}{s(s+1)}$

⑦ $\frac{s+2}{(s+1)^2+4}$　⑧ $\frac{3s}{(s^2+1)(s^2+4)}$　⑨ $\frac{2}{(s+1)^2}$

⑩ $\frac{s^2+10s+19}{s^2+5s+6}$　⑪ $\frac{se^{-2s}+1}{(s+1)(s+2)}$　⑫ $\ln\frac{s}{s+9}$

6. 求下列双边拉氏变换象函数所有可能与它相对应的原函数，并注明其收敛域。

① $X_b(s)=\frac{2}{(s-1)(s+2)}$　② $X_b(s)=\frac{2}{(s+1)(s+2)(s+3)}$

7. 求函数 $F(s)=\frac{s^3+s^2+2s+1}{(s+1)(s+2)(s+3)}$ 逆变换的初值和终值。

8. 用拉氏变换法求解下列微分方程

① $y''(t)+4y'(t)+3y(t)=e^{-2t}u(t)$，$y'(0_-)=y(0_-)=0$

② $y''(t)+5y'(t)+4y(t)=0$，$y'(0_-)=y(0_-)=1$

③ $y''(t)+5y'(t)+6y(t)=4u(t)$，$y'(0_-)=-1$，$y(0_-)=1$

④ $\begin{cases}y'_1(t)+2y_1(t)-y_2(t)=0\\ y'_2(t)-y_1(t)+2y_2(t)=0\end{cases}$，$y_1(0_-)=y_2(0_-)=0$

9. 已知一系统的系统函数 $H(s)=\frac{s^2}{s^2+4}$，若 $y'(0_-)=y(0_-)=1$、激励 $x(t)=e^{-t}u(t)$，试求全响应 $y(t)$，$t\geqslant 0$。

10. 根据下面象函数求时域信号的初值 $x(0_+)$ 与终值 $x(\infty)$。

① $X_1(s)=\frac{s^2+s+1}{s^2+2s+1}$

② $X_2(s)=\frac{s}{(s+1)(s^2+3)}$

第 4 章思考与练习题答案

第 5 章　离散信号与系统的时域分析

5.1　基本知识与重要知识

第 5 章思维导图

5.1.1　基本序列及其运算

1. 常用典型序列及波形图

常用典型序列及波形图如表 5-1 所列。

表 5-1　典型序列及波形图

序　列	表达式	波形示意图
单位脉冲序列	$\delta(n)=\begin{cases}1, & n=0\\ 0, & n\neq 0\end{cases}$	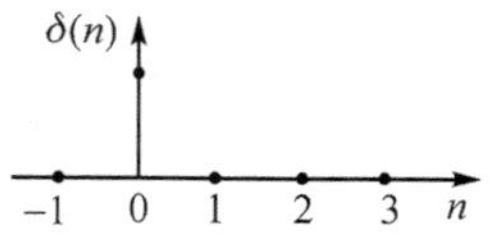
单位阶跃序列	$u(n)=\begin{cases}1, & n\geqslant 0\\ 0, & n<0\end{cases}$	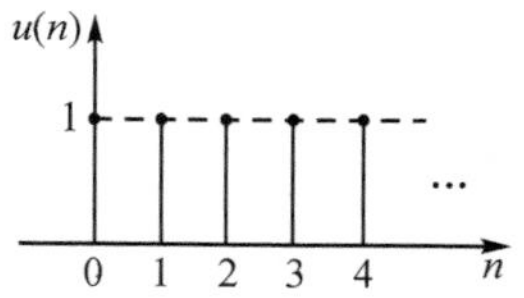
单位矩形序列	$R_N(n)=\begin{cases}1, & 0\leqslant n<N\\ 0, & n<0, n\geqslant N\end{cases}$	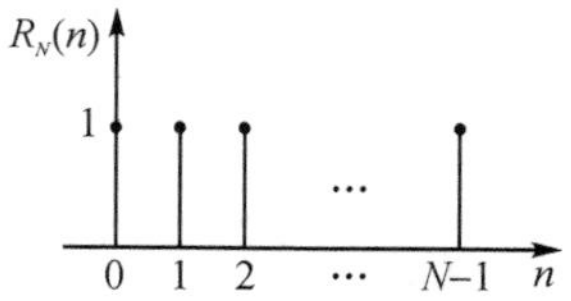
斜变序列	$x(n)=nu(n), 0<n<\infty$	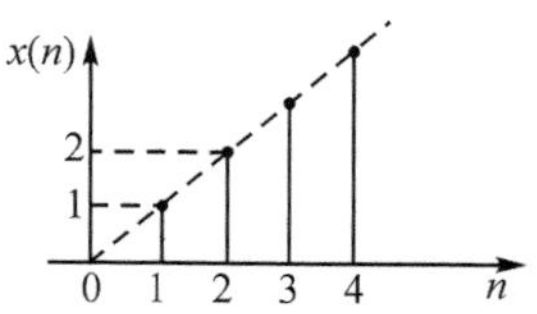

续表 5－1

序　列	表达式	波形示意图
实指数序列	$x(n)=a^n u(n),-\infty<n<\infty$	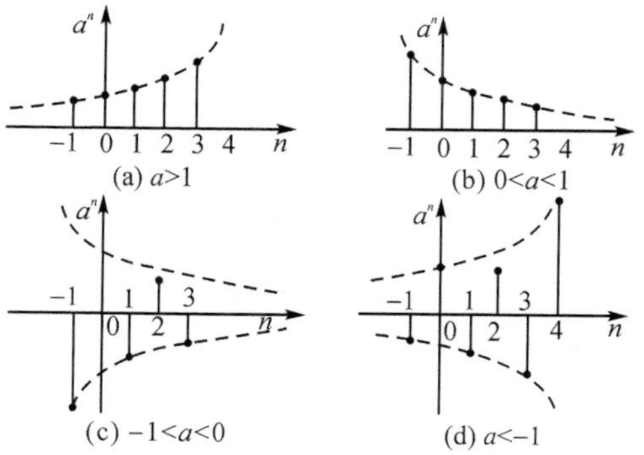 (a) $a>1$　(b) $0<a<1$　(c) $-1<a<0$　(d) $a<-1$
正弦型序列	$x(n)=A\cos(n\omega_0+\varphi_n)$	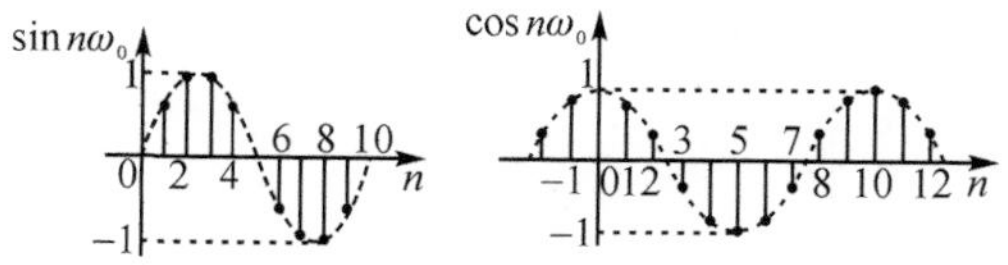
复指数序列	$x(n)=\lvert x(n)\rvert \mathrm{e}^{\mathrm{j}\varphi(n)}$ $\lvert x(n)\rvert=\mathrm{e}^{\sigma n}$, $\varphi(n)=n\omega_0$	—
周期序列	$\tilde{x}(n)=x(n+N),-\infty<n<\infty$	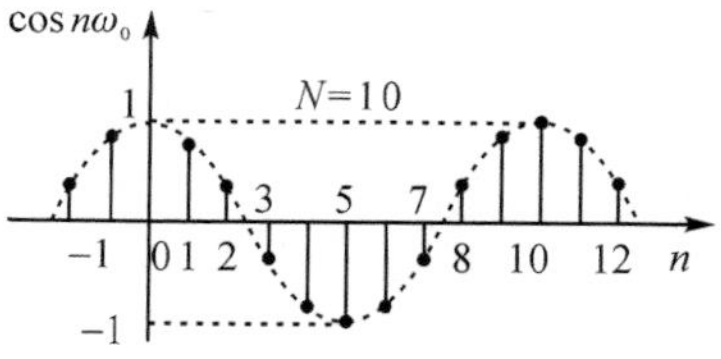

一般地，周期序列可表示为

$$\tilde{x}(n)=x(n+N),\quad -\infty<n<\infty$$

特别地，周期序列的周期判定是本章的重点，对模拟正、余弦信号采样得到的序列未必是周期序列。

2．序列的基本运算

离散序列的基本运算主要包括序列之间的相加、相乘、移序、反褶和尺度变换，如表 5－2 所列。

表 5－2　序列的基本运算及其表达式

序　号	基本运算	表达式
1	相加	$z(n)=x(n)+y(n)$
2	相乘	$z(n)=x(n)\cdot y(n)$
3	延时或移序	$z(n)=x(n\pm m),m>0$
4	反褶	$y(n)=x(-n)$
5	尺度变换	$y(n)=x(mn)$

特别地，对于尺度变换运算

$$y(n)=x(mn)$$

$y(n)$是只取$x(n)$序列中m整数倍点（每m点取一点）序列值形成的新序列，即时间轴n压缩了m倍。

$$y(n)=x(n/m)$$

$y(n)$是$x(n)$序列每一点加$m-1$个零值点形成的，时间轴n扩展了m倍。

5.1.2 离散时间系统及其数学模型

1. 离散时间系统的性质

离散时间系统的性质如表 5-3 所列。

表 5-3　离散时间系统的性质

序　号	名　称	表达式
1	线性离散系统的响应	$y(n)=\sum_{m=-\infty}^{\infty}x(m)h_m(n)$
2	非时变离散系统的响应	若$T[x(n)]=y(n)$，则 $T[x(n-n_0)]=y(n-n_0)$
3	线性非时变离散系统的响应	$y(n)=h(n)*x(n)$
4	系统的稳定性	充要条件是单位脉冲响应绝对可和，$S=\sum_{m=-\infty}^{\infty}\lvert h(m)\rvert<\infty$
5	系统的因果性	充要条件是其单位脉冲响应$h(n)=0,n<0$
6	线性非时变离散因果稳定系统	$h(n)=\begin{cases}h(n), & n\geqslant 0\\ 0, & n<0\end{cases}$ 且$\sum_{n=0}^{\infty}\lvert h(n)\rvert<\infty$

2. 离散时间系统的数学模型

在工程技术中，与离散时间信号相对应的各种系统，被称为离散时间系统或数字系统。对于一个离散系统而言，其输入是一个序列，输出也是一个序列，系统的功能是实现输入序列至输出序列的运算和变换，如图 5.1 所示。

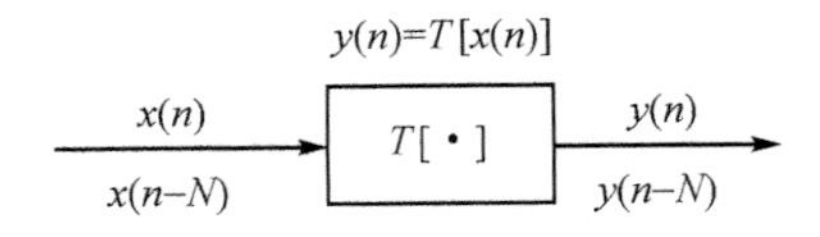

图 5.1　离散时间系统数学模型

线性非时变离散系统的数学模型是常系数线性差分方程。N 阶差分方程一般表示为

$$\sum_{k=0}^{N} a_k y(n-k) = \sum_{r=0}^{M} b_r x(n-r)$$

式中，a_k、b_r 为任意常数。为方便，一般取 $a_0=1$，上式还可表示为

$$y(n) = \sum_{r=0}^{M} b_r x(n-r) - \sum_{k=1}^{N} a_k y(n-k)$$

未知(待求)序列变量的序号最高与最低值之差是差分方程的阶数。若各未知序列序号以递减方式给出，即 $y(n),y(n-1),y(n-2),\cdots,y(n-N)$，则其称为后向形式差分方程；若各未知序列序号以递增方式给出，即 $y(n),y(n+1),y(n+2),\cdots,y(n+N)$，则其称为前向形式差分方程。

5.1.3　线性非时变离散系统时域分析

1. 差分方程的递推解法

差分方程的物理意义是系统某一时刻输出 $y(n)$ 可以由当时的输入 $x(n)$ 以及前 M 个时刻的输入 $x(n-1) \sim x(n-M)$ 和前 N 个时刻的输出值 $y(n-1) \sim y(n-N)$ 来求出，表示系统的现时刻输出与过去的历史状态有关，即它们之间存在着递推或迭代关系，因此可以采取递推方法来求解差分方程。

使用递推法求解差分方程，可根据起始条件列出差分方程的值，根据规律求解出序列的表达式。

2. 差分方程的经典解法

(1) 齐次解 $y_h(n)$

$y_h(n)$ 是齐次差分方程 $\sum_{k=0}^{N} a_k y(n-k)=0$ 的解。N 阶齐次差分方程的特征方程为

$$\alpha^N + a_1\alpha^{N-1} + a_2\alpha^{N-2} + \cdots + a_{N-1}\alpha + a_N = 0$$

分解特征方程因式，可得

$$(\alpha-\alpha_1)(\alpha-\alpha_2)\cdots(\alpha-\alpha_N)=0$$

设 $\alpha_1,\alpha_2,\cdots,\alpha_N$ 均为 N 阶齐次方程的 N 个不相同的单根，则 N 阶齐次差分方程的齐次解为

$$y_h(n) = \sum_{k=1}^{N} C_k(\alpha_k)^n$$

若特征方程有一个 k 重根，如 $(\alpha-\alpha_1)^k$，其 N 阶齐次差分方程的齐次解为

$$y_h(n) = \sum_{i=1}^{k} C_i n^{k-i}(\alpha_1)^n + \sum_{i=k+1}^{N} C_i(\alpha_i)^n$$

(2) 特解 $y_p(n)$

$y_p(n)$ 的形式与激励 $x(n)$ 的形式相同。当 $x(n)$ 为指数序列时，$y_p(n)$ 为指数序列；而当 $x(n)$ 为多项式序列时，$y_p(n)$ 为多项式序列。

(3) 完全解

由齐次解与特解可得到完全解 $y(n)$ 的一般表达式

$$y(n) = y_h(n) + y_p(n)$$

将初始条件代入，得到齐次解中的任意常系数，解出完全解。

3. 离散卷积解法

$$x_1(n)*x_2(n)=\sum_{m=-\infty}^{\infty}x_1(m)x_2(n-m)=\sum_{m=-\infty}^{\infty}x_2(m)x_1(n-m)=x_2(n)*x_1(n)$$

$f_1(k)*f_2(k)$的图解说明如图 5.2 所示。

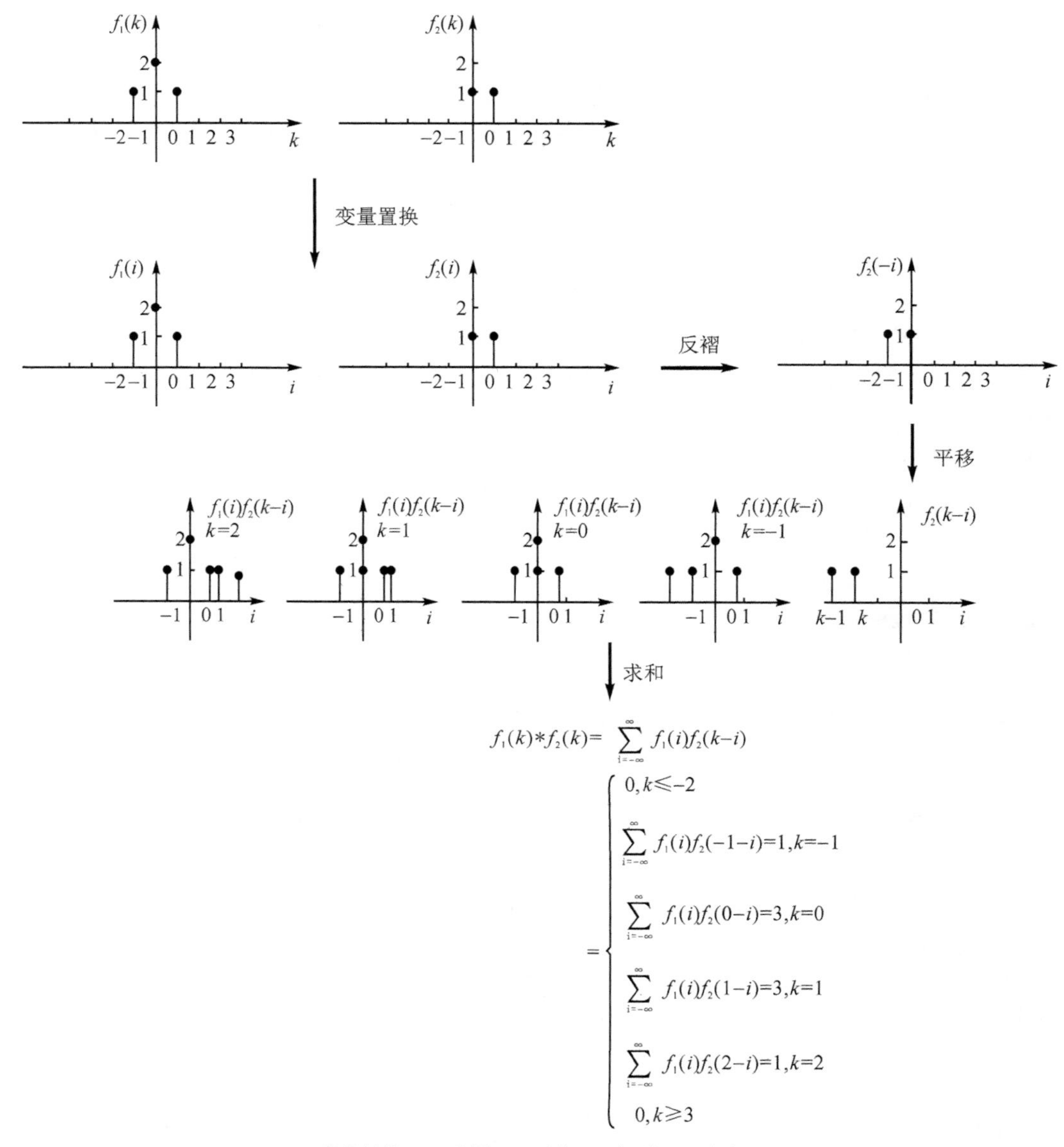

$$f_1(k)*f_2(k)=\sum_{i=-\infty}^{\infty}f_1(i)f_2(k-i)=\begin{cases}0, k\leqslant -2\\ \sum_{i=-\infty}^{\infty}f_1(i)f_2(-1-i)=1, k=-1\\ \sum_{i=-\infty}^{\infty}f_1(i)f_2(0-i)=3, k=0\\ \sum_{i=-\infty}^{\infty}f_1(i)f_2(1-i)=3, k=1\\ \sum_{i=-\infty}^{\infty}f_1(i)f_2(2-i)=1, k=2\\ 0, k\geqslant 3\end{cases}$$

变量转换 → 反褶 → 平移 → 相乘 → 求和

图 5.2　$f_1(k)*f_2(k)$的图解说明

(1) 卷积计算

常用卷积计算方法有图解法、相乘对位相加法。常用序列卷积结果如表 5-4 所列。

表5-4　常用序列卷积结果

序　号	$x_1(n)$	$x_2(n)$	$x_1(n) * x_2(n)$
1	$\delta(n)$	$x(n)$	$x(n)$
2	$u(n)$	$x(n)u(n)$	$\sum_{m=0}^{n} x(m)$
3	$a^n u(n)$	$u(n)$	$\frac{1-a^{n+1}}{1-a} u(n)$
4	$u(n)$	$u(n)$	$(n+1)u(n)$
5	$a^n u(n)$	$a^n u(n)$	$(n+1)a^n u(n)$
6	$a^n u(n)$	$nu(n)$	$\left[\frac{n}{1-a}+\frac{a(a^n-1)}{(1-a)^2}\right]u(n)$
7	$a_1^n u(n)$	$a_2^n u(n)$	$\left[\frac{a_1^{n+1}-a_2^{n+1}}{a_1-a_2}\right]u(n)$

(2) 卷积性质

当$x_1(n)$、$x_2(n)$、$x_3(n)$分别满足可和条件时，卷积具有的代数性质如表5-5所列。

表5-5　离散卷积性质

基本性质	表达式
交换律	$x_1(n) * x_2(n) = \sum_{m=-\infty}^{\infty} x_1(m)x_2(n-m) = \sum_{m=-\infty}^{\infty} x_2(m)x_1(n-m) = x_2(n) * x_1(n)$
结合律	$x_1(n) * x_2(n) * x_3(n) = x_1(n) * [x_2(n) * x_3(n)] = x_2(n) * [x_1(n) * x_3(n)]$
分配律	$x_1(n) * [x_2(n) + x_3(n)] = x_1(n) * x_2(n) + x_1(n) * x_3(n)$
任意序列与$\delta(n)$卷积	$\delta(n) * x(n) = x(n)$ $\delta(n-m) * x(n) = x(n-m)$
任意因果序列与$u(n)$卷积	$u(n) * x(n) = \sum_{m=0}^{n} x(m)$
卷积的移序	$y(n \pm m) = x_1(n \pm m) * x_2(n) = x_1(n) * x_2(n \pm m)$ $y(n \pm m_1 \pm m_2) = x_1(n \pm m_1) * x_2(n \pm m_2)$

5.2　学习要求

① 理解离散时间信号的表示方法。

② 理解典型时间序列及分类。

③ 掌握离散周期信号的判定和周期计算方法。

④ 掌握线性时不变系统的特点。

⑤ 掌握LTI系统的卷积表示和差分方程表示，卷积计算方法和差分方程解法。

5.3 重点和难点提示

5.3.1 序列的识别与周期性判断

特征信号、单位冲激信号与抽样序列的区别;重点掌握序列的周期性判断。对于正弦序列,若其为周期序列,应有

$$\sin\omega_0=\sin(N+n)\omega_0$$

需满足下列等式:

$$N\omega_0=2\pi m,\quad m=1,2,3,\cdots$$

进一步,若正弦序列为周期序列,则

$$\frac{2\pi}{\omega_0}=\frac{N}{m}$$

其中,N 和 m 为正整数,因此,要求$\frac{2\pi}{\omega_0}$是整数和有理数时,正弦序列才是周期序列。例如,模拟正弦型采样信号一般表示为

$$x(n)=A\cos(n\omega_0+\varphi_n)=A\cos\left(n\,\frac{2\pi}{2\pi}\omega_0+\varphi_n\right)=A\cos\left(2\pi\,\frac{n\omega_0}{2\pi}+\varphi_n\right)$$

$$\frac{2\pi}{\omega_0}=\frac{2\pi}{\Omega_0 T}=\frac{2\pi f_s}{\Omega_0}=\frac{f_s}{f_0}$$

式中,f_s 是取样频率;f_0 是模拟周期信号频率。

① 若$\frac{2\pi}{\omega_0}=N$,N 为整数,则 $x(n)$是周期序列,周期为 N;

② 若$\frac{2\pi}{\omega_0}=S=\frac{N}{L}$,$L$、$N$ 为整数,则 $x(n)$是周期序列,周期为 $N=SL$;

③ 若$\frac{2\pi}{\omega_0}$为无理数,则 $x(n)=A\cos(n\omega_0+\varphi_n)$不是周期序列。

5.3.2 线性时不变系统的因果性和稳定性及其判断方法

离散系统的单位抽样响应决定了系统响应,它是系统性能的重要表征。稳定系统需满足:$\sum\limits_{m=-\infty}^{\infty}|h(n)|<\infty$。稳定系统指只要输入有界,输出必有界的系统。

5.3.3 离散卷积及用于求 LTI 系统的零状态响应

差分方程的解法常用的有 2 种,分别为递推解法和离散卷积解法;熟练掌握离散卷积计算方法,其基本步骤为:变量置换→反褶→平移→相乘→求和;离散卷积法只能求离散系统零状态响应,其前提是必须已知系统大单位抽样响应 $h(n)$;任意给出两个短序列,会采用离散卷积求解。

5.4　习题精解

1. 一个线性时不变系统的输入 $x(n)$ 和单位脉冲响应 $h(n)$ 如下，求序列 $y(n)$。

$$x(n)=3^n u(-n)$$
$$h(n)=u(n)$$

扫码看讲解

2. 列出图 5.3 所示系统的差分方程，初始条件为 $y(n)=0, n<0$，求输入序列 $x(n)=u(n)$ 的输出 $y(n)$，并图示之。

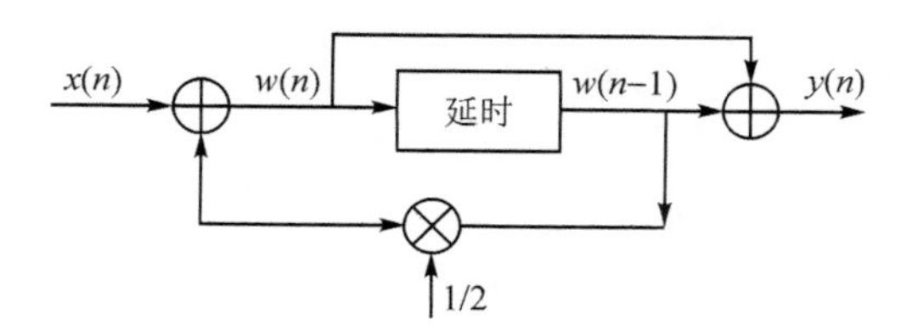

图 5.3　习题 2 图

扫码看讲解

3. 下列 4 个离散信号，只有(　　)是周期序列，其周期 N 为(　　)。

A. $\sin(50n)$　　　　B. e^{j2n}

C. $\cos(\pi n)+\sin(30n)$　　　　D. $e^{j\frac{2\pi}{3}n}-e^{j\frac{4\pi}{5}n}$

解：A. $\omega=50, N=2\pi/\omega=0.04\pi$，是无理数，所以 $x(n)$ 是非周期序列。

B. $N=2\pi/2=\pi$，是无理数，所以 e^{j2n} 是非周期序列。

C. $\cos(\pi n)+\sin(3n)$ 由两部分组成。其中，$\omega_1=\pi$，周期 $N_1=2\pi/\omega_1=2$，$\omega_2=3$，周期 $N_2=2\pi/\omega_2=2\pi/3$；N_1 与 N_2 之比是无理数，所以 $x(n)$ 是非周期序列。

D. $e^{j\frac{2\pi}{3}n}-e^{j\frac{4\pi}{5}n}$ 由两部分组成。其中，$\omega_1=2\pi/3$，周期 $N_1=2\pi/\omega_1=3$；$\omega_2=4\pi/5$，$N_2'=2\pi/\omega_2=5/2$，周期应取整数，即 $N_2=5$。

综上所述，只有 D 是周期序列，且周期是这两部分周期的最小公倍数，其周期 $N=15$。

4. 试判断下列 4 个信号中，哪些是相同的信号？

A. $x(n)=\sum_{m=-2}^{2}\delta(n-m)$　　B. $x(n)=u(n+2)-u(n-3)$

C. $x(n)=u(2-n)-u(-3-n)$　　D. $x(n)=g_5(n)$

解：A、B、C、D 是同一信号。

5. 下列 4 个方程中，只有(　　)所描述的才是因果、线性时不变系统。其中 $x(n)$是系统激励，$y(n)$是系统响应。

A. $y(n)=\sum_{m=0}^{2}nx(n-m)$

B. $y(n)=x(n)\cdot x(n-1)$

C. $y(n)=x(n)\cdot nx(n-1)$

D. $y(n+1)+3y(n)+2y(n-1)=x(n)-4x(n-1)$

解：A 是因果、线性时变系统；B 是因果、非线性时不变系统；C 是因果、非线性时变系统；只有 D 是因果、线性时不变系统。

6. 已知实点序列 $x_1(n)$是 M 点序列，$x_2(n)$是 N 点序列(设 $M>N$)，则卷积和 $y_1(n)=x_1(n)*x_2(n)$是(　　)点序列；差序列 $y_2(n)=x_1(n)-x_2(n)$是(　　)点序列；乘序列 $y_3(n)=x_1(n)\cdot x_2(n)$是(　　)点序列。

A. M　　B. N　　C. $M+N$　　D. $M+N-1$

解：卷积和 $y_1(n)=x_1(n)*x_2(n)$是 $M+N-1$ 点序列；差序列 $y_2(n)=x_1(n)-x_2(n)$是 M 点序列；乘序列 $y_3(n)=x_1(n)\cdot x_2(n)$是 N 点序列。

7. 已知离散时间线性时不变系统的单位抽样响应 $h(k)=\{2,1,3\}$某输入信号序列 $x(k)=\{1,-2,1,2\}$，则该系统的零状态响应为________。

解：$x(k)*H(k)=\{2,-3,3,-1,5,6\}$

8. 分别绘出以下各序列的图形。

① $x_1(n)=\sin(\pi n/5)$

② $x_2(n)=\cos[(\pi n/10)-\pi/5]$

③ $x_4(n)=(-2)^n u(n)$

扫码看代码

9. 试计算下列卷积。

① $y(n)=A*0.5^n u(n)$

② $y(n)=3^n u(n-1)*2^n u(n+1)$

③ $y(n)=2^n u(-n-1)*u(n+1)$

④ $y(n)=u(n-1)*3^n u(-n)$

解：① $y(n)=A\sum_{m=0}^{\infty}0.5^m=A\lim_{m\to\infty}\frac{1-0.5^m}{1-0.5}=2A$。

② $y(n)=\frac{3}{2}[(3)^n u(n)*(2)^n u(n)]=\frac{9}{2}(3)^n u(n)-3(2)^n u(n)$。

③ $n\geqslant -1$　$y(n)=\sum_{m=-\infty}^{-1}2^m=\sum_{m=1}^{\infty}2^{-m}=\sum_{m=0}^{\infty}2^{-m}-1=\frac{1}{1-0.5}-1=2-1=1$

$n\leqslant -2$

$$
\begin{aligned}
y(n)&=\sum_{m=-\infty}^{n+1}2^m=2^{n+1}+2^n+2^{n-1}+\cdots+2^{-\infty}\\
&=2^{n+1}(1+2^{-1}+2^{-2}+\cdots+2^{-\infty})\\
&=2^{n+1}\times\frac{1}{1-0.5}=2\times 2^{n+1}=4\times 2^n
\end{aligned}
$$

所以 $y(n)=4\times 2^n u(-n-2)+2u(n+1)$。

④ 方法 1：$n\geqslant 1$　$y(n)=\sum_{m=-\infty}^{0}3^m=\sum_{m=0}^{\infty}3^{-m}=\frac{1}{1-1/3}=\frac{3}{2}$

$n\leqslant 0$

$$
\begin{aligned}
y(n)&=\sum_{m=-\infty}^{n-1}3^m=3^{n-1}+3^{n-2}+3^{n-3}+\cdots+3^{-\infty}\\
&=3^{n-1}(1+3^{-1}+3^{-2}+\cdots+3^{-\infty})\\
&=3^{n-1}\times\frac{1}{1-1/3}=\frac{3}{2}\times 3^{n-1}=\frac{3^n}{2}
\end{aligned}
$$

所以 $y(n)=\frac{3}{2}u(n-1)+\frac{1}{2}(3)^n u(-n)$。

方法 2：

$$u(n-1)\leftrightarrow\frac{1}{z-1}$$

$$3^n u(-n-1)\leftrightarrow-\frac{z}{z-3},\quad 3\times 3^{n-1}u(-n)\leftrightarrow-\frac{3}{z-3}$$

$$\frac{Y(z)}{z}=\frac{-3}{z(z-1)(z-3)}=\frac{A_1}{z}+\frac{A_2}{z-1}+\frac{A_3}{z-3}$$

$$A_1=\left.\frac{-3}{(z-1)(z-3)}\right|_{z=0}=-1$$

$$A_2=\left.\frac{-3}{z(z-3)}\right|_{z=1}=\frac{3}{2}$$

$$A_3=\left.\frac{-3}{z(z-1)}\right|_{z=3}=-\frac{1}{2}$$

$$
\begin{aligned}
y(n)&=-\delta(n)+\frac{3}{2}u(n)+\frac{1}{2}(3)^n u(-n-1)\\
&=\frac{3}{2}u(n-1)+\frac{1}{2}\delta(n)+\frac{1}{2}(3)^n u(-n-1)\\
&=\frac{3}{2}u(n-1)+\frac{1}{2}(3)^n u(-n)
\end{aligned}
$$

10. 已知一个线性非时变系统的单位取样响应 $h(n)$，用卷积法求阶跃响应。其中：$h(n)=a^{-n}u(-n)$，$0<a<1$。

解： $$y(n)=\sum_{m=-\infty}^{\infty}h(m)x(n-m)=\sum_{m=-\infty}^{\infty}a^{-m}u(-m)u(n-m)$$

当 $n\leqslant 0$ 时

$$y(n)=\sum_{m=-\infty}^{n}a^{-m}=\sum_{m=-n}^{\infty}a^{m}=\sum_{m=0}^{\infty}a^{m}+\sum_{m=-1}^{-n}a^{m}$$

$$=\frac{1}{1-a}-\frac{1-a^{-n}}{1-a}=\frac{a^{-n}}{1-a}$$

或 $$y(n)=\sum_{m=0}^{\infty}a^{m-n}=a^{-n}\sum_{m=0}^{\infty}a^{m}=\frac{a^{-n}}{1-a}$$

当 $n>0$ 时

$$y(n)=\sum_{m=-\infty}^{0}a^{-m}=\sum_{m=0}^{\infty}a^{m}=\frac{1}{1-a}$$

或 $$y(n)=\sum_{m=n}^{\infty}a^{m-n}=a^{-n}\sum_{m=n}^{\infty}a^{m}=a^{-n}\ \frac{a^{n}}{1-a}=\frac{1}{1-a}$$

11. 已知某离散系统的单位阶跃响应为 $g(n)$，当输入为 $x(n)$ 时，其零状态响应为 $y(n)=\sum_{m=0}^{n}g(m)$，求输入序列 $x(n)$。

解： 因为 $$y(n)=h(n)*x(n)=\sum_{m=0}^{n}g(m)=g(n)*u(n)=h(n)*u(n)*u(n)$$

所以 $$x(n)=u(n)*u(n)=(n+1)u(n)$$

12. 某 LTI 系统的差分方程和起始状态为

$$y(n)+3y(n-1)+2y(n-2)=f(n),\quad y(-1)=0,\quad y(-2)=1$$

若 $f(n)=4^{n}u(n)$，求零输入响应、零状态响应和全响应。

解： $$f_T(n)=(-1)^{n}u(n)*(-2)^{n}u(n)=[-(-1)^{n}+2(-2)^{n}]u(n)$$

$$f_{\sum}(n)=4^{n}u(n)$$

$$y_{zs}(n)=f_T(n)*f_{\sum}(n)$$

$$=\left[-\frac{4}{5}4^{n}-\frac{1}{5}(-1)^{n}+\frac{4}{3}4^{n}+\frac{2}{3}(-2)^{n}\right]u(n)$$

$$=\left[\frac{8}{15}4^{n}+\frac{2}{3}(-2)^{n}-\frac{1}{5}(-1)^{n}\right]u(n)$$

$$y(n)=c_1(-1)^{n}+c_2(-2)^{n}$$

代入

$$y(-1)=0,\quad y(-2)=1,\quad -c_1-0.5c_2=0,\quad c_1+0.25c_2=1$$

解得 $$c_1=2,\ c_2=-4$$

$$y_{zi}(n)=[2(-1)^{n}-4(-2)^{n}]u(n)$$

$$y(n)=\left[\frac{8}{15}4^{n}-\frac{10}{3}(-2)^{n}+\frac{9}{5}(-1)^{n}\right]u(n)$$

13. 如果系统的输入与输出满足关系式 $y(n)=T[x(n)]=\sum_{k=n-n_0}^{n+n_0}2x(k)$，式中 n_0 为常数，试讨论此系统的稳定性和因果性。

解：设$|x(n)|\leqslant M<\infty$，则有 $|y(n)|=|T[x(n)]|\leqslant\sum\limits_{k=n-n_0}^{n+n_0}|2x(k)|<2\times|2n_0+1|M<\infty$，所以该系统是稳定系统。

由于 $y(n)=T[x(n)]$与其将来值有关，所以该系统是非因果系统。

14. 求图 5.4 所示系统的单位抽样响应 $h(n)$。已知 $h_1(n)$、$h_2(n)$、$h_3(n)$和 $h_4(n)$都是 LTI 系统，其中 $h_1(n)=\delta(n)+\delta(n-1)$，$h_2(n)=2\delta(n)+3\delta(n-1)$，$h_3(n)=0.5\delta(n)-\delta(n-1)$，$h_4(n)=\delta(n+1)$。

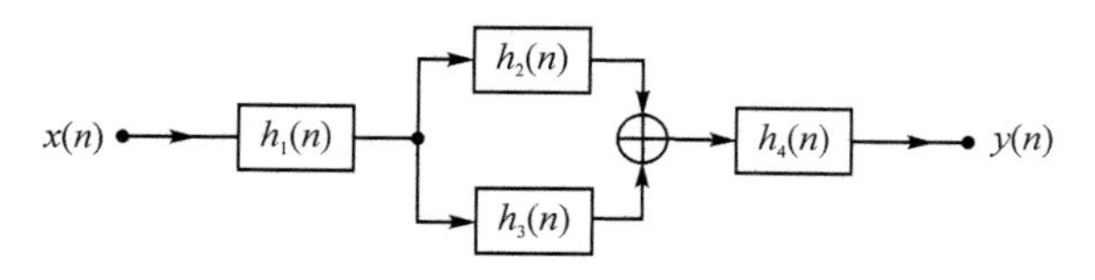

图 5.4　习题 14 图

解：
$$
\begin{aligned}
h(n)&=h_1(n)*[h_2(n)+h_3(n)]*h_4(n)\\
&=[\delta(n)+\delta(n-1)]*\{[2\delta(n)+3\delta(n-1)]+[0.5\delta(n)-\delta(n-1)]\}*\delta(n+1)\\
&=2.5\delta(n+1)+4.5\delta(n)+2\delta(n-1)
\end{aligned}
$$

5.5　思考与练习题

1. 试判断下列信号是否是周期序列，若是周期序列，试写出其周期。

① $x(n)=\cos\left(\dfrac{8\pi}{7}n+2\right)$

② $x(n)=\sin^2(\pi n/4)$

③ $x(n)=2\cos\left(\dfrac{\pi}{4}n\right)+\sin\left(\dfrac{\pi}{8}n\right)-2\cos\left(\dfrac{\pi}{6}n\right)$

④ $x(n)=\mathrm{e}^{\mathrm{j}\left(\frac{n}{3}+\pi\right)}$

2. 已知某离散 LTI 系统，在零状态情况下，输入为 $f(n)=\left(\dfrac{1}{3}\right)^n u(n)$时，输出为

$$y(n)=3\left(\frac{1}{2}\right)^n u(n)-2\left(\frac{1}{3}\right)^n u(n)$$

求：① 输入为 $f(n)=\left(\dfrac{1}{3}\right)^n[u(n)-u(n-4)]$时的输出；

② 输入为 $f(n)=\cos n\pi$ 时的输出。

3. 一个采样周期为 T 的采样器，开关间隙为 τ，如图 5.5 所示。若采样器输入信号为 $x(t)$，求采样器输出信号 $x_s(t)=x(t)p(t)$的频谱结构，并证明若原来的 $x_s(t)$满足奈奎斯特准则，则 τ 值在$\left(0,\dfrac{T}{2}\right)$的范围内变化，频谱周期重复及奈奎斯特定理都成立。其中：

$$p(t)=\sum_{n=-\infty}^{\infty}r(t-nT),\ r(t)=\begin{cases}1, & 0\leqslant t\leqslant\tau\\0, & 其他\end{cases}$$

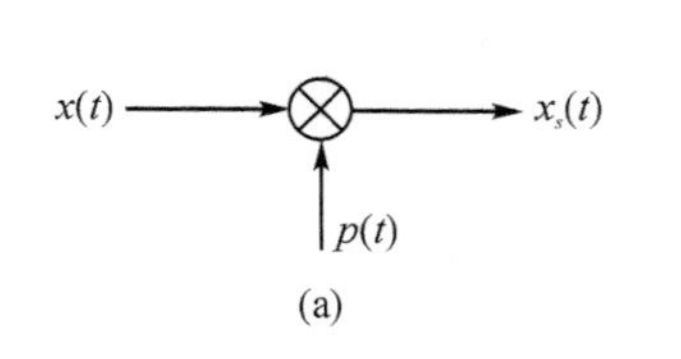

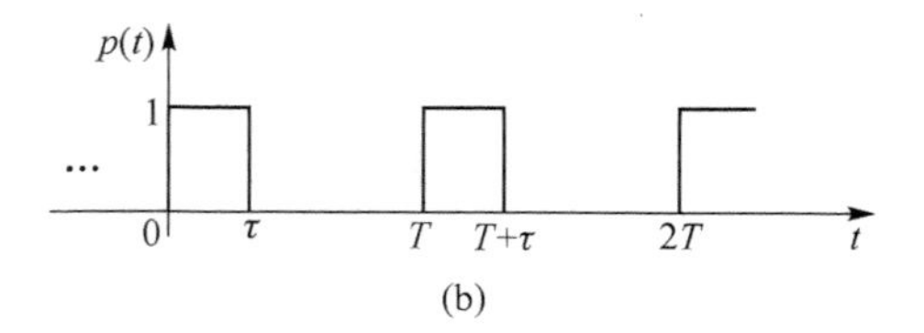

图 5.5　练习题 3 图

4. 已知下列线性时不变系统的单位脉冲响应 $h(n)$及输入 $x(n)$，求输出序列 $y(n)$，并将 $y(n)$作图示之。

① $h(n)=R_4(n)=x(n)$

② $h(n)=2^n R_4(n),x(n)=\delta(n)-\delta(n-2)$

③ $h(n)=(1/2)u(n)$，$x(n)=R_5(n)$

5. 已知 $y_1(n)=x_1(n) * x_2(n)$，$y_2(n)=x_1(n-n_0) * x_2(n)$，试问 $y_1(n)$与 $y_2(n)$有什么关系？

6. 判断由 $y(n)=5x^2(n)$所表示的系统的线性。

7. 一个线性非时变系统的单位取样响应 $h(n)$除区间 $N_0 \leqslant n \leqslant N_1$ 之外皆为零；又已知输入 $x(n)$除区间 $N_2 \leqslant n \leqslant N_3$ 之外皆为零，其输出结果除了某一区间 $N_4 \leqslant n \leqslant N_5$ 之外皆为零，试以 N_0、N_1、N_2、N_3 表示 N_4、N_5。

8. 已知某系统的差分方程以及初始条件为 $y(n)=y(n1)+n$，$y(1)=0$，求系统的完全响应。

第 5 章思考与练习题答案

第 6 章　离散信号傅里叶变换

6.1　基本知识与重要知识

第 6 章思维导图

6.1.1　序列的傅里叶变换(DTFT)

1. 序列的傅里叶变换存在的充分条件

若周期信号满足狄里赫利条件，则周期函数可展开成正交函数线性组合的无穷级数。对于非周期序列，序列 $x(n)(-\infty<n<+\infty)$ 的傅里叶变换存在的充分条件是：序列绝对可和，即 $\sum_{n=-\infty}^{+\infty} |x(n)|<+\infty$。

2. 序列傅里叶变换定义式

$$X(e^{j\omega})=\sum_{n=-\infty}^{+\infty} x(n)e^{-j\omega n}, \quad -\infty<\omega<+\infty \tag{6-1}$$

3. 序列傅里叶反变换

$$x(n)=\frac{1}{2\pi}\int_{-\pi}^{\pi} X(e^{j\omega})e^{j\omega n}d\omega, \quad -\infty<n<+\infty \tag{6-2}$$

序列傅里叶变换 $X(e^{j\omega})$ 是以 2π 为周期的连续函数，也称为 $x(n)$ 的频谱密度函数，其中 $|X(e^{j\omega})|$ 为 $x(n)$ 的幅频特性，$\arg[X(e^{j\omega})]$ 为 $x(n)$ 的相频特性。根据周期性，只有在一个周期内如 $(-\pi,\pi)$ 的数字角频率才具有独立的意义，其他频率均为 $(-\pi,\pi)$ 的周期重复。

4. 模拟角频率 Ω 和数字角频率 ω 的物理意义和区别

模拟角频率反映了连续信号中正弦分量随时间变化的速率，数字角频率是对模拟频率的抽样，反映了离散序列依照正弦序列变化的速率。数字角频率 ω 与模拟角频率 Ω 的关系为 $\omega=\Omega T$，其中 T 为序列的间隔，即抽样周期。模拟角频率的变化范围是没有限制的，高频部分可以趋向于无穷大，而数字角频率的变化虽然可以是连续的，但其变化范围限制在 $[-\pi,\pi]$ 内。

序列傅里叶变换与 Z 变换的关系：从 Z 变换 $X(z)=\sum_{n=-\infty}^{+\infty} x(n)z^{-n}$ 可以看出，令 $z=e^{j\omega}$ 即可得到对应序列的序列傅里叶变换(DTFT)。因此，可以将 DTFT 看作单位圆上的 Z 变换。

5. 时域和频域的对偶关系

时域与频域的对应关系如表 6-1 所列。

表 6-1 时域与频域的对应关系

时 域	频 域
连续的	非周期
离散的	周期的
周期的	离散的
非周期	连续的

根据表格中的对应关系，由于序列在时域上是离散、非周期的，因此序列的频谱是连续的周期频谱。

6.1.2 离散傅里叶级数(DFS)

周期离散信号(周期为 N)在时频域上均为周期序列，根据周期信号的特点，当 k 变化一个 N 的整数倍时，得到的是完全一样的序列。

因此，对于离散周期信号，其傅里叶级数的正反变换如式(6-3)和式(6-4)所示，用 DFS[·]表示傅里叶级数的正变换，IDFS[·]表示傅里叶级数的反变换。

$$X_p(k)=\mathrm{DFS}[x_p(n)]=\sum_{n=0}^{N-1}x_p(n)\mathrm{e}^{-\mathrm{j}\frac{2\pi}{N}kn} \tag{6-3}$$

$$x_p(n)=\mathrm{IDFS}[X_p(k)]=\frac{1}{N}\sum_{k=0}^{N-1}X_p(k)\mathrm{e}^{\mathrm{j}\frac{2\pi}{N}kn} \tag{6-4}$$

从上式可以看出，非周期序列的傅里叶变换是在周期序列的傅里叶级数的基础上，将周期 $N\to\infty$ 而得到的。对应的频谱间隔 $\omega=\frac{2\pi}{N}$ 趋于 0，离散频谱将趋向于连续频谱。

记 $\Phi_k(n)=\mathrm{e}^{\mathrm{j}\frac{2\pi}{N}kn}$，则可以看出，$\Phi_{k+rN}(n)=\Phi_k(n)$，属于周期为 N 的周期函数。因此，从公式(6-3)可以看出，周期离散信号(周期为 N)的傅里叶级数也为周期信号，且周期同样为 N。

离散周期信号可看作是对连续周期信号的抽样结果；周期序列可以表示成一个有限项(N 项)指数序列分量的叠加(用任一个周期的序列情况可以描述、代表所有其他周期序列的情况)。

6.1.3 离散傅里叶变换(DFT)

1. 离散傅里叶变换的定义

数字信号处理设备无法处理时域和频域都无限长的周期序列。因此在处理实际问题时，需要对无限长的序列进行有限化处理。在此，引入主值序列的概念：定义其第一个周期的有限长序列为该周期序列的主值序列，用 $x(n)$ 表示，则有

$$x(n)=\begin{cases}x_p(n), & 0\leqslant n\leqslant N-1\\ 0, & \text{其他}\end{cases} \tag{6-5}$$

利用主值序列代替傅里叶级数变换，得到

$$X(k)=\mathrm{DFT}[x(n)]=\sum_{n=0}^{N-1}x(n)\mathrm{e}^{-\mathrm{j}\frac{2\pi}{N}kn},\quad 0\leqslant k\leqslant N-1 \tag{6-6}$$

$$x(n)=\text{IDFT}[X(k)]=\frac{1}{N}\sum_{k=0}^{N-1}X(k)e^{j\frac{2\pi}{N}kn},\quad 0\leqslant n\leqslant N-1 \tag{6-7}$$

其中,用符号 DFT[·]表示离散傅里叶正变换,用 IDFT[·]表示离散傅里叶逆变换。

从上式可以看出,对于离散傅里叶变换,就是将序列傅里叶变换(DTFT) $X(e^{j\omega})=\sum_{n=-\infty}^{+\infty}x(n)e^{-j\omega n}(-\infty<\omega<+\infty)$ 中的序列 $x(n)$ 限制在一个主值区间,再令数字角频率 $\omega=\frac{2\pi}{N}k$,即可得到离散傅里叶变换 DFT。由此可以看出,有限长序列的 DFT 就是以 $\omega=\frac{2\pi}{N}k$ 为间隔对序列傅里叶变换进行均匀采样的。

2. 圆周移位

圆周移位是指序列的这样一种移位:将长度为 N 的序列 $x(n)$ 进行周期延拓,周期为 N,构成周期序列 $x_p(n)$,然后对周期序列 $x_p(n)$ 做 m 位移位处理,得到移位序列 $x_p(n-m)$,再取其主值序列($x_p(n-m)$ 与矩形序列 $R_N(n)$ 相乘),得到的 $x_p(n-m)R_N(n)$ 就是所谓的圆周移位序列。这样的移位过程有一个特点,有限长序列经过了周期延拓,当序列的第一个周期右移 m 位后,紧靠第一个周期左边的序列值就依次填补了第一个周期序列右移后左边的空位,如同序列 $x(n)$ 排列在一个 N 等分的圆周上,N 个点首尾相衔接,圆周移 m 位相当于 $x(n)$ 在圆周上旋转 m 位,因此称为圆周移位,简称圆移位或循环移位。

例如,将序列 $x(n)=0,1,2,3,4$ 这个序列圆周右移两位,得到的序列为 $x_p(n-2)R_N(n)=3,4,0,1,2$。

3. 离散傅里叶变换的性质

(1) 线性特性

若 $X(k)=\text{DFT}[x(n)]$,$Y(k)=\text{DFT}[y(n)]$,则

$$\text{DFT}[ax(n)+by(n)]=aX(k)+bY(k) \tag{6-8}$$

其中,a、b 为任意常数。如果两个序列的长度不相等,则以最长的序列为基准,对短序列补零,使序列长度相等,才能进行线性叠加。

(2) 时移定理

若 $\text{DFT}[x(n)]=X(k)$,则

$$\text{DFT}[x_p(n-m)R_N(n)]=e^{-j\frac{2\pi}{N}mk}X(k) \tag{6-9}$$

$e^{-j\frac{2\pi}{N}mk}$ 体现了序列在频域中的相移。时移定理表明:序列在时域上圆周移位,频域上将产生附加相移。对式(6-9)反变换可得 $\text{IDFT}(e^{-j\frac{2\pi}{N}mk}X(k))=x_p(n-m)R_N(n)$。

(3) 频移定理

若 $\text{DFT}[x(n)]=X(k)$,则 $\text{DFT}[x(n)e^{j\frac{2\pi}{N}ln}]=X_p(k-l)R_N(n)$,且

$$\text{IDFT}(X_p(k-l)R_N(n))=x(n)e^{j\frac{2\pi}{N}ln} \tag{6-10}$$

从上式可以看出,若序列在时域上乘以复指数序列 $e^{j\frac{2\pi}{N}ln}$,则在频域上,$X(k)$ 将圆周位移 l 位。这可以看作调制信号的频谱搬移,因而又称为"调制定理"。

(4) 圆卷积特性

1) 时域圆卷积特性

若对于 N 点的序列 $x(n)$ 和 $h(n)$，有 $X(k)=\mathrm{DFT}[x(n)]$，$H(k)=\mathrm{DFT}[h(n)]$，$Y(k)=\mathrm{DFT}[y(n)]$，$Y(k)=X(k)H(k)$，则

$$y(n)=\mathrm{IDFT}[Y(k)]=\sum_{m=0}^{N-1}x(m)h_p(n-m)R_N(n) \tag{6-11}$$

若 $x(m)$ 保持不移位，则 $h_p(n-m)R_N(n)$ 是 $h(n)$ 的圆周移位，故称

$$\sum_{m=0}^{N-1}x(m)h_D(n-m)R_N(n)$$

为圆周卷积，简称圆卷积，或称循环卷积，运算过程用符号⊛表示，即 $y(n)=x(n)⊛h(n)$。

2) 频域圆卷积特性

对于 N 点的序列 $x(n)$ 和 $h(n)$，有 $X(k)=\mathrm{DFT}[x(n)]$，$H(k)=\mathrm{DFT}[h(n)]$，且序列 $y(n)=x(n)h(n)$，则有

$$Y(k)=\mathrm{DFT}[y(n)]=\frac{1}{N}\sum_{l=0}^{N-1}X(l)H_p(k-l)R_N(k) \tag{6-12}$$

即 $Y(k)=\frac{1}{N}X(k)⊛H(k)$，其中⊛代表圆卷积。

(5) 实数序列奇偶性

设 $x(n)$ 为实序列，$X(k)=\mathrm{DFT}[x(n)]$，则如式(6-13)所示，$X(k)$ 的实部为 k 的偶函数，$X(k)$ 的虚部是 k 的奇函数。

$$\begin{aligned}X(k)&=\sum_{n=0}^{N-1}x(n)\mathrm{e}^{-\mathrm{j}\frac{2\pi}{N}nk}\\&=\sum_{n=0}^{N-1}x(n)\cos\frac{2\pi}{N}nk-\mathrm{j}\sum_{n=0}^{N-1}x(n)\sin\frac{2\pi}{N}nk\\&=X_{\mathrm{R}}(k)+\mathrm{j}X_I(k)\end{aligned} \tag{6-13}$$

$X(k)$ 对应的幅度谱和相位谱如式(6-14)、式(6-15)所示，其中，$|X(k)|$ 为幅度谱，$\arg[X(k)]$ 为相位谱。

$$|X(k)|=\sqrt{X_{\mathrm{R}}^2(k)+X_{\mathrm{I}}^2(k)} \tag{6-14}$$

$$\arg[X(k)]=\arctan\frac{X_{\mathrm{I}}(k)}{X_{\mathrm{R}}(k)} \tag{6-15}$$

又因为 $x(n)$ 为实序列，则对应的 DFT 可写为式(6-16)，其中 * 代表共轭，$W_N^{nk}=\mathrm{e}^{-\mathrm{j}\frac{2\pi}{N}kn}$。

$$\begin{aligned}X(k)=\mathrm{DFT}[x(n)]&=\sum_{n=0}^{N-1}x(n)W_N^{nk}\\&=\left[\sum_{n=0}^{N-1}x(n)W_N^{-nk}\right]^*\\&=\left[\sum_{n=0}^{N-1}x(n)W_N^{n(N-k)}\right]^*\\&=X^*(N-k)\end{aligned} \tag{6-16}$$

通过式(6-14)和式(6-15)可以得到式(6-17)和式(6-18)：

$$|X(k)|=|X^*(N-k)|=|X(N-k)| \tag{6-17}$$

$$\arg[X(k)]=\arg[X^*(N-k)]=-\arg[X(N-k)] \tag{6-18}$$

实数序列 $x(n)$的离散傅里叶变换 $X(k)$在 $0\sim N$ 的范围内，对于 $N/2$ 点：$|X(k)|$呈半周期偶对称分布，$\arg[X(k)]$呈半周期奇对称分布。但由于长度为 N 的 $X(k)$有值区间是$0\sim(N-1)$，而在式(6－17)和式(6－18)中增加了第 N 点的数值，因此所谓的对称性并不是很严格。

(6) 帕斯瓦尔定理

若 $X(k)=\mathrm{DFT}[x(n)]$，则可得

$$\sum_{n=0}^{N-1}|x(n)|^2=\frac{1}{N}\sum_{k=0}^{N-1}|X(k)|^2 \tag{6-19}$$

式中，等号左端代表离散信号在时域中的能量，等号右端代表在频域中的能量，表明变换过程中能量是守恒的。

6.1.4　快速傅里叶变换(FFT)

1. 计算 DFT 的计算量

如式(6－6)所示，每算一个 $X(k)$，需要 N 次复数乘法，$N-1$ 次加法。因此，N 点 DFT 需要 $N\times N$ 次复数乘法，$N(N-1)$次复数加法。尽管预先计算 $\mathrm{e}^{-\mathrm{j}\frac{2\pi}{N}kn}$ 并保存旋转因子可以节省部分运算，但按定义求 DFT 的运算量仍然很大。

2. 改进思路

记旋转因子 $W_N^{nk}=\mathrm{e}^{-\mathrm{j}\frac{2\pi}{N}kn}$，则可利用 W_N^{nk} 的以下两个性质改进算法：

(1) 周期性

$$W_N^{nk}=W_N^{(n+N)k}=W_N^{(n+lN)k}=W_N^{(k+mN)n} \tag{6-20}$$

(2) 对称性

$$W_N^{\left(nk+\frac{N}{2}\right)}=W_N^{nk}W_N^{\frac{N}{2}}=W_N^{nk}\mathrm{e}^{-\mathrm{j}\frac{2\pi N}{N2}}=-W_N^{nk} \tag{6-21}$$

3. 基 2 按时间抽取的 FFT 算法(时析型)

综合应用上述的改进思路，实现傅里叶变换的快速计算的算法，就是快速傅里叶变换(Fast Fourier Transform，FFT)。特别说明：FFT 是 DFT 的快速算法，不是新的变换方法。

“基 2 ”是指序列 $x(n)$，设 $N=2^M$(M 为整数)，如果 N 不是 2 的幂次，应在序列后面补零到 2^M。随后按照 n 的奇偶性以及时间的先后抽取序列值，把序列分成奇数序号与偶数序号两组序列之和(大点数化为小点数)，如式(6－22)所示，这也就是所谓的“按时间抽取”的基本含义。

$$\begin{aligned}X(k)&=\sum_{\text{偶数}}x(n)W_N^{nk}+\sum_{\text{奇数}}x(n)W_N^{nk}\\&=\sum_{r=0}^{\frac{N}{2}-1}x(2r)(W_N^2)^{rk}+W_N^k\sum_{r=0}^{\frac{N}{2}-1}x(2r+1)(W_N^2)^{rk}\\&=\sum_{r=0}^{\frac{N}{2}-1}x(2r)W_{\frac{N}{2}}^{rk}+W_N^k\sum_{r=0}^{\frac{N}{2}-1}x(2r+1)W_{\frac{N}{2}}^{rk}\end{aligned} \tag{6-22}$$

将 $x(2r)$ 和 $x(2r+1)$ 分别记为两个新序列 $y(r)$ 和 $z(r)$，则公式可写为

$$X(k)=\sum_{r=0}^{\frac{N}{2}-1}y(r)W_{\frac{N}{2}}^{rk}+W_N^k\sum_{r=0}^{\frac{N}{2}-1}z(r+1)W_{\frac{N}{2}}^{rk}=Y(k)+W_N^kZ(k) \tag{6-23}$$

其中，$k=0,1,\cdots,N-1$。再用同样的方法处理计算新序列 $y(r)$ 和 $z(r)$ 的离散傅里叶变换。通过这种方法，可以将长度为 2^M 的序列分解为 M 级同位运算。

由于 $Y(k)$ 和 $Z(k)$ 是以 $N/2$ 为周期的，且 $W_N^{\left(\frac{N}{2}+k\right)}=-W_N^k$，则可进一步分解：

$$\begin{cases}X(k)=Y(k)+W_N^kZ(k)\\ X\left(\dfrac{N}{2}+k\right)=Y(k)-W_N^kZ(k)\end{cases} \tag{6-24}$$

注意，此时 $k=0,1,\cdots,\dfrac{N}{2}-1$。

以 8 点 FFT 为例，该分解过程如图 6.1 所示。

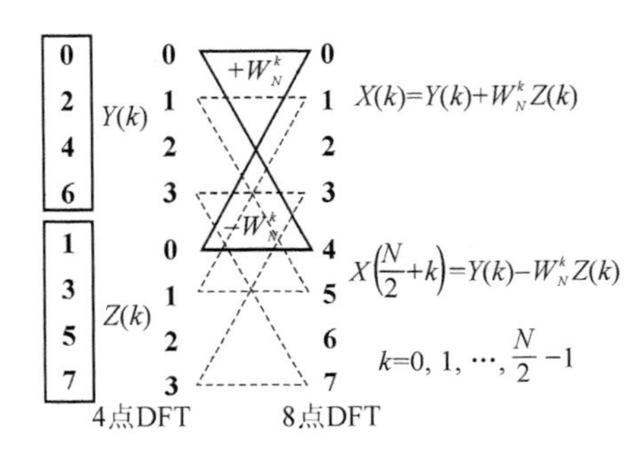

图 6.1　8 点 FFT 示例

将其中一个分解提出来，如图 6.2 所示，称为一个蝶形单元，一个蝶形单元只需一次复数乘法和两次复数加法。因此，对一个长度为 N 的序列而言，可将其分解为$\log_2 N$ 级，每级都有 $N/2$ 个蝶形单元。因此，需要的复数乘法次数为 $N\log_2 N$，需要的复数加法次数为$\dfrac{N}{2}\log_2 N$。算法的复杂度降为 $O(N\log_2 N)$。

$$\begin{cases}x_1(0)=x(0)+x(4)W^0\\ x_1(0)=x(0)+x(4)W^0\end{cases} \tag{6-25}$$

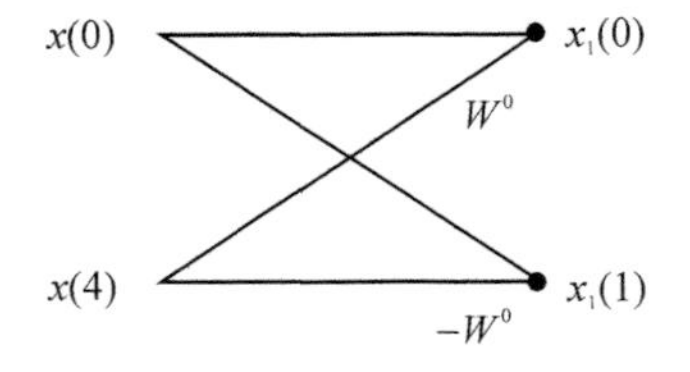

图 6.2　蝶形单元

6.1.5　离散傅里叶变换的应用

1. 利用 FFT 计算线卷积

利用 FFT 计算线卷积的流程如图 6.3 所示，为了提高 FFT 运算效率，序列加长之后的长度 N 除了应该满足 $N \geqslant N_1 + N_2 - 1$ 外，还应该是 2 的正整数次幂。

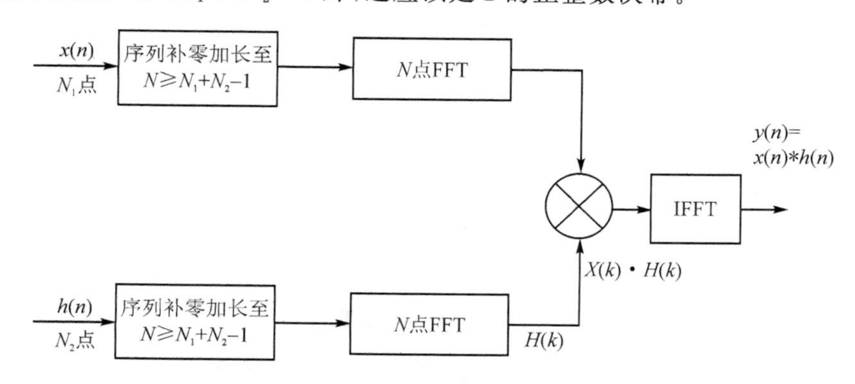

图 6.3　FFT 计算线卷积

2. 连续时间信号的数字谱分析

（1）时频域的有限化和离散化

连续时间信号要应用 FFT 进行分析和处理，必须在时频域对参数进行有限化和离散化。时域的有限化，就是对信号的延续时间沿时间轴进行截断；时域的离散化，就是对连续信号进行抽样。频域的有限化，就是在频率轴上取一个周期的频率区间，通常取所谓的“主值区间”，即$[0, \Omega_s]$；频域的离散化（频域抽样），就是对一个周期内的频谱进行抽样。离散频率间隔 $\Omega_1 = 2\pi / T_1$，其中 T_1 为信号截断的时间长度。

（2）误差分析

1）混叠误差

混叠误差产生的原因是信号的离散化是通过抽样实现的。抽样频率再高总是有限的，除带限信号外，如果信号的最高频率 $\Omega_m \to \infty$，则实际器件无法满足抽样定理，即 $\Omega_s < 2\Omega_m$。此时，将会产生混叠误差，造成频谱的混叠。

2）栅栏效应

用 DFT 来近似数字谱分析，是用频谱的抽样值逼近连续频谱值，只能观察到频谱的一部分（有限的 N 个频谱值），而其他频率点（每一个间隔中的频谱）就观察不到了，此种现象称为栅栏效应。在此，引入频谱分辨力的概念。

若抽样周期为 T，抽样点数为 N，则有

$$[F] = \frac{1}{NT}$$

其中，$[F]$就是频谱分辨力，NT 实际就是信号在时域上的截断长度 T_1，分辨力$[F]$与 T_1 成反比，因此为了减小栅栏效应，应当增加 T_1，可用两种方法来实现：

① 通过加长数据的截断长度，即增加数据点数 N；

② 在所截断得到的数据末端补零，增加 T_1。

3）截断误差（频谱泄漏）

当运用计算机进行测试信号处理时，不可能对无限长的信号进行测量和运算，而是取其有限的时间片段进行分析，这个信号截取过程称为信号的截断。这种处理相当于用一个矩形（窗）信号乘待分析的连续时间信号。截断后信号的频谱相当于原函数的频谱与矩形窗的频谱（Sa 函数）卷积。

例如，设有余弦信号 $x(t)=\cos\Omega_0 t(-\infty<t<\infty)$，用矩形窗函数 $w(t)=1(-T_1\leqslant t\leqslant T_1)$ 与其相乘，得到截断信号 $x_T(t)=y(t)=x(t)w(t)$，如图 6.4 所示。

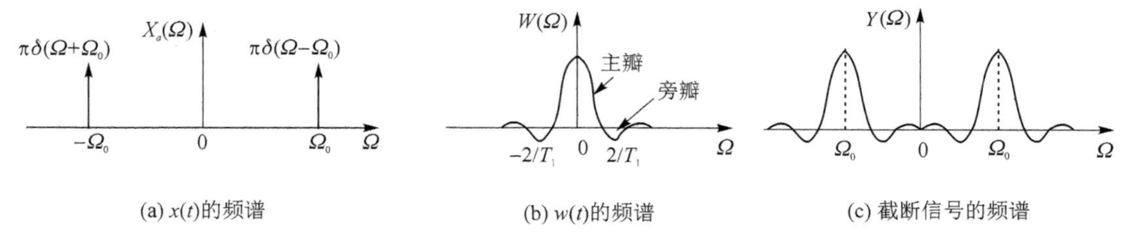

(a) $x(t)$的频谱　　(b) $w(t)$的频谱　　(c) 截断信号的频谱

图 6.4　频谱泄漏

减小频谱泄漏的方法一般有两种：增加截断长度 T_1（增加数据点数 N）、改变窗口形状。常用的窗函数有矩形窗、三角窗、汉宁窗。

6.2　学习要求

① 本章概念较多，需要注意序列傅里叶变换、离散傅里叶级数、离散傅里叶变换之间的区别和联系，掌握各个方法的适用范围。

② 熟练掌握离散傅里叶变换的计算，圆周移位的概念，以及圆周移位在离散傅里叶变换中的应用。掌握离散傅里叶变换的性质，并可以利用性质简化运算。

③ 掌握连续时间信号的数字频谱分析的方法，理解混叠误差、栅栏效应、截断误差的产生原因和抑制方法。

6.3　重点和难点提示

6.3.1　深入理解离散傅里叶变换

1. 定　义

数字信号处理设备在处理实际问题时，需要对无限长的序列进行有限化处理，并将第一个周期的有限长序列称为该周期序列的主值序列。由于周期函数的特性，可利用主值序列分析整个序列的特性。利用主值序列代替离散傅里叶级数，可以得到离散傅里叶变换。

$$X(k)=\mathrm{DFT}[x(n)]=\sum_{n=0}^{N-1}x(n)\mathrm{e}^{-\mathrm{j}\frac{2\pi}{N}kn},\quad 0\leqslant k\leqslant N-1$$

$$x(n)=\mathrm{IDFT}[X(k)]=\frac{1}{N}\sum_{k=0}^{N-1}X(k)\mathrm{e}^{\mathrm{j}\frac{2\pi}{N}kn},\quad 0\leqslant n\leqslant N-1$$

2. 离散傅里叶变换的性质

(1) 线性性质

若 $X(k)=\mathrm{DFT}[x(n)]$,$Y(k)=\mathrm{DFT}[y(n)]$,则 $\mathrm{DFT}[ax(n)+by(n)]=aX(k)+bY(k)$,其中,$a$、$b$ 为任意常数。

(2) 时移性质

若 $\mathrm{DFT}[x(n)]=X(k)$,则 $\mathrm{DFT}[x_p(n-m)R_N(n)]=\mathrm{e}^{-\mathrm{j}\frac{2\pi}{N}mk}X(k)$。

(3) 频移定理

若 $\mathrm{DFT}[x(n)]=X(k)$,则 $\mathrm{DFT}[x(n)\mathrm{e}^{\mathrm{j}\frac{2\pi}{N}ln}]=X_p(k-l)R_N(n)$,且 $\mathrm{IDFT}[X_p(k-l)R_N(n)]=x(n)\mathrm{e}^{\mathrm{j}\frac{2\pi}{N}ln}$。

(4) 圆卷积特性

1) 时域圆卷积

若对于 N 点的序列 $x(n)$ 和 $h(n)$,有 $X(k)=\mathrm{DFT}[x(n)]$,$H(k)=\mathrm{DFT}[h(n)]$,$Y(k)=\mathrm{DFT}[y(n)]$,$Y(k)=X(k)H(k)$,则 $y(n)=\mathrm{IDFT}[Y(k)]=\sum_{m=0}^{N-1}x(m)h_p(n-m)R_N(n)$。$\sum_{m=0}^{N-1}x(m)h_p(n-m)R_N(n)$ 代表圆卷积。

2) 频域圆卷积

对于 N 点的序列 $x(n)$ 和 $h(n)$,有 $X(k)=\mathrm{DFT}[x(n)]$,$H(k)=\mathrm{DFT}[h(n)]$,且序列 $y(n)=x(n)h(n)$,则有 $Y(k)=\mathrm{DFT}[y(n)]=\frac{1}{N}\sum_{l=0}^{N-1}X(l)H_p(k-l)R_N(k)$。

(5) 对称性

实数序列 $x(n)$ 的离散傅里叶变换 $X(k)$ 在 $0\sim N$ 的范围内,对于 $N/2$ 点:$|X(k)|$ 呈半周期偶对称分布,$\arg[X(k)]$ 呈半周期奇对称分布。但是这种对称性不是很严格。

3. DFT、DTFT、DFS、FFT 之间的联系与区别

DFT(离散傅里叶变换):离散傅里叶变换是针对任意有限个离散序列定义的运算。假定 $x(n)$ 是一个长度为 N 的有限长序列,将 $x(n)$ 以 N 为周期延拓而成的周期序列为 $\tilde{x}(n)$。若对 $x(n)$ 进行 DTFT 运算及对 $\tilde{x}(n)$ 进行 DFS 运算,则 DFS 与 DTFT 运算结果的关系为在 DTFT 的连续周期频谱上取间隔为 $2\pi/N$ 的离散周期频谱。

对 $x(n)$ 进行 DFT 运算,则 DFT 计算求取的结果是 $\tilde{x}(n)$ 的 DFS 计算结果的一个周期序列,所以 DFT 也可以视为分别是周期序列在时域和频域各自主值区间 $0\sim N$ 范围内的 N 点数学变换对。若对 $x(n)$ 进行 DFT 及 DTFT 运算,则 DFT 的结果是 DTFT 运算结果的一个周期内的间隔为 $2\pi/N$ 的 N 点离散抽样值。

DTFT(序列傅里叶变换):序列傅里叶变换是用于分析离散非周期序列的频谱,序列傅里叶变换存在的充分条件是序列必须绝对可和;由于信号是非周期序列,它必包含了各种频率的信号,所以 DTFT 对离散非周期信号变换后的频谱为连续的,并且时域为离散非周期序列对应频域为连续周期频谱。

DFS(离散傅里叶级数):离散傅里叶级数是用于求取周期序列的频谱,并且时域为离散周期序列对应频域为离散周期频谱。

FFT(快速傅里叶变换):DFT 与 FFT 本质相同,FFT 是 DFT 的一种算法。

6.3.2 连续时间信号的数字频谱分析

1. 时域、频域的离散化和有限化

时域离散化:对信号进行时域抽样(频域此时连续,但频域谱进行了周期延拓);

时域有限化:对信号在时域中有限化;

频域有限化:在频率轴上取一个周期的频率区间;

频域离散化:对主值区间内频谱进行抽样。

这样,由此得到的时域离散序列(主值区间)与频域离散序列(主值区间)构成了 DFT 变换对,方便进行计算机信号分析。

2. 误差来源

① 时域离散化:产生混叠误差。

由于实际器件不满足抽样定理而出现的混叠误差,可通过提高抽样频率来减小误差。

② 时域有限化(必然出现):产生截断误差及频谱泄露。

减小该误差的方法:增加截断长度;改变窗口形状。

③ 在频域上,用有限长抽样序列 DFT 来近似无限长连续信号的频谱,会产生栅栏效应,反映栅栏效应的指标是谱分辨力,定义为 $[F]=1/(NT)$。

提高谱分辨力和减小栅栏效应影响的方法包括:增加 N 即加序列长度;在截断数据末端补零,从而增加 NT。

3. DFT 参数选择

应用 DFT 进行信号的数字频谱分析时,要根据给定的要求,确定 DFT 的参数,一般情况下,已知:信号的最高频率 f_h、频谱分辨力$[F]$,抽样时能够达到的最高抽样频率 f_{sm}。需要确定的参数通常包括:截取的信号长度 T_1、抽样频率 f_s,点数 N,选择什么样的窗口函数等。选择参数总的原则是尽可能减少混叠、频谱泄露和栅栏效应等误差。根据这个原则,可以选定相应的 DFT 参数。

6.4 习题精解

1. 以 25 kHz 的采样率对最高频率为 5 kHz 的带限信号 $x_a(t)$采样,然后计算 $x(n)$的 $N=1\ 000$ 个采样点的 DFT,即

$$X(k)=\sum_{n=0}^{N-1}x(n)\mathrm{e}^{-\mathrm{j}\frac{2\pi}{N}nk}$$

① $k=150$ 和 $k=800$ 对应的模拟频率分别是多少?

② 频谱采样点之间的间隔是多少?

解: ①数字角频率 ω 与模拟角频率 Ω 的关系是

$$\omega=\Omega T_s$$

其中,$T_s=1/25\ 000$。

N 点 DFT 是对 DTFT 在 N 个频率点上的采样

$$\Omega_k=25\ 000\omega_k,\quad k=0,1,\cdots,N-1$$

所以 $X(k)$ 对应的模拟频率为

$$\omega_k=\frac{2\pi}{N}k,\quad \Omega_k=\frac{2\pi}{N}25\ 000\ k$$

$$f_k=25\ 000\ \frac{k}{N}$$

$N=1\ 000$ 时，序号 $k=150$ 对应 $f=3.75$ kHz。对于 $k=800$ 要特别注意，因为 $X(\mathrm{e}^{\mathrm{j}\omega})$ 具有周期性，即 $X(\mathrm{e}^{\mathrm{j}\omega})=X(\mathrm{e}^{\mathrm{j}(\omega+2\pi)})$ $k=800$ 对应的频率为

$$\omega_k=\frac{2\pi}{N}k=\frac{2\pi}{N}(k-N)=-200\ \frac{2\pi}{N}$$

$N=1\ 000$，$\omega_k=-0.4\pi$，对应的模拟频率为

$$\Omega_k=-0.4\pi\times25\ 000=-10\ 000\pi$$

$$f_k=-5\ 000\ \text{Hz}$$

② 频谱采样点之间的间隔为

$$\Delta f=\frac{25\ 000}{N}=25\ \text{Hz}$$

2. 设一离散时间系统输出的傅里叶变换为

$$Y(k)=3X(k)+\mathrm{e}^{-\mathrm{j}\frac{2\pi}{N}k}X(k)-\frac{\mathrm{d}X(k)}{\mathrm{d}k}$$

① 试证明该系统是线性的；

② 试证明该系统是时变的；

③ 若 $x(n)=\delta(n)$，求 $y(n)$。

解：① 由 $Y(k)=2X(k)+\mathrm{e}^{-\mathrm{j}\frac{2\pi}{N}k}X(k)-\dfrac{\mathrm{d}X(k)}{\mathrm{d}k}$ 得其逆变换为

$$y(n)=3x(n)+x(n-1)+\mathrm{j}nx(n)$$

对于这个系统的线性证明如下，设 $X_1(k)=\mathrm{DFT}[x_1(n)]$，$X_2(k)=\mathrm{DFT}[x_2(n)]$，则

$$x(n)=ax_1(n)+bx_2(n)$$

$$X(k)=aX_1(k)+bX_2(k)$$

将其代入 $Y(k)=3X(k)+\mathrm{e}^{-\mathrm{j}\frac{2\pi}{N}k}X(k)-\dfrac{\mathrm{d}X(k)}{\mathrm{d}k}$，可得

$$3aX_1(k)+a\mathrm{e}^{-\mathrm{j}\frac{2\pi}{Nk}}X_1(k)-a\ \frac{\mathrm{d}X_1(k)}{\mathrm{d}k}+3bX_2(k)+b\mathrm{e}^{-\mathrm{j}\frac{2\pi}{N}k}X_2(k)-b\ \frac{\mathrm{d}X_2(k)}{\mathrm{d}k}$$

$$=aY_1(k)+bY_2(k)$$

其中，$Y_1(k)$ 和 $Y_2(k)$ 分别是对 $X_1(k)$ 和 $X_2(k)$ 的响应，所以系统是线性的。

② 该系统的时变性可以证明如下：

将 $x(n-1)\leftrightarrow\mathrm{e}^{-\mathrm{j}\frac{2\pi}{N}k}X(k)$ 代入 $Y(k)=3X(k)+\mathrm{e}^{-\mathrm{j}\frac{2\pi}{N}k}X(k)-\dfrac{\mathrm{d}X(k)}{\mathrm{d}k}$，可得

$$Y(k)=\mathrm{e}^{-\mathrm{j}\frac{2\pi}{N}k}\left[3X(k)+\mathrm{e}^{-\mathrm{j}\frac{2\pi}{N}k}X(k)-\frac{\mathrm{d}X(k)}{\mathrm{d}k}\right]+\mathrm{j}\ \frac{2\pi}{N}\mathrm{e}^{-\mathrm{j}\frac{2\pi}{N}k}X(k)\neq\mathrm{e}^{-\mathrm{j}\frac{2\pi}{N}k}Y(k)$$

所以系统是时变的。

③ 当 $x(n)=\delta(n)$ 时，$X(k)=1$，将其代入下式：

$$Y(k)=3X(k)+e^{-j\frac{2\pi}{N}k}X(k)-\frac{dX(k)}{dk}$$

可得
$$Y(k)=3+e^{-j\frac{2\pi}{N}k}$$

所以有

$$y(n)=3\delta(n)+\delta(n-1)$$

3. 若一个长度为8点的序列 $x(n)$ 与一个长度为3点的序列 $h(n)$ 线性卷积,卷积结果 $y(n)=x(n)*h(n)$ 是长度为10点的序列。假设整个输出 $y(n)$ 由两个6点的圆周卷积构成,即

$$y_1(n)=x_1(n)\otimes g(n),\quad y_2(n)=x_2(n)\otimes g(n)$$

其中

$$g(n)=\begin{cases}h(n), & n=0,1,2\\ 0, & n=3,4,5\end{cases}$$

$$x_1(n)=\begin{cases}x(n), & n=0,1,2,3\\ 0, & n=4,5\end{cases}$$

$$x_2(n)=\begin{cases}x(n+4), & n=0,1,2,3\\ 0, & n=4,5\end{cases}$$

若 $y_1(n)$ 和 $y_2(n)$ 的值如表6-2所列,求 $y(n)$。

表6-2　$y_1(n)$ 和 $y_2(n)$ 的值

n	0	1	2	3	4	5
$y_1(n)$	1	−2	−3	2	1	3
$y_2(n)$	2	−3	−4	3	−2	−2

解:本题中,$x(n)$ 被分成两个4点的序列 $x_1(n)$ 和 $x_2(n)$。由于 $h(n)$ 的长度为3,$h(n)$ 和 $x_1(n)$、$x_2(n)$ 线性卷积的结果长度都为6,所以6点圆周卷积等于线性卷积,$y(n)=x(n)*h(n)$ 的结果为

$$y(n)=y_1(n)+y_2(n-4)$$

$y(n)$ 的值如表6-3所列。

表6-3　$y(n)$ 的值

n	0	1	2	3	4	5	6	7	8	9
$y_1(n)$	1	−2	−3	2	1	3	0	0	0	0
$y_2(n-4)$	—	—	—	—	2	−3	−4	3	−2	−2
$y(n)$	1	−2	−3	2	3	0	−4	3	−2	−2

4. 利用离散傅里叶变换的性质,计算长度为 N 的有限长序列 $x(n)=\cos\omega_0(n-m)R_N(n)$ $(0\leqslant n\leqslant N-1)$ 的DFT。

解:由欧拉公式易知 $\cos\omega_0 n=\frac{1}{2}(e^{-j\omega_0 n}+e^{j\omega_0 n})$,则

$$\text{DFT}[e^{j\omega_0 n}]=\sum_{n=0}^{N-1}e^{j\omega_0 n}\cdot e^{-j\frac{2\pi}{N}kn}=\frac{1-e^{j\omega_0 N}}{1-e^{j(\omega_0-\frac{2\pi}{N}k)}}$$

$$\mathrm{DFT}\left[\mathrm{e}^{-\mathrm{j}\omega_0 n}\right]=\sum_{n=0}^{N-1}\mathrm{e}^{-\mathrm{j}\omega_0 n}\cdot\mathrm{e}^{-\mathrm{j}\frac{2\pi}{N}kn}=\frac{1-\mathrm{e}^{-\mathrm{j}\omega_0 N}}{1-\mathrm{e}^{-\mathrm{j}\left(\omega_0+\frac{2\pi}{N}k\right)}}$$

因此

$$\mathrm{DFT}\left[\cos\omega_0 n\right]=\frac{1}{2}\left(\mathrm{DFT}\left[\mathrm{e}^{-\mathrm{j}\omega_0 n}\right]+\mathrm{DFT}\left[\mathrm{e}^{\mathrm{j}\omega_0 n}\right]\right)$$

$$=\frac{1-\cos N\omega_0+\mathrm{e}^{-\mathrm{j}\frac{2\pi}{N}k}\left[\cos(N-1)\omega_0-\cos\omega_0\right]}{1-2\cos\omega_0\cdot\mathrm{e}^{-\mathrm{j}\frac{2\pi}{N}k}+\mathrm{e}^{-\mathrm{j}\frac{4\pi}{N}k}}$$

根据离散傅里叶变换的时移性质，$\mathrm{DFT}\left[x_p(n-m)R_N(n)\right]=W_N^{mk}X(k)$，可得

$$\mathrm{DFT}\left[\cos\omega_0(n-m)R_N(n)\right]=W_N^{mk}\cdot\mathrm{DFT}\left[\cos\omega_0 n\right]$$

$$=\frac{1-\cos N\omega_0+\mathrm{e}^{-\mathrm{j}\frac{2\pi}{N}k}\left[\cos(N-1)\omega_0-\cos\omega_0\right]}{1-2\cos\omega_0\cdot\mathrm{e}^{-\mathrm{j}\frac{2\pi}{N}k}+\mathrm{e}^{-\mathrm{j}\frac{4\pi}{N}k}}\cdot\mathrm{e}^{-\mathrm{j}\frac{2\pi}{N}km}$$

5. 输入信号为 $x(t)=\sin 200\pi t+\cos 400\pi t+\cos 800\pi t$，经过某一系统后，被采样得到离散的数字信号。假设该系统的单位冲激响应为 $h(t)=300\mathrm{Sa}(600\pi t)$。求：

① 经过该系统后，输出的连续信号；

② 对于①中得到的信号采样，临界采样频率为多少赫兹？

③ 假设采样频率为 1 000 Hz，对采样得到的离散信号进行 DFT，希望 DFT 的频谱分辨率达到 0.5 Hz，需要采样多长时间？

解：① 该系统的传递函数为

$$H(\mathrm{j}\Omega)=\begin{cases}0.5, & |\Omega|<600\pi\\ 0, & |\Omega|>600\pi\end{cases}$$

根据该系统的频率响应，该系统输出的信号为

$$y(t)=\sin 200\pi t+\cos 400\pi t$$

② 由①可知，信号的最大频率为 200 Hz，根据奈奎斯特采样定理，临界采样频率 $f_s=2f_{\max}=400$ Hz。

③ 由题可知，假设采样点数为 N，频谱分辨率 Δf 为

$$\Delta f=\frac{f_s}{N}$$

因此，采样点数 N 和采样时间 T 计算如下：

$$N=\frac{f_s}{\Delta f}=\frac{1\ 000}{0.5}=2\ 000$$

$$T=\frac{N}{f_s}=\frac{2\ 000}{1\ 000}\mathrm{s}=2\ \mathrm{s}$$

6. 已知周期序列 $x_p(n)$ 如图 6.5 所示。取其主值序列构成一个有限长序列 $x(n)=x_p(n)R_N(n)$，求 $x(n)$ 的离散傅里叶变换 $X(k)=\mathrm{DFT}[x(n)]$。

解：先由定义确定 $X(k)$ 和 $X_p(k)$ 的关系。

对 $0\leqslant k\leqslant N-1$，有

$$X(k)=\mathrm{DFT}\left[x(n)\right]=\sum_{n=0}^{N-1}x_p(n)R_N(n)\mathrm{e}^{-\mathrm{j}\frac{2\pi}{N}nk}$$

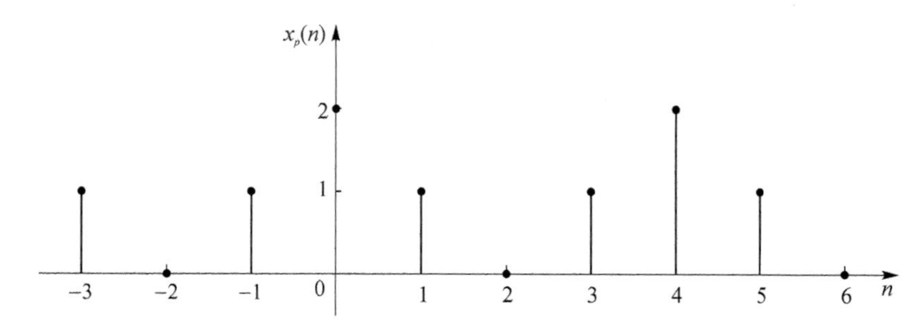

图 6.5　习题 6 图

$$=\sum_{n=0}^{N-1}x_p(n)\mathrm{e}^{-\mathrm{j}\frac{2\pi}{N}nk}=\mathrm{DFS}[x_p(n)]=X_p(k)$$

即

$$X(k)=X_p(k)R_N(k)$$

根据 DFS 定义，有

$$\begin{aligned}X_p(k)&=\sum_{n=0}^{N-1}x_p(n)\mathrm{e}^{-\mathrm{j}\frac{2\pi}{N}nk}=\sum_{n=0}^{3}x_p(n)\mathrm{e}^{-\mathrm{j}\frac{\pi}{2}nk}\\&=2+1\cdot\mathrm{e}^{-\mathrm{j}\frac{\pi}{2}k}+0+1\cdot\mathrm{e}^{-\mathrm{j}\frac{3\pi}{2}k}\\&=2+\mathrm{e}^{-\mathrm{j}\frac{\pi}{2}k}+\mathrm{e}^{\mathrm{j}\frac{\pi}{2}k}\\&=2\left[1+\cos\left(\frac{\pi}{2}k\right)\right]\end{aligned}$$

则

$$X(k)=2\left[1+\cos\left(\frac{\pi}{2}k\right)\right]R_4(k)$$

即

$$X(0)=4,\quad X(1)=2,\quad X(2)=0,\quad X(3)=2$$

7. 设周期连续时间信号 $x_a(t)=A\cos(200\pi t)+B\cos(250\pi t)$，以采样频率 $F_s=1\ \mathrm{kHz}$ 对其进行采样。

① 计算采样信号 $x_p(n)=x_a(nT)$ 的周期 N；

② 取 $x_p(n)$ 的主值，求其 N 点 DFT。

解： ①

$$\begin{aligned}x_p(n)&=x_a(nT)\\&=A\cos\left(200\pi n\cdot\frac{1}{1\ 000}\right)+B\cos\left(250\pi n\cdot\frac{1}{1\ 000}\right)\\&=A\cos\left(\frac{\pi}{5}n\right)+B\cos\left(\frac{\pi}{4}n\right)\end{aligned}$$

其周期为 $N=40$。

② 设 $x(n)=x_p(n)R_N(n)$，则

$$X(k)=\sum_{n=0}^{N-1}x(n)W_N^{nk}$$

$$=A\sum_{n=0}^{39}\cos\left(\frac{2\pi}{40}4n\right)W_N^{nk}+B\sum_{n=0}^{39}\cos\left(\frac{2\pi}{40}5n\right)W_N^{nk}$$

$$=20A\left[\delta(k-4)+\delta(k-36)\right]+20B\left[\delta(k-5)+\delta(k-35)\right]$$

8. 设 N 点有限长序列 $x(n)$，其 N 点 DFT 为 $X(k)=\mathrm{DFT}[x(n)]$，证明：

① 若 $x(n)=-x(N-1-n)$，则 $X(0)=0$；

② 若 $x(n)=x(N-1-n)$，且 N 为偶数，则 $X(N/2)=0$。

证明：①

$$X(0)=\sum_{n=0}^{N-1}x(n)\mathrm{e}^{-\mathrm{j}\frac{2\pi}{N}n\cdot 0}=\sum_{n=0}^{N-1}x(n)$$

当 N 为偶数时

$$X(0)=\sum_{n=0}^{\frac{N}{2}-1}x(n)+\sum_{n=\frac{N}{2}}^{N-1}x(n)=\sum_{n=0}^{\frac{N}{2}-1}x(n)+\sum_{n=0}^{\frac{N}{2}-1}x(N-1-n)=0$$

当 N 为奇数时

$$X(0)=\sum_{n=0}^{\frac{N-3}{2}}x(n)+x\left(\frac{N-1}{2}\right)+\sum_{n=\frac{N+1}{2}}^{N-1}x(n)$$

$$=\sum_{n=0}^{\frac{N-3}{2}}\left[x(n)+x(N-1-n)\right]+x\left(\frac{N-1}{2}\right)$$

因为

$$x\left(\frac{N-1}{2}\right)=-x\left(\frac{N-1}{2}\right)$$

所以

$$x\left(\frac{N-1}{2}\right)=0$$

于是

$$X(0)=0$$

②

$$X\left(\frac{N}{2}\right)=\sum_{n=0}^{N-1}x(n)W_N^{n\frac{N}{2}}=\sum_{n=0}^{N-1}x(n)\cdot(-1)^n$$

$$=\sum_{n=0}^{N/2-1}x(n)\cdot(-1)^n+\sum_{n=N/2}^{N-1}x(n)\cdot(-1)^n$$

$$=\sum_{n=0}^{N/2-1}x(n)\cdot(-1)^n+\sum_{n=0}^{N/2-1}x(N-1-n)\cdot(-1)^{N-1-n}$$

$$=\sum_{n=0}^{N/2-1}x(n)\left[(-1)^n+(-1)^{n-1}\right]=0$$

9. 已知有限长序列 $x(n)$ 的长度为 N，$h(n)=x((n))_N R_{rN}(n)$，求 $H(k)$。

解：设 $x(n)$ 的 N 点 DFT 为 $X(k)$，则

$$H(k)=\sum_{n=0}^{rN-1}h(n)W_{rN}^{nk}=\sum_{n=0}^{rN-1}x((n))_N R_{rN}(n)W_{rN}^{nk}$$

$$= \sum_{n=0}^{N-1} x(n) W_{rN}^{nk} + \sum_{n=N}^{2N-1} x(n-N) W_{rN}^{nk} + \cdots + \sum_{n=(r-1)N}^{rN-1} x[n-(r-1)N] W_{rN}^{nk}$$

$$= \sum_{n=0}^{N-1} x(n) W_N^{\frac{k}{r}n} + \sum_{n=0}^{N-1} x(n) W_N^{\frac{k}{r}(n+N)} + \cdots + \sum_{n=0}^{N-1} x(n) W_N^{\frac{k}{r}[n+(r-1)N]}$$

$$= \sum_{n=0}^{N-1} x(n) W_N^{\frac{k}{r}n} \cdot [1 + W_r^k + \cdots + W_r^{k(r-1)}]$$

$$= \sum_{n=0}^{N-1} x(n) W_N^{\frac{k}{r}n} \cdot \sum_{l=0}^{r-1} W_r^{lk}$$

$$= \sum_{n=0}^{N-1} x(n) W_N^{\frac{k}{r}n} \cdot [r\delta((k))_r R_{rN}(n)]$$

$$= \begin{cases} rX\left(\dfrac{k}{r}\right), & k = rl, l = 0, 1, \cdots, N-1 \\ 0, & \text{其他} \end{cases}$$

本题说明，对周期序列而言，只需取一个周期进行 DFT 分析，就可得到频谱的全部信息。从本题的结果可以看出，主值序列的 N 点离散傅里叶变换 $X(k)$ 和 r 个周期的 rN 点离散傅里叶变换 $H(k)$，它们包含的非零值点数是一样多的。

10. 图 6.6 给出了 $N=4$ 的有限长序列 $x(n)$，试绘图解答：

① $x(n)$ 与 $x(n)$ 的线性卷积；

② $x(n)$ 与 $x(n)$ 的 4 点圆卷积；

③ $x(n)$ 与 $x(n)$ 的 10 点圆卷积；

④ 欲使 $x(n)$ 与 $x(n)$ 的圆卷积和线性卷积相同，求长度 L 的最小值。

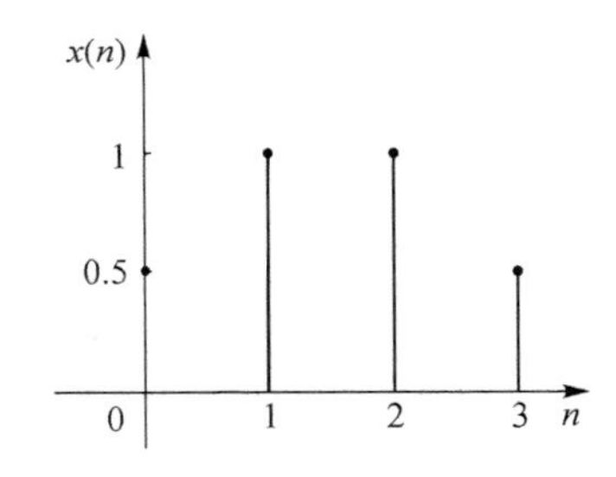

图 6.6　习题 10 图

解：用绘图法分别做 $x(n)$ 与 $x(n)$ 的线性卷积、4 点圆卷积和 10 点圆卷积，步骤如表 6－4～表 6－6 所列。可见 10 点圆卷积的结果是在线性卷积结果之后补了三个零，因此若要两者相同，最小长度 $L=7$。几种卷积结果如图 6.7 所示。

表 6-4　计算 $x(n)$ 与 $x(n)$ 的线性卷积 $y_1(n)$

$x(m)$				0.5	1	1	0.5				
$x(0-m)$	0.5	1	1	0.5							$y_1(0)=0.25$
$x(1-m)$		0.5	1	1	0.5						$y_1(1)=1$
$x(2-m)$			0.5	1	1	0.5					$y_1(2)=2$
$x(3-m)$				0.5	1	1	0.5				$y_1(3)=2.5$
$x(4-m)$					0.5	1	1	0.5			$y_1(4)=2$
$x(5-m)$						0.5	1	1	0.5		$y_3(5)=1$
$x(6-m)$							0.5	1	1	0.5	$y_3(6)=0.25$

表 6-5　计算 $x(n)$ 与 $x(n)$ 的 4 点圆卷积 $y_2(n)$

$x(m)$	0.5	1	1	0.5	
$x((0-m))_4R_4(m)$	0.5	0.5	1	1	$y_2(0)=2.25$
$x((1-m))_4R_4(m)$	1	0.5	0.5	1	$y_2(1)=2$
$x((2-m))_4R_4(m)$	1	1	0.5	0.5	$y_2(2)=2.25$
$x((3-m))_4R_4(m)$	0.5	1	1	0.5	$y_2(3)=2.5$

表 6-6　计算 $x(n)$ 与 $x(n)$ 的 10 点圆卷积 $y_3(n)$

$x(m)$	0.5	1	1	0.5							
$x((0-m))_{10}R_{10}(m)$	0.5							0.5	1	1	$y_3(0)=0.25$
$x((1-m))_{10}R_{10}(m)$	1	0.5							0.5	1	$y_3(1)=1$
$x((2-m))_{10}R_{10}(m)$	1	1	0.5							0.5	$y_3(2)=2$
$x((3-m))_{10}R_{10}(m)$	0.5	1	1	0.5							$y_3(3)=2.5$
$x((4-m))_{10}R_{10}(m)$		0.5	1	1	0.5						$y_3(4)=2$
$x((5-m))_{10}R_{10}(m)$			0.5	1	1	0.5					$y_3(5)=1$
$x((6-m))_{10}R_{10}(m)$				0.5	1	1	0.5				$y_3(6)=0.25$
$x((7-m))_{10}R_{10}(m)$					0.5	1	1	0.5			$y_3(7)=0$
$x((8-m))_{10}R_{10}(m)$						0.5	1	1	0.5		$y_3(8)=0$
$x((9-m))_{10}R_{10}(m)$							0.5	1	1	0.5	$y_3(9)=0$

11. $x(n)$是长为 N 的有限长序列，$x_e(n)$、$x_o(n)$分别为 $x(n)$的圆周共轭偶部及奇部，即

$$x_e(n)=x_e^*(N-n)=\frac{1}{2}[x(n)+x^*(N-n)]$$

$$x_o(n)=-x_o^*(N-n)=\frac{1}{2}[x(n)-x^*(N-n)]$$

证明：$\mathrm{DFT}[x_e(n)]=\mathrm{Re}[X(k)]$，$\mathrm{DFT}[x_o(n)]=\mathrm{Im}[X(k)]$。

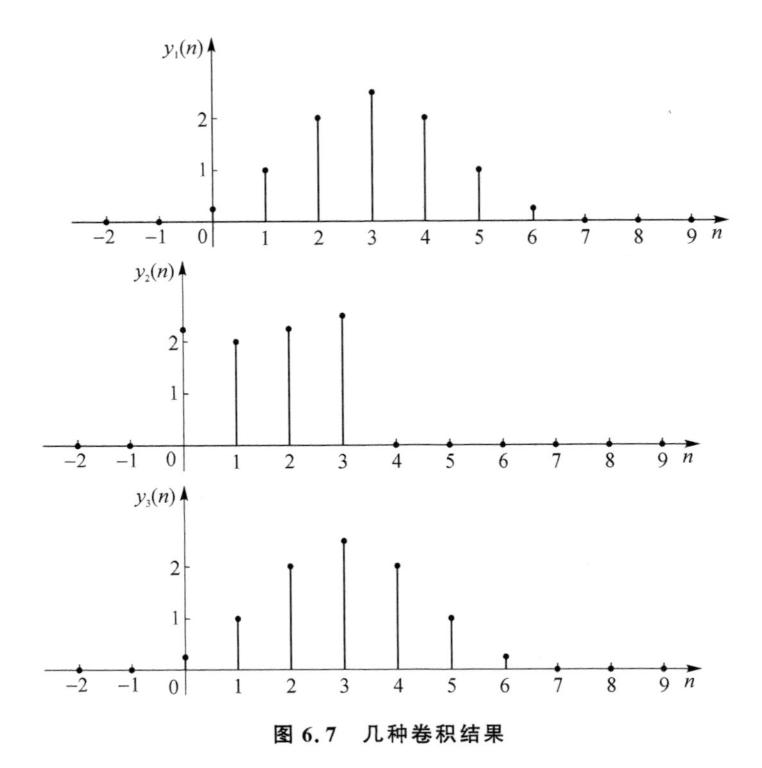

图 6.7　几种卷积结果

证明：

$$x_e(n)=x_e^*(N-n)=\frac{1}{2}[x(n)+x^*(N-n)]=\frac{1}{2}[x(n)+x^*((-n))_N]$$

$$\leftrightarrow \frac{1}{2}[X(k)+X^*(k)]=\mathrm{Re}[X(k)]$$

$$x_o(n)=-x_o^*(N-n)=\frac{1}{2}[x(n)-x^*(N-n)]=\frac{1}{2}[x(n)-x^*((-n))_N]$$

$$\leftrightarrow \frac{1}{2}[X(k)-X^*(k)]=\mathrm{Im}[X(k)]$$

12. 证明下列命题：

① 若 $x(n)$实偶对称，即 $x(n)=x(N-n)$，则 $X(k)$也实偶对称。

② 若 $x(n)$实奇对称，即 $x(n)=-x(N-n)$，则 $X(k)$为纯虚数并奇对称。

证明：①

$$X(k)=\sum_{n=0}^{N-1}x(n)W_N^{kn}$$

$$=\sum_{n=0}^{N-1}x(N-n)W_N^{kn}=\sum_{m=0}^{N-1}x(m)W_N^{k(N-m)}=\sum_{m=0}^{N-1}x(m)W_N^{-km}=\sum_{m=0}^{N-1}x(m)W_N^{m(N-k)}$$

$$=X(N-k)$$

令 $N-n=m$ 且取主值区，即 $X(k)$为偶序列。

又　$X(k)\leftrightarrow x(n)=x^*(n)\leftrightarrow X^*(N-k)$，　$X(k)=X^*(N-k)=X(N-k)$

所以 $X(k)$为实偶序列。

② 因为 $x(n)$ 实奇对称，所以有 $x(n)=x^*(n)=-x(N-n)$，则

$$X(k)=\sum_{n=0}^{N-1}x(n)W_N^{kn}=\sum_{n=0}^{N-1}-x(N-n)W_N^{kn}$$
$$=-\sum_{m=0}^{N-1}x(m)W_N^{k(N-m)}=-\sum_{m=0}^{N-1}x(m)W_N^{-km}=-\sum_{m=0}^{N-1}x(m)W_N^{m(N-k)}$$
$$=-X(N-k)$$

令 $N-n=m$ 且取主值区，即 $X(k)$ 为奇序列。

又　　$X(k)\leftrightarrow x(n)=x(N-n)=-x^*(N-n)\leftrightarrow -X^*(k)$

即有 $-X(k)=X^*(k)$，所以 $X(k)$ 为纯虚奇序列（只有复序列为纯虚序列时，复序列的共轭＝负的复序列才成立）。

13. 已知输入序列 $x(n)$ 长度为 512 点，现将 $x(n)$ 通过一个离散线性时不变系统，系统的单位脉冲响应 $h(n)$ 长度为 32 点，如果用基 2 时分 FFT 来求解其输出（为求解 $x(n)$ 与 $h(n)$ 的线性卷积），则 FFT 点数至少应为多少？

解： 利用循环卷积计算线性卷积只有在循环卷积的长度大于或等于 $N+M-1$ 时，循环卷积和线卷积结果才相等。这里 $N=512$、$M=32$，FFT 点数应该满足 2 的指数倍，所以 FFT 点数至少为 1 024 点。

14. 如果一台通用计算机的速度为平均每次复乘为 5×10^{-6} s，每次复加 0.5×10^{-6} s，用它来计算 512 点的 DFT[$x(n)$]，问直接计算需要多少时间，用 FFT 运算需要多少时间？

解： ① 直接计算。

复乘所用时间：

$$T_1=5\times10^{-6}\times N^2=5\times10^{-6}\times512^2=1.310\ 72\ \text{s}$$

复加所需时间：

$$T_2=0.5\times10^{-6}\times N\times(N-1)=0.5\times10^{-6}\times512\times(512-1)=0.130\ 816\ \text{s}$$

所以

$$T=T_1+T_2=1.441\ 536\ \text{s}$$

② 用 FFT 计算。

复乘所用时间：

$$T_1=5\times10^{-6}\times\frac{N}{2}\log_2 N=5\times10^{-6}\times\frac{512}{2}\log_2 512=0.011\ 52\ \text{s}$$

复加所需时间：

$$T_2=0.5\times10^{-6}\times N\log_2 N=0.5\times10^{-6}\times512\log_2 512=0.002\ 304\ \text{s}$$

所以

$$T=T_1+T_2=0.013\ 824\ \text{s}$$

6.5　思考与练习题

1. 如图 6.8 所示周期序列 $x_p(n)$，周期 $N=4$，求 DFS[$x_p(n)$]$=X_p(k)$。

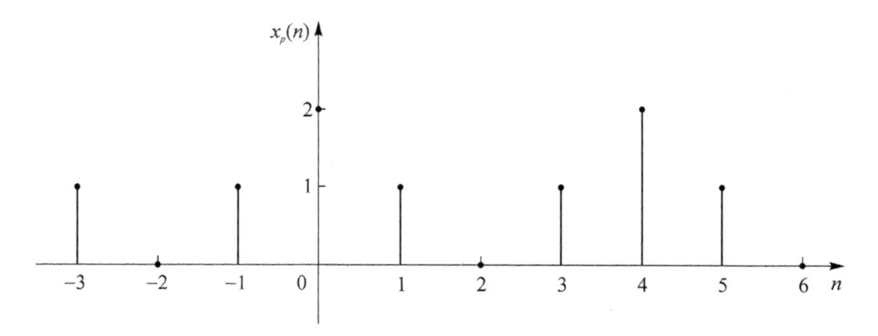

图 6.8　练习题 1 图

2. 如图 6.9 所示，序列 $x_p(n)$是周期为 6 的周期性序列，试求其傅里叶级数的系数。

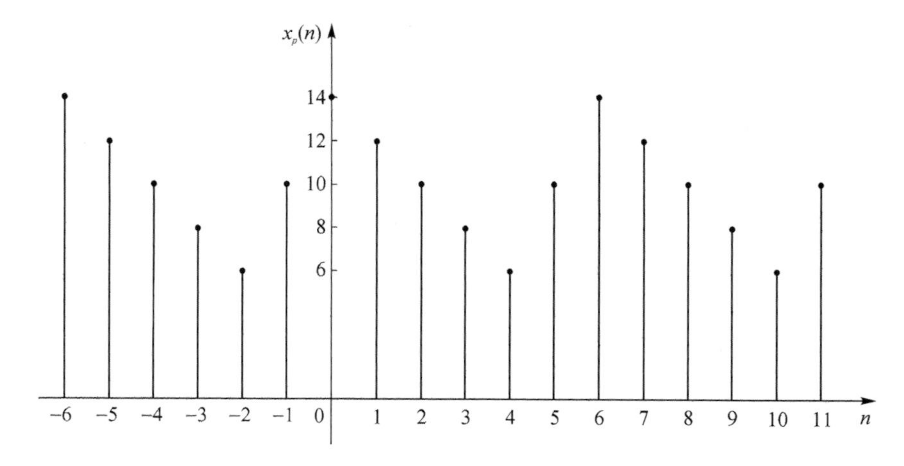

图 6.9　练习题 2 图

3. 图 6.10 画出了几个周期序列 $x_p(n)$，这些序列可以表示成傅里叶级数

$$x_p(n)=\frac{1}{N}\sum_{k=0}^{N-1}X_p(k)\mathrm{e}^{\mathrm{j}\frac{2\pi}{N}nk}$$

问：

① 哪些序列能够通过选择时间原点使所有的 $X_p(k)$成为实数？

② 哪些序列能够通过选择时间原点使所有的 $X_p(k)$(除 $X_p(0)$外)成为虚数？

③ 哪些序列能做到 $X_p(k)=0, k=\pm2,\pm4,\pm6,\cdots$？

扫码看视频讲解

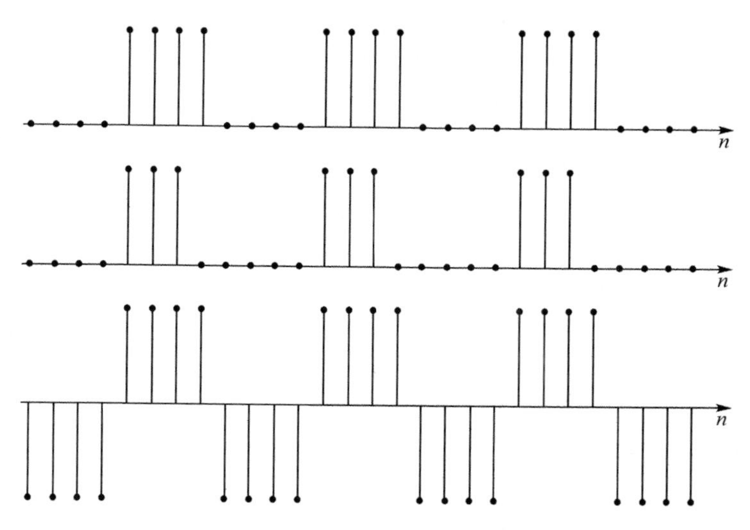

图 6.10　练习题 3 图

4. 如果 $x_p(n)$是一个周期为 N 的周期序列，那么它也是周期为 $2N$ 的周期序列。把 $x_p(n)$看作周期为 N 的周期序列，有 $x_p(n)\leftrightarrow X_{p1}(k)$（周期为 N），把 $x_p(n)$看作周期为 $2N$ 的周期序列，有 $x_p(n)\leftrightarrow X_{p2}(k)$（周期为 $2N$）。试用 $X_{p1}(k)$表示 $X_{p2}(k)$。

扫码看视频讲解

5. 如果 $x_p(n)$是一个周期为 N 的周期序列，它的傅里叶级数的系数 $X_p(k)$也是周期为 N 的周期序列。求 $X_p(k)$的傅里叶级数的系数 $X_X(r)$与 $x_p(n)$的关系。

6. 求下列 $x(n)$的 DFT（设长度均为 N）：

① $x(n)=(n)$；

② $x(n)=(n-n_0)$，$0<n_0<N-1$；

③ $x(n)=a^n$，$0\leqslant n\leqslant N-1$。

7. 若已知有限长序列 $x(n)$：

$$x(n)=\begin{cases}1, & n=0\\ 2, & n=1\\ -1, & n=2\\ 3, & n=3\end{cases}$$

求 DFT $[x(n)]=X(k)$，再由所得结果求 IDFT $[X(k)]=x(n)$，验证你的计算是正确的（写作矩阵形式）。

8. 已知某一序列 $x(n)$的离散傅里叶变换 $X(k)=\begin{cases}3, & k=0\\ 2, & 1\leqslant k\leqslant 9\end{cases}$，试求其 10 点的离散傅里叶反变换。

9. 证明频域循环移位性质：设 $X(k)=\text{DFT}[x(n)]$，$Y(k)=\text{DFT}[y(n)]$，如果 $Y(k)=X((k+l))_N R_N(k)$，则 $y(n)=\text{IDFT}[Y(k)]=W_N^{ln}x(n)$。

10. 若已知 $\text{DFT}[x(n)]=X(k)$，求：

① $\text{DFT}\left[x(n)\cos\left(\dfrac{2\pi m}{N}n\right)\right]$，$0<m<N$；

② $\text{DFT}\left[x(n)\sin\left(\dfrac{2\pi m}{N}n\right)\right]$，$0<m<N$。

11. 已知 $x(n)$是长度为 N 的有限长序列，$X(k)=\text{DFT}[x(n)]$，现将长度扩大 r 倍，得长度为 rN 的有限长序列 $y(n)$。$y(n)=\begin{cases}x(n), & 0\leqslant n\leqslant N-1\\ 0, & N\leqslant n\leqslant rN-1\end{cases}$，求 $Y(k)=\text{DFT}[y(n)]$与 $X(k)$的关系。

12. 已知 $x(n)$是长度为 N 的有限长序列，$X(k)=\text{DFT}[x(n)]$，现将 $x(n)$的每两点之间补进 $r-1$ 个零值，得到一个长为 rN 的有限长序列 $y(n)$，即

$$y(n)=\begin{cases}x(n/r), & n=ir, i=0,1,\cdots,N-1\\ 0, & n\neq ir, i=0,1,\cdots,N-1\end{cases}$$

求 $\text{DFT}[y(n)]$与 $X(k)$的关系。

13. 两个有限长序列 $x(n)$与 $h(n)$如图 6.11 所示，绘出长度为 6 的圆卷积。

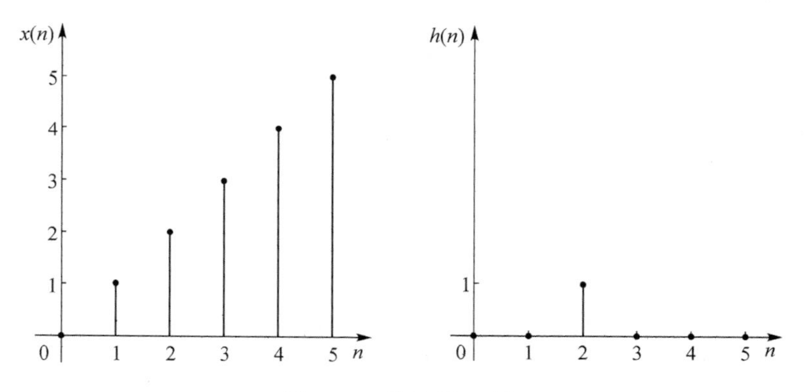

图 6.11 练习题 13 图

14. 已知两个有限长序列为

$$x(n)=\begin{cases}n+1, & 0\leqslant n\leqslant 3\\ 0, & 4\leqslant n\leqslant 6\end{cases}$$

$$y(n)=\begin{cases}-1, & 0\leqslant n\leqslant 4\\ 1, & 5\leqslant n\leqslant 6\end{cases}$$

试用作图表示 $x(n)$，$y(n)$以及 $f(n)=x(n)\circledast y(n)$（点数为 7）。

15. 设 $x(n)=\begin{cases}n+1, & 0\leqslant n\leqslant 4\\ 0, & \text{其他}\end{cases}$，$h(n)=R_4(n-2)$，令 $x_p(n)=x((n))_6$，$h_p(n)=h((n))_6$，试求 $x_p(n)$与 $h_p(n)$的周期卷积并作图。

16. 已知两有限长序列 $x(n)=\cos(\omega_0)R_N(n)$，$y(n)=\sin(\omega_0)R_N(n)$，其中 $\omega_0=2\pi/N$，用直接卷积和 DFT 变换两种方法分别求解 $f(n)$：

① $f_1(n)=x(n)⊛x(n)$；

② $f_2(n)=y(n)⊛y(n)$；

③ $f_3(n)=x(n)⊛y(n)$。

17. 已知 $x(n)(n=0,1,2,\cdots,1\ 023)$，$h(n)(n=0,1,2,\cdots,15)$，在进行线性卷积时，每次只能进行 16 点线性卷积运算。试问为了得到 $y(n)=x(n)*h(n)$ 的正确结果，原始数据应作怎样处理，并如何进行运算？

18. 证明 DFT 的对称性质：若 $\mathrm{DFT}[x(n)]=X(k)$，则 $\mathrm{DFT}[X(n)]=N_x((-k))_N R_N(k)$。

19. 证明离散傅里叶变换的若干对称性：

① $x((n+m))_N R_N(n) \leftrightarrow W_N^{-km}X(k)$；

② $x^*(n) \leftrightarrow X^*((-k))_N R_N(k)$；

③ $x^*((-n))_N R_N(n) \leftrightarrow X^*(k)$；

④ $\mathrm{Re}[x(n)] \leftrightarrow X_{ep}(k)$；

⑤ $\mathrm{jIm}[x(n)] \leftrightarrow X_{op}(k)$。

20. 已知下列 N 点 $X(k)$，求 $x(n)=\mathrm{IDFT}[X(k)]$：

① $X(k)=\delta(k)$；

② $X(k)=W_N^{mk}$，$0<m<N$；

③ $X(k)=\begin{cases} \dfrac{N}{2}\mathrm{e}^{\mathrm{j}\theta}, & k=m \\ \dfrac{N}{2}\mathrm{e}^{-\mathrm{j}\theta}, & k=N-m \\ 0, & 其他 \end{cases}$，其中 m 为整数，且 $0<m<\dfrac{N}{2}$；

④ $X(k)=\begin{cases} -\dfrac{N}{2}\mathrm{j}\mathrm{e}^{\mathrm{j}\theta}, & k=m \\ \dfrac{N}{2}\mathrm{j}\mathrm{e}^{-\mathrm{j}\theta}, & k=N-m \\ 0, & 其他 \end{cases}$，其中 m 为整数，且 $0<m<\dfrac{N}{2}$。

21. 设有一随机信号谱分析所使用的处理器，该处理器所用的取样点数必须是 2 的整数次幂，并假设没有采用特殊的数据处理措施，要求频率的分辨率 $F\leqslant 5$ Hz，信号的最高频率 $f_{\max}=2.5$ kHz，求：

① 最小记录长度；

② 取样点间的最大时间间隔；

③ 在一个记录中的最少点数。

扫码看视频讲解

22. ① 模拟数据以 10.24 kHz 速率取样，且计算了 1 024 个取样的离散傅里叶变换，求频谱取样之间的频率间隔。

② 以上数据经处理以后又进行了离散傅里叶反变换，离散傅里叶反变换后抽样点的间隔为多少？整个 1 024 点的时宽为多少？

23. 有一个 FFT 处理器用来估算实数信号的频谱，要求指标：

① 频率间的分辨力 $f_1 \leqslant 5$ Hz；

② 信号的最高频率 $f_{max} \leqslant 1.25$ kHz；

③ 点数 N 必须是 2 的整数次方。

试确定：

① 记录长度 T_1；

② 抽样点间的时间间隔 T_s；

③ 一个记录过程的点数 N。

第 6 章思考与练习题答案

第 7 章　离散信号与系统的 z 域分析

7.1　基本知识与重要知识

第 7 章思维导图

7.1.1　z 变换及其性质

1. z 变换的定义

① 定义一：由冲激抽样信号的拉氏变换来定义；常用于自动控制采样系统的分析。

若对一模拟信号作冲激抽样，得到其冲激抽样信号，表示为

$$x_s(t)=x_a(t)\delta_T(t)=\sum_{n=-\infty}^{\infty}x_a(t)\delta(t-nT)$$

对上式等号两边进行(双边)拉氏变换，得

$$X_s(s)=\int_{-\infty}^{\infty}x_s(t)\mathrm{e}^{-st}\mathrm{d}t$$

$$=\int_{-\infty}^{\infty}\left[\sum_{n=-\infty}^{\infty}x_a(t)\delta(t-nT)\right]\mathrm{e}^{-st}\mathrm{d}t$$

将上式中的积分与求和的运算次序对调，然后利用冲激函数的抽样性，可得

$$X_s(s)=\sum_{n=-\infty}^{\infty}\int_{-\infty}^{\infty}[x_a(t)\mathrm{e}^{-st}]\delta(t-nT)\mathrm{d}t$$

$$=\sum_{n=-\infty}^{\infty}x_a(nT)\mathrm{e}^{-snT}$$

对上式引入复变量 $z=\mathrm{e}^{sT}$，得到一个 z 的函数 $X(z)$：

$$X(z)=\sum_{n=-\infty}^{\infty}x_a(nT)z^{-n}X(z)=\sum_{n=-\infty}^{\infty}x_a(nT)z^{-n}$$

对离散时间信号来说，通常令 $T=1$，则上式可直接表示为

$$X(z)=\sum_{n=-\infty}^{\infty}x_a(n)z^{-n}$$

② 定义二：可直接给出数学定义；常用于数字信号处理中。

$$[x(n)]=\sum_{n=-\infty}^{\infty}x(n)z^{-n}$$

上式为双边 z 变换，单边 z 变换则可定义为

$$[x(n)]=\sum_{n=0}^{\infty}x(n)z^{-n}$$

上式是把 z 变换定义为离散信号由时域到 z 域的数学映射，是复变量 $z-1$ 的幂级数，即罗朗级数。z 是一个连续复变量，具有实部分量 $\mathrm{Re}(z)$和虚部分量 $\mathrm{Im}(z)$，所构成的平面为 z 平面。z 也可以用极坐标表示，通常把$|z|=1$ 的所有复变量形成的圆称单位圆。

2. z 变换的收敛域

z 变换是复变量 $z-1$ 的幂级数，一般是无穷级数，只有级数收敛时，z 变换才有意义。与收敛直接相关的是收敛域问题，通常把使级数在 z 平面上收敛的所有点 z_i 的集合称为 z 变换的收敛域(定义域)。

为了使序列和 z 变换是一对一的对应，在给出序列 z 变换的同时，必须指定其收敛域。

根据级数理论，级数收敛的充分条件是级数绝对可和，即级数满足

$$\sum_{n=-\infty}^{\infty} |x(n)z^{-n}| < \infty$$

由上式可知：一般无穷级数收敛的判定已转换为相对应正项级数的收敛判定，通常可以用比值判定法或根值判定法判定正项级数的收敛性，从而求出收敛域。

(1) 计算 z 变换的收敛域

比值判定法：若有一正项级数，设其后项与前项比值的极限为 R，即

$$\lim_{n\to\infty}\left|\frac{a_{n+1}}{a_n}\right| = R$$

则有 $R<1$ 时，级数收敛；$R>1$ 时，级数发散；$R=1$ 时，不定，可能收敛，也可能发散。

根值判定法：对于级数的一般项 a_n，若 $|a_n|$ 的 n 次根的极限为 R，即

$$\lim_{n\to\infty}\sqrt[n]{|a_n|} = R$$

则有 $R<1$ 时，级数收敛；$R>1$ 时，级数发散；$R=1$ 时，不定，可能收敛，也可能发散。

(2) 常见序列 z 变换的收敛域

常见的四种序列分别为有限长序列、右边序列、左边序列和双边序列，表 7-1 所列为常见序列及其收敛域。

表 7-1　常见序列及其收敛域

序　列	边界条件	收敛域
有限长序列 (有始有终序列) ($n_1 \leqslant n \leqslant n_2$)	$n<0$	收敛域不包括 $z=\infty$
	$n>0$	收敛域不包括 $z=0$
	$n_1<0$ 且 $n_2>0$	收敛域上下边界 $n_1<0$ 且 $n_2>0$
右边序列 (有始无终序列) $n_1<n$ 时，$x(n)=0$	$n_1 \geqslant 0$	收敛域为 $R_n<\|z\|\leqslant\infty$
	$n_1<0$	收敛域为 $R_n<\|z\|<\infty$
左边序列 (无始有终序列) $n>n_2$ 时，$x(n)=0$	$n_2>0$	收敛域为 $0<\|z\|<R_m$
	$n_2 \leqslant 0$	收敛域 $\|z\|<R_m$
双边序列 (无始无终序列) $-\infty<n<\infty$	一个左边序列和一个右边序列相加构成	收敛域为圆环形

3. z 变换的性质与典型离散信号的 z 变换

z 变换的性质以及典型离散信号的 z 变换可以直接应用于计算和问题分析过程中，避免

了复杂的求解过程，表 7－2 展示了典型的离散信号的 z 变换表达式及其对应的收敛域。

表 7－2　典型离散信号的 z 变换和收敛域

性质类别	序　列	z 变换	收敛域
线性时移	$ax(n)+by(n)$	$aX(z)+bY(z)$	$\max(R_{xn},R_{yn})<\|z\|<\min(R_{xm},R_{ym})$
	$x(n\pm m)$	$z^{\pm m}X(z)$	$R_{xn}<\|z\|\leqslant R_{xm}$
	$x(n-m)$	$z^{m}X(z)-\sum\limits_{k=0}^{m-1}x(k)z^{m-k}$	
	$x(n+m)$	$z^{-m}X(z)+\sum\limits_{k=-m}^{-1}x(k)z^{-m-k}$	
频移	$a^{n}x(n)$	$x\left(\frac{z}{a}\right)$	$R_{xn}<\left\|\frac{z}{a}\right\|\leqslant R_{xm}$
微分	$nx(n)$	$-z\frac{\mathrm{d}}{\mathrm{d}z}X(z)$	$R_{xn}<\|z\|\leqslant R_{xm}$
共轭	$x^{*}(n)$	$X^{*}(z^{*})$	$R_{xn}<\|z\|\leqslant R_{xm}$
时移卷积	$x(n)*y(n)$	$X(z)Y(z)$	$\max(R_{xn},R_{yn})<\|z\|<\min(R_{xm},R_{ym})$
初值	$x(n)$是因果序列 $x(0)=\lim\limits_{z\to\infty}X(z)$		$R_{xn}<\|z\|$
终值	$x(n)$是因果序列 $x(\infty)=\lim\limits_{z\to 1}(z-1)X(z)$		$\|z\|\geqslant 1$

7.1.2　z 反变换

定义：已知序列 $x(n)$的 z 变换为 $X(z)$，根据 $X(z)$及其收敛域求出所对应序列的运算，称为 z 反变换，记作

$$x(n)=z^{-1}[X(z)]$$

z 反变换通常有围线积分法（留数法）、幂级数展开法（长除法）和部分分式展开法三种求解方法。其中，重点掌握部分分式展开法求解 z 反变换。

1．幂级数展开法

若把已知的 $X(z)$在给定的收敛域内展开成 z 的幂级数之和，则该级数的系数就是序列 $x(n)$的对应项。

通过长除法可将 $X(z)$展成幂级数形式。在进行长除前，应先根据给定的收敛域是圆外域还是圆内域，确定 $x(n)$是右边还是左边序列，才能明确 $X(z)$是按 z 的降幂还是升幂排列来长除。

2．部分分式展开法

部分分式展开法是先将 $X(z)$展开成简单的部分分式之和，这些部分分式由于简单，可以

直接或者通过查表获得各部分分式的反变换，然后相加即可得到序列 $x(n)$。

7.1.3 信号的 z 变换与傅氏变换、拉氏变换的关系

连续信号与离散信号各种变换的关系如图 7.1 所示，公式中响应符号的表示如表 7-3 所列。

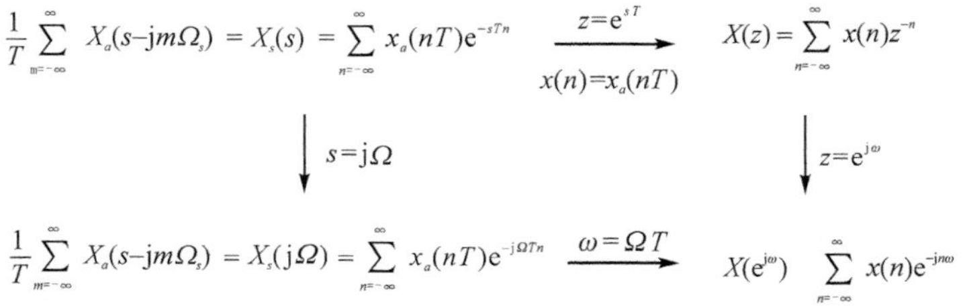

$$\frac{1}{T}\sum_{m=-\infty}^{\infty} X_a(s-\mathrm{j}m\Omega_s) = X_s(s) = \sum_{n=-\infty}^{\infty} x_a(nT)\mathrm{e}^{-sTn} \xrightarrow[x(n)=x_a(nT)]{z=\mathrm{e}^{sT}} X(z)=\sum_{n=-\infty}^{\infty} x(n)z^{-n}$$

$$\downarrow s=\mathrm{j}\Omega \qquad\qquad \downarrow z=\mathrm{e}^{\mathrm{j}\omega}$$

$$\frac{1}{T}\sum_{m=-\infty}^{\infty} X_a(s-\mathrm{j}m\Omega_s) = X_s(\mathrm{j}\Omega) = \sum_{n=-\infty}^{\infty} x_a(nT)\mathrm{e}^{-\mathrm{j}\Omega Tn} \xrightarrow{\omega=\Omega T} X(\mathrm{e}^{\mathrm{j}\omega}) \quad \sum_{n=-\infty}^{\infty} x(n)\mathrm{e}^{-\mathrm{j}n\omega}$$

图 7.1 各种变换之间的关系图

表 7-3 图 7.1 中公式的符号表示

类　别	连续信号	冲激抽样信号	序　列
信号的时域表示	$x_a(t)$	$x_s(t)$	$x(n)$
拉氏变换(z 变换)	$X_a(s)$	$X_s(s)$	$X(z)$
傅氏变换	$X_a(\mathrm{j}\Omega)$	$X_s(\mathrm{j}\Omega)$	$X_s(\mathrm{e}^{\mathrm{j}\omega})$

基于图 7.1，整理得到表 7-4 所列的各种信号变换的基本关系。

表 7-4 信号变换的基本关系

信号变换	表达式	基本关系描述
冲激抽样信号的拉氏变换 $X_s(s)$ 与连续信号的拉氏变换 $X_a(s)$	$X_s(s) = \sum_{n=-\infty}^{\infty} x_a(nT)\mathrm{e}^{-sTn} = \frac{1}{T}\sum_{m=-\infty}^{\infty} X_a(s-\mathrm{j}m\Omega_s)$	冲激抽样信号的拉氏变换 $X_a(s)$ 是连续信号 $X_s(s)$ 在 s 平面上沿虚轴的周期延拓，延拓周期为采样角频率 Ω_s
冲激抽样信号的拉氏变换 $X_s(s)$ 与抽样序列的 z 变换 $X(z)$	$X(z)=X_s(s)\big\|_{z=\mathrm{e}^{sT}}$	z 与 s 变量之间的映射关系为 $z=\mathrm{e}^{sT}$；z 变换可以看成冲激抽样信号的拉氏变换由 s 平面映射到 z 平面的变换
冲激抽样信号的拉氏变换 $X_s(s)$ 与傅氏变换 $X_s(\mathrm{j}\Omega)$	$X_s(s)\big\|_{s=\mathrm{j}\Omega}=X_s(\mathrm{j}\Omega)$ $s=\sigma+\mathrm{j}\Omega$	冲激抽样信号傅氏变换的指数级数的形式，以及连续时间信号的傅里叶变换 $X_a(\mathrm{j}\Omega)$ 的周期延拓形式，对冲激抽样信号而言是等价的
冲激抽样信号傅氏变换的指数形式与相应抽样序列傅氏变换	$X_s(\mathrm{j}\Omega) = \sum_{n=-\infty}^{\infty} x_a(nT)\mathrm{e}^{-\mathrm{j}\Omega Tn} = \frac{1}{T}\sum_{m=-\infty}^{\infty} X_a(\mathrm{j}\Omega-\mathrm{j}m\Omega_s)$	冲激抽样信号与相应的抽样序列之间，在响应频率点 $\omega=\Omega T$ 上的频谱值相等

续表 7-4

信号变换	表达式	基本关系描述
序列 z 变换 $X(z)$ 与序列傅里叶变换 $X(e^{j\omega})$	$X(z)\big\|_{z=e^{j\omega}}=X(e^{j\omega})$	序列的傅里叶变换 $X(e^{j\omega})$ 为 $X(z)$ 在单位圆上的特例

7.1.4　离散系统的 z 域变换

z 域分析方法是利用 z 变换的时移特性，将时域表示的差分方程变换为 z 域表示的代数方程，使求解分析大为简化。需要熟练利用时移特性求解系统函数以及掌握部分分式展开法求解离散系统的系统响应。

1. 离散系统的系统函数与差分方程

系统函数描述了系统输入输出间的传输关系，并由它能方便地求出系统的单位抽样响应、差分方程、频率响应等系统的重要特性，同时根据它的收敛域及零极点分布可以判断系统的因果性和稳定性，因此对于离散系统的分析与综合有着重要意义。

线性非时变系统可用差分方程来描述，即

$$b_0y(n)+b_1y(n-1)+\cdots+b_Ny(n-N)=a_0x(n)+a_1x(n-1)+\cdots+a_Mx(n-M)$$

当系统处于零状态下，对上式等号两边取 z 变换并利用 z 变换的位移特性可得

$$H(z)=\frac{Y(z)}{X(z)}=\frac{\sum_{r=0}^{M}a_rz^{-r}}{\sum_{k=0}^{N}b_kz^{-k}}$$

① 若 $1<r\leqslant M, a_r=0$，即只有 $a_0\neq0$ 时，

$$H(z)=\frac{a_0}{\sum_{k=0}^{N}b_kz^{-k}}$$

系统只含有 N 个极点，无有限零点，其值取决于系数 b_k，称为全极型系统，记为 AR (Auto - Regresssive) 模型。这种系统的单位抽样响应为无限长序列，习惯上称为无限冲激响应(IIR)离散系统，在信号处理中作为一种典型的数字滤波器。

② 当 $1\leqslant k\leqslant N, b_k=0$，即只有 $b_0\neq0$ 时，

$$H(z)=\frac{1}{b_0}\sum_{r=0}^{M}a_rz^{-r}$$

系统只含有 M 个零点，无有限极点，其值取决于系数 a_r，称为全零型系统，记为 MA(Moving Average)模型。这种系统的单位抽样响应为有限长序列，习惯上称为有限冲激响应(FIR)离散系统，在信号处理中也是一种典型的数字滤波器。

③ 系统同时具有零点和极点，称为极-零型系统，记为 ARMA(Auto - Regressive Moving Average)模型，也称为自回归滑动平均模型。

2. 系统函数 $H(z)$ 与系统单位抽样响应 $h(n)$

系统函数 $H(z)$ 与系统单位抽样响应 $h(n)$ 是一对 z 变换，如果需要求 $h(n)$，则通过求解 $H(z)$ 的反变换是最方便的。

3. 线性时不变离散系统因果稳定的 z 域条件

系统函数 $H(z)$的收敛域必须是圆外域(包括单位圆和无穷远点),并且所有极点必须在单位圆内。

4. 离散系统的频率响应

系统函数 $H(z)$在单位圆上的取值,就是离散系统的频率响应,表示为

$$H(z)\Big|_{z=e^{j\omega}}=H(e^{j\omega})$$

离散系统的频率响应有下列性质:

① 它是输出、输入序列的傅里叶变换之比;

② 它与差分方程的系数(系统参数)有关;

③ 频率响应 $H(e^{j\omega})$是系统单位抽样响应 $h(n)$在单位圆上的 z 变换,即 $h(n)$的傅里叶变换。

当离散系统输入为正弦序列时,稳态响应也是同频率的正弦序列,其幅度和相位的变化将取决于系统的频率响应 $H(e^{j\omega})$。

$$x(n)=A\sin(n\omega+\theta_1)$$

$$y(n)=B\sin(n\omega+\theta_2)$$

$$\frac{B}{A}=|H(e^{j\omega})|$$

$$\theta_2-\theta_1=\phi(\omega)$$

输入的正弦序列通过系统后,其幅度衰减程度取决于幅频响应$|H(e^{j\omega})|$的值,而相移则取决于相频响应 $\phi(\omega)$的值。

7.2 学习要求

① 理解 z 变换及 z 域分析在离散序列时域分析中的作用。

② 理解连续信号与离散信号各种变换的关系。

③ 掌握 z 变换定义与性质。

④ 熟练掌握部分分式展开法解 z 反变换。

⑤ 熟练掌握因果稳定系统的 z 域条件。

⑥ 熟练掌握离散系统的系统函数及频率响应。

7.3 重点和难点提示

7.3.1 z 变换的定义、收敛域、典型离散信号的 z 变换

(1) 定义

z 变换含有两种定义方法,分别为“由冲激抽样信号的拉氏变换定义”和“直接定义”。

(2) 收敛域

两个不同的序列可以对应相同的 z 变换,而收敛域并不同。因此,为了使序列和 z 变换

不存在多义性，在给出序列 z 变换的同时，必须指定其收敛域；收敛域的求解一般采用比值判定法和根值判定法；熟练掌握四种基本序列的收敛域。

（3）离散信号的 z 变换

熟练掌握典型离散时间序列的 z 变换；由于在对离散时间信号的分析和处理中，常常要对序列进行相加、相乘、延时和卷积等运算，掌握 z 变换的性质对于简化计算很有帮助。

7.3.2　常见序列的 z 反变换以及 z 反变换的计算方法

熟练掌握常见序列的 z 反变换；了解 z 反变换的常见方法，包括围线积分法、幂级数展开法；熟练掌握部分分式展开法求解序列的 z 反变换。利用 z 变换对照表以及 z 变换的性质，可以求得几乎任何具有工程意义的信号的 z 正变换和反变换。

7.3.3　傅里叶变换、拉普拉斯变换与 z 变换的关系

掌握各种变换之间的关系，有助于理解本书所有知识内容和框架，其具体关系如图 7.1 所示。在各种信号之间，冲激抽样信号是沟通连续和离散信号两者的桥梁，它的各种变换是其他信号变换关系的纽带。

7.3.4　离散系统的 z 域分析

（1）因果稳定系统的 z 域条件

本章 z 变换的收敛域计算尤为关键，其贯穿于整个第 7 章的内容包括 z 变换、z 反变换、因果稳定系统的 z 域条件等。离散系统因果稳定的 z 域条件：系统函数的收敛域必须是圆外域（包括单位圆和无穷远点），并且所有极点必须在单位圆内。其中 z 变换收敛域判断包括比值判定法和根值判定法两种。

（2）离散系统的特性分析

熟练掌握根据系统差分方程分析离散系统的基本特性，包括幅频响应和相频响应。

7.4　习题精解

1. 已知因果系统的差分方程为 $y(n)+y(n-1)+\left(\frac{1}{4}-b\right)y(n-2)=x(n)$，求：

① 已知该系统是稳定的，求 b 的取值范围；

② 当输入 $x(n)=2^n$ 时，输出 $y(n)=\frac{1}{6}\times 2^n$，确定 b 并求出该系统的冲激响应。

扫码看习题 1 讲解

2. 已知某离散时间因果 LTI 实系统的以下信息：

a. 其系统函数 $H(z)=\sum_{n=0}^{2}h(z)z^{-n}$ 且 $H(z)=z^{-2}H(z^{-1})$；

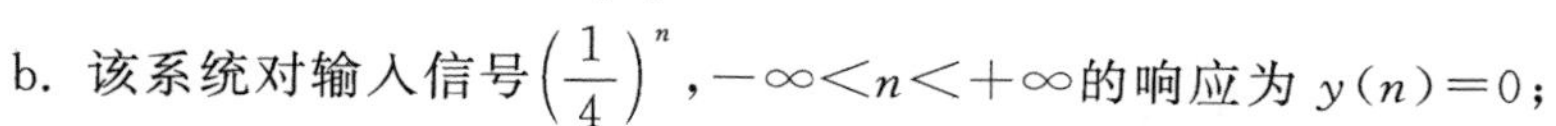

b. 该系统对输入信号 $\left(\frac{1}{4}\right)^n$，$-\infty<n<+\infty$ 的响应为 $y(n)=0$；

扫码看习题 2 讲解

c. $\lim\limits_{z\to\infty}H(z)=1$。

① 求该系统的单位冲激响应 $h(n)$ 的表达式；

② 若输入信号 $x(n)=\left(\frac{1}{4}\right)^n u(n)$，求该系统的零状态响应；

③ 请解释是否可以设计一个该系统的因果逆系统。

3. 已知某序列 z 变换的收敛域为 $3<|z|<5$，则该序列为(D)。

A. 有限长序列　　B. 右边序列　　C. 左边序列　　D. 双边序列

4. 求以下序列的 z 变换，并作零、极点图：

① $x_1(n)=a^{|n|}, 0<|a|<1$；

② $x_2(n)=Ar^n\cos(\omega_0 n+\varphi)u(n), 0<r<1$。

解： ① $x_1(n)=a^{|n|}, 0<|a|<1$

$$X_1(z)=\sum_{n=-\infty}^{-1}a^{-n}z^{-n}+\sum_{n=0}^{\infty}a^n z^{-n}$$

$$=-1+\frac{1}{1-az}+\frac{1}{1-az^{-1}}$$

$$=\frac{z(1-a^2)}{(1-az)(z-a)},\quad |a|<|z|<|1/a|$$

取 $a=0.8$，则

$$X_1(z)=\frac{z(1-a^2)}{(1-az)(z-a)}=\frac{0.36z}{-0.8+1.64z-0.8z^2}$$

零、极点图如图 7.2 所示。

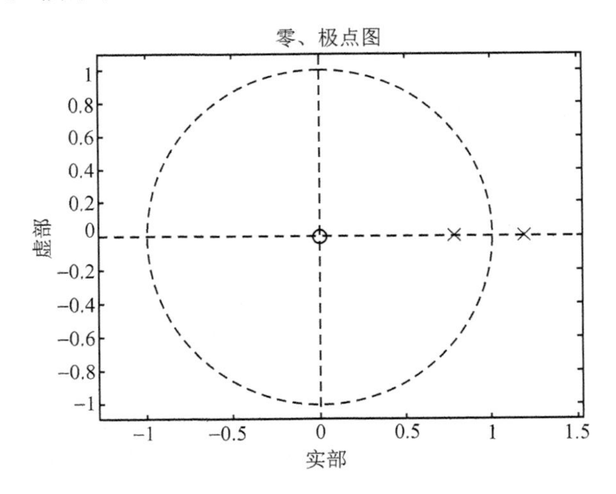

图 7.2　习题 4 图 1

② $x_2(n)=Ar^n\cos(\omega_0 n+\varphi)u(n), 0<r<1$

$$X_2(z)=\sum_{n=0}^{\infty}Ar^n\cos(\omega_0 n+\varphi)z^{-n}$$

$$=\sum_{n=0}^{\infty}Ar^n\,\frac{\mathrm{e}^{\mathrm{j}(\omega_0 n+\varphi)}+\mathrm{e}^{-\mathrm{j}(\omega_0 n+\varphi)}}{2}z^{-n}$$

$$=\sum_{n=0}^{\infty}A\ \frac{e^{j\varphi}}{2}(re^{j\omega_0}z^{-1})^n+\sum_{n=0}^{\infty}A\ \frac{e^{-j\varphi}}{2}(re^{-j\omega_0}z^{-1})^n$$

$$=A\ \frac{e^{j\varphi}}{2}\cdot\frac{1}{1-re^{j\omega_0}z^{-1}}+A\ \frac{e^{-j\varphi}}{2}\cdot\frac{1}{1-re^{-j\omega_0}z^{-1}}$$

$$=\frac{A\left[\cos\varphi-rz^{-1}\cos(\omega_0-\varphi)\right]}{1-2rz^{-1}\cos\omega_0+r^2z^{-2}},\quad |z|>r$$

极点 $z_1=re^{j\omega},z_2=re^{-j\omega_0}$；零点 $z_1=\dfrac{r\cos(\omega_0-\varphi)}{\cos\varphi},z_2=0$。

取 $A=2,r=0.8,\omega_0=\pi/3,\varphi=\pi/4$，则

$$X_2(z)=\frac{2\left[0.707-0.8z^{-1}\cos 15°\right]}{1-2rz^{-1}\cos\omega_0+r^2z^{-2}}=\frac{1.414-1.545\,5z^{-1}}{1-0.8z^{-1}+0.64z^{-2}}$$

零、极点图如图 7.3 所示。

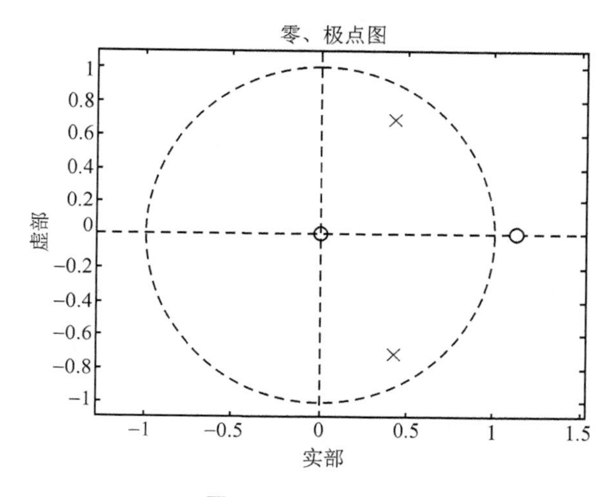

图 7.3　习题 4 图 2

5. 已知 $X(z)$，求 $x(n)$：

① $X_3(z)=\dfrac{1-\frac{1}{2}z^{-1}}{1+\frac{3}{4}z^{-1}+\frac{1}{8}z^{-2}},|z|>1/2$；

② $X_4(z)==\dfrac{1-\frac{1}{2}z^{-1}}{1-\frac{1}{4}z^{-2}},|z|>1/2$。

解：①

$$X_3(z)=\frac{1-\frac{1}{2}z^{-1}}{1+\frac{3}{4}z^{-1}+\frac{1}{8}z^{-2}}=\frac{4}{1+\frac{1}{2}z^{-1}}-\frac{3}{1+\frac{1}{4}z^{-1}}$$

$$x_3(n)=\left[4\left(-\frac{1}{2}\right)^n-3\left(-\frac{1}{4}\right)^n\right]u(n)$$

② $$X_4(z)=\frac{1-\frac{1}{2}z^{-1}}{\left(1-\frac{1}{2}z^{-1}\right)\left(1+\frac{1}{2}z^{-1}\right)}=\frac{1}{1+\frac{1}{2}z^{-1}}\leftrightarrow x_4(n)=\left(-\frac{1}{2}\right)^n u(n)$$

6. 线性非时变系统差分方程为 $y(n-1)-\frac{5}{2}y(n)+y(n+1)=x(n)$。该系统是否稳定？是否因果？求系统单位抽样响应 $h(n)$的 3 种可能选择方案。

解: $$H(z)=\frac{Y(z)}{X(z)}=\frac{1}{z^{-1}-\frac{5}{2}+z}=\frac{z}{(z-2)\left(z-\frac{1}{2}\right)}$$

$$=\frac{2}{3}\left[\frac{z}{z-2}-\frac{z}{z-\frac{1}{2}}\right]$$

系统单位取样响应 $h(n)$有 3 种可能选择方案：

① $|z|>2$,系统因果、非稳定。

$$h(n)=\frac{2}{3}[2^n-2^{-n}]u(n)$$

② $1/2<|z|<2$,系统非因果、稳定。

$$h(n)=-\frac{2}{3}[2^n u(-n-1)-(1/2)^n u(n)]$$

③ $|z|<1/2$,系统非因果、非稳定。

$$h(n)=-\frac{2}{3}[2^n-2^{-n}]u(-n-1)$$

7. 已知下列各 $x(n)$,$y(n)$,用直接卷积、z 变换求 $f(n)=x(n)*y(n)$：

① $x(n)=a^n u(n)$,$y(n)=b^n u(-n)$；

② $x(n)=a^n u(n)$,$y(n)=\delta(n-2)$。

解: ① $x(n)=a^n u(n)$,$y(n)=b^n u(-n)$。

直接卷积求 $f(n)=x(n)*y(n)$：

$$f(n)=\sum_{m=0}^{\infty}a^m b^{n-m}=b^n\sum_{m=0}^{\infty}\left(\frac{a}{b}\right)^m$$

$$=b^n\left[1+\frac{a}{b}+\left(\frac{a}{b}\right)^2+\cdots\right]=b^n\left[\frac{1}{1-(a/b)}\right]=\frac{b}{b-a}b^n,\quad n<0$$

$$f(n)=\sum_{m=n}^{\infty}a^m b^{n-m}=b^n\sum_{m=n}^{\infty}\left(\frac{a}{b}\right)^m$$

$$=b^n(a/b)^n\left[1+\frac{a}{b}+\left(\frac{a}{b}\right)^2+\cdots\right]$$

$$=b^n\left(\frac{a}{b}\right)^n\left[\frac{1}{1-(a/b)}\right]=\frac{b}{b-a}a^n,\quad n\geqslant 0$$

用 z 变换求 $f(n)=x(n)*y(n)$：

$$x(n)=a^n u(n)\leftrightarrow\frac{z}{z-a},\quad |z|>|a|$$

$$y(n)=b^n u(-n)\leftrightarrow \frac{-b}{z-b},\quad |z|<|b|$$

$$F(z)=X(z)Y(z)=\frac{-bz}{(z-a)(z-b)}$$

$$=\frac{b}{b-a}\cdot\frac{z}{z-a}-\frac{b}{b-a}\cdot\frac{z}{z-b},\quad |a|<|z|<|b|$$

$$f(n)=\frac{b}{b-a}a^n u(n)+\frac{b}{b-a}b^n u(-n-1)$$

② $x(n)=a^n u(n), y(n)=\delta(n-2)$。

直接卷积求 $f(n)=x(n)*y(n)$：

$$f(n)=x(n)*y(n)=a^{n-2}u(n-2)$$

用 z 变换求 $f(n)=x(n)*y(n)$：

$$F(z)=X(z)Y(z)=\frac{z^{-1}}{(z-a)}\leftrightarrow a^{n-2}u(n-2)$$

8. 若 $x(n)$、$y(n)$ 为稳定因果实序列，求证：

$$\frac{1}{2\pi}\int_{-\pi}^{\pi}X(e^{j\omega})Y(e^{j\omega})d\omega=\left[\frac{1}{2\pi}\int_{-\pi}^{\pi}X(e^{j\omega})d\omega\right]\left[\frac{1}{2\pi}\int_{-\pi}^{\pi}Y(e^{j\omega})d\omega\right]$$

证明：令 $X(e^{j\omega})Y(e^{j\omega})=F(e^{j\omega})\leftrightarrow f(n)$，又 $e^{jn\omega}|_{n=0}=1$，故

$$f(n)=\frac{1}{2\pi}\int_{-\pi}^{\pi}X(e^{j\omega})Y(e^{j\omega})e^{jn\omega}d\omega=x(n)*y(n)$$

$$f(0)=\frac{1}{2\pi}\int_{-\pi}^{\pi}X(e^{j\omega})Y(e^{j\omega})[e^{jn\omega}]\Big|_{n=0}d\omega=\frac{1}{2\pi}\int_{-\pi}^{\pi}X(e^{j\omega})Y(e^{j\omega})d\omega$$

同理

$$x(n)=\frac{1}{2\pi}\int_{-\pi}^{\pi}X(e^{j\omega})e^{jn\omega}d\omega,\quad x(0)=\frac{1}{2\pi}\int_{-\pi}^{\pi}X(e^{j\omega})d\omega$$

$$y(n)=\frac{1}{2\pi}\int_{-\pi}^{\pi}Y(e^{j\omega})e^{jn\omega}d\omega,\quad y(0)=\frac{1}{2\pi}\int_{-\pi}^{\pi}Y(e^{j\omega})d\omega$$

$$f(0)=\frac{1}{2\pi}\int_{-\pi}^{\pi}X(e^{j\omega})Y(e^{j\omega})d\omega=\left[\sum_{m=-\infty}^{\infty}x(m)y(n-m)\right]\Big|_{n=0}$$

$$=\sum_{m=-\infty}^{\infty}x(m)y(-m)$$

当 $x(n)$、$y(n)$ 为稳定、因果实序列时，$x(m)$ 与 $y(-m)$ 只有一点重叠，即

$$f(0)=\frac{1}{2\pi}\int_{-\pi}^{\pi}X(e^{j\omega})Y(e^{j\omega})d\omega=\sum_{m=0}^{\infty}x(m)y(-m)=x(0)y(0)$$

$$=\left[\frac{1}{2\pi}\int_{-\pi}^{\pi}X(e^{j\omega})d\omega\right]\left[\frac{1}{2\pi}\int_{-\pi}^{\pi}Y(e^{j\omega})d\omega\right]$$

9. 一因果线性非时变系统由下列差分方程描述：

$$y(n)-ay(n-1)=x(n)-bx(n-1)$$

式中，$b\neq a$。试确定能使该系统为全通系统的 b 值。

解：对该差分方程取傅里叶变换，得

$$Y(e^{j\omega})-ae^{-j\omega}Y(e^{j\omega})=X(e^{j\omega})-be^{-j\omega}X(e^{j\omega})$$

$$H(e^{j\omega})=\frac{Y(e^{j\omega})}{X(e^{j\omega})}=\frac{1-be^{-j\omega}}{1-ae^{-j\omega}}$$

而
$$|H(e^{j\omega})|^2=\frac{(1-be^{-j\omega})(1-b^*e^{j\omega})}{(1-ae^{-j\omega})(1-a^*e^{j\omega})}=\frac{1-be^{-j\omega}-b^*e^{j\omega}+|b|^2}{1-ae^{-j\omega}-a^*e^{j\omega}+|a|^2}$$
$$=|b|^2\frac{1/|b|^2-(1/b^*)e^{-j\omega}-(1/b)e^{j\omega}+1}{1-ae^{-j\omega}-a^*e^{j\omega}+|a|^2}$$

可得 $a=1/b^*$，此时 $|H(e^{j\omega})|^2=|b|^2$，频率响应的模为常数。

10. 若序列 $h(n)$ 为实因果序列，其傅里叶变换的实部为 $H_R(e^{j\omega})=1+\cos\omega$，求序列 $h(n)$ 及其傅里叶变换 $H(e^{j\omega})$。

解： 因为 $H_R(e^{j\omega})=1+\cos\omega=1+\frac{1}{2}e^{j\omega}+\frac{1}{2}e^{-j\omega}=\sum\limits_{n=-\infty}^{\infty}h_e(n)e^{-jn\omega}$

$$h_e(n)=\begin{cases}1/2, & n=-1\\ 1, & n=0\\ 1/2, & n=1\end{cases}=\frac{1}{2}[\delta(n+1)+2\delta(n)+\delta(n-1)]$$

$$h(n)=\begin{cases}0, & n<0\\ h_e(n), & n=0\\ 2h_e(n), & n>0\end{cases}=\begin{cases}1, & n=0\\ 1, & n=1\\ 0, & 其他\end{cases}$$

所以
$$h(n)=\delta(n)+\delta(n-1),\ H(e^{j\omega})=1+e^{-j\omega}=2e^{-j\omega/2}\cos(\omega/2)$$

11. 试证：当 $x(n)$ 为实序列且具有偶或奇对称时，即 $x(n)=x(-n)$ 或 $x(n)=-x(-n)$ 时，频谱具有线性相位。

证明： ① $x(n)$ 具有偶对称时

$$X(e^{j\omega})=\sum_{n=-\infty}^{\infty}x(n)e^{-jn\omega}=\sum_{n=-\infty}^{-1}x(n)e^{-jn\omega}+x(0)+\sum_{n=1}^{\infty}x(n)e^{-jn\omega}$$
$$=\sum_{n=1}^{\infty}x(-n)e^{jn\omega}+x(0)+\sum_{n=1}^{\infty}x(n)e^{-jn\omega}$$
$$=x(0)+\sum_{n=1}^{\infty}x(n)(e^{jn\omega}+e^{-jn\omega})$$
$$=x(0)+2\sum_{n=1}^{\infty}x(n)\cos n\omega$$

$X(e^{j\omega})$ 相位为 0 或 π，频谱为线性相位。

② $x(n)$ 具有奇对称时

$$X(e^{j\omega})=\sum_{n=-\infty}^{\infty}x(n)e^{-jn\omega}=\sum_{n=-\infty}^{-1}x(n)e^{-jn\omega}+\sum_{n=1}^{\infty}x(n)e^{-jn\omega}$$
$$=\sum_{n=1}^{\infty}x(-n)e^{jn\omega}+\sum_{n=1}^{\infty}x(n)e^{-jn\omega}$$
$$=\sum_{n=1}^{\infty}x(n)(-e^{jn\omega}+e^{-jn\omega})$$
$$=2j\sum_{n=1}^{\infty}x(n)\sin n\omega$$

$X(e^{j\omega})$相位为$\pm\pi/2$,频谱为线性相位。

12. 已知某离散线性非时变系统的差分方程为 $2y(n)-3y(n-1)+y(n-2)=x(n-1)$,且 $x(n)=2^n u(n)$,$y(0)=1$,$y(1)=1$,求输出 $y(n)$。

解: 由给定初始条件及差分方程求出所需初始条件：把 $n=1$ 代入原差分方程 $2y(1)-3y(0)+y(-1)=x(0)$,解出 $y(-1)=2$;把 $n=0$ 代入原差分方程 $2y(0)-3y(-1)+y(-2)=x(-1)$,解出 $y(-2)=4$。

对原差分方程 $2y(n)-3y(n-1)+y(n-2)=x(n-1)$等号两边取变换：

$$2Y(z)-3[z^{-1}Y(z)+y(-1)]+[z^{-2}Y(z)+z^{-1}y(-1)+y(-2)]=z^{-1}X(z)$$

$$(2z^2-3z+1)Y(z)=z\,X(z)+2z^2-2z=\frac{z^2}{z-2}+2z^2-2z$$

$$=\frac{z^2+(2z^2-2z)(z-2)}{z-2}$$

$$Y(z)=\frac{2z^3-5z^2+4z}{2(z-2)(z-1)(z-1/2)}=\frac{z^3-\frac{5}{2}z^2+2z}{(z-2)(z-1)(z-1/2)}$$

$$=\frac{2}{3}\frac{z}{(z-2)}-\frac{z}{(z-1)}+\frac{4}{3}\frac{z}{(z-1/2)}$$

$$y(n)=\frac{2}{3}\times 2^n-1+\frac{4}{3}\times\left(\frac{1}{2}\right)^n,\quad n\geqslant 0$$

13. 已知因果序列 $f(n)$的单边 z 变换如下：

$$F(z)=\frac{z^2+z+1}{z^2-1}$$

求其初值 $f(0_+)$与终值 $f(\infty)$。

解: $f(0_+)=\lim\limits_{z\to\infty}F(z)=\lim\limits_{z\to\infty}\dfrac{z^2+z+1}{z^2-1}$

$$=\lim_{z\to\infty}\frac{1+\frac{1}{z}+\frac{1}{z^2}}{1-\frac{1}{z^2}}=1$$

因为有极点-1在单位圆上,所以 $f(\infty)$不存在。

14. 已知某系统的差分方程为 $y(n)-5y(n-1)+6y(n-2)=x(n)-3x(n-2)$,求系统函数 $H(z)$,单位冲激响应 $h(n)$和单位阶跃响应 $s(n)$。

解:

$$H(z)=\frac{1-3z^{-2}}{1-5z^{-1}+6z^{-2}}=\frac{z^2-3}{z^2-5z+6}$$

$$\frac{H(z)}{z}=\frac{z^2-3}{z(z^2-5z+6)}=\frac{z^2-3}{z(z-2)(z-3)}$$

通过因式分解,可得

$$\frac{H(z)}{z}=\frac{-0.5}{z}+\frac{-0.5}{z-2}+\frac{2}{z-3}$$

即

$$H(z)=-\frac{1}{2}-\frac{1}{2}\frac{z}{z-2}+\frac{2z}{z-3}$$

$$h(n)=-\frac{1}{2}\delta(n)-\left(\frac{1}{2}\cdot 2^n-2\cdot 3^n\right)u(n)=-\frac{1}{2}\delta(n)-(2^{n-1}-2\cdot 3^n)u(n)$$

$$\begin{aligned}s(n)&=\sum_{m=0}^{n}h(m)u(n)\\&=\sum_{m=0}^{n}\left[-\frac{1}{2}\delta(m)-\left(\frac{1}{2}\times 2^m-2\times 3^m\right)\right]u(n)\\&=\left[\frac{-1}{2}-\frac{1}{2}\frac{1-2^{n+1}}{1-2}+2\frac{1-3^{n+1}}{1-3}\right]u(n)\\&=(-1-2^n+3^{n+1})u(n)\end{aligned}$$

15\. 如图 7.4 所示离散系统 $f(k)=2\cos\left(\frac{k\pi}{6}\right)$：

① 试求出该系统函数 $H(z)$；

② 试求出其幅频和相频特性；

③ 试求当 $N=6$，且输入 $f(k)=2\cos\left(\frac{k\pi}{6}\right)$时，系统输出 $y(k)$。

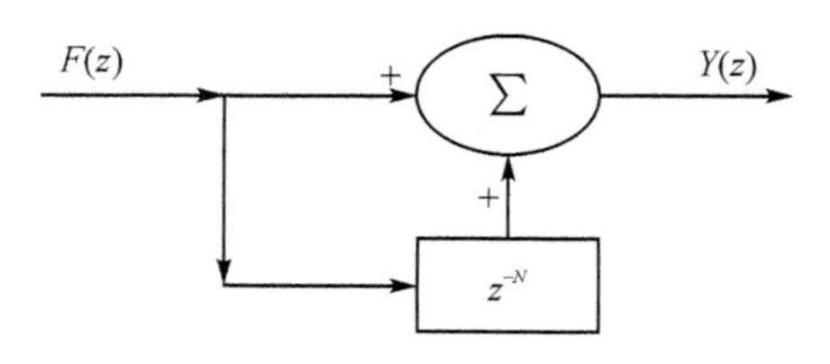

图 7.4　习题 15 图

解：① 根据系统框图得

$$Y(z)=(1+z^{-N})F(z)$$

有

$$H(z)=\frac{Y(z)}{F(z)}=(1+z^{-N})F(z)$$

② 系统频率响应

$$H(e^{j\theta})=(1+e^{-jN\theta})=1+\cos N\theta-j\sin N\theta$$

幅频特性：

$$|H(e^{j\theta})|=\sqrt{(1+\cos\theta)^2+\sin^2\theta}=\sqrt{2(1+\cos 6\theta)}$$

相频特性：

$$\varphi(\theta)=\arctan\frac{-\sin N\theta}{1+\cos\theta}$$

③ 当 $N=6$ 时，$|H(e^{j\theta})|=\sqrt{2(1+\cos 6\theta)}$，$f(k)=2\cos\left(\frac{k\pi}{6}\right)$，$\theta=\frac{\pi}{6}$。则 $|H(e^{j\theta})|=\sqrt{2(1+\cos 6\theta)}=0$，系统输出 $y(k)=0$。

7.5　思考与练习题

1. 请叙述并证明 z 变换的卷积定理。

2. 利用离散卷积式证明因果系统的充要条件是其单位抽样响应 $h(n)=0, n<0$。

3. 请采用 z 变换的方式计算 $f(n)=x(n)*y(n)$，其中 $x(n)=a^n u(n)$，$y(n)=u(n-1)$。

4. 已知某系统函数为 $H(z)=\dfrac{z^2}{(z-1)(z-0.5)}$，$y(-1)=2$，$y(-2)=-0.5$，$x(n)=2^n u(n)$，求系统的零输入响应、零状态响应和全响应。

5. 已知一个单位冲激响应为 $h(n)$，有理系统函数为 $H(z)$ 的因果稳定系统，假设已知 $H(z)$ 有一个极点在 $z=1/2$，并在单位圆的某个地方存在一个零点，其余零点和极点的真正数量和位置均未知。试对下面每一种说法进行判断，能否肯定地说是对的还是错的，或者由于条件不充分难以评判：

① $\mathcal{F}\left\{\left(\dfrac{1}{2}\right)^n h(n)\right\}$ 收敛；

② 对某一 ω 有 $H(\mathrm{e}^{\mathrm{j}\omega})=0$；

③ $h(n)$ 为有限长；

④ $h(n)$ 是实序列。

6. 线性非时变因果系统差分方程为 $y(n)=y(n-1)+y(n-2)+x(n-1)$，求：

① $H(z)$，并画零、极点图及收敛区；

② 系统的单位取样响应 $h(n)$（非稳定的）；

③ 满足上述差分方程的一个稳定的（但非因果）系统的单位取样响应 $h(n)$。

7. 已知某系统的差分方程为 $y(n)-5y(n-1)+6y(n-2)=x(n)-3x(n-2)$。求系统函数 $H(z)$，单位冲激响应 $h(n)$ 和单位阶跃响应 $s(n)$。

8. 用计算机对测量随机数据 $x(n)$ 进行平均处理，当收到一个测量数据后，计算机就把这一次输入数据与前三次输入数据进行平均，试求这一运算过程的频率响应。

9. 已知系统函数 $H(z)=\dfrac{z}{z-k}$，k 为常数：

① 写出对应的差分方程；

② 画出系统结构图；

③ 求系统的频率响应。

第 7 章思考与练习题答案

第8章　滤波器分析与设计

8.1　基本知识与重要知识

第8章思维导图

8.1.1　滤波器的理想特性与实际特性

重点了解模拟滤波器的基本概念，获得或提取有用信号的装置。重点掌握信号通过线性系统无失真传输的条件——需满足常数幅频并且线性相频的频响特性。了解滤波器的理想特性与实际特性。理想特性要求通带内频响特性应满足无失真传输的条件，并且阻带能完全抑制无用信号，但是这种理想滤波器的单位冲激响应是非因果的，物理不可实现的。因此，物理上可以实现的实际滤波器特性只能是对理想特性的逼近。熟练掌握滤波器的幅频、相频特性指标的定义，通带与阻带边界频率处的幅频响应要求。

8.1.2　模拟滤波器的基本原理

模拟滤波器处理的输入、输出信号均为模拟信号，为线性时不变模拟系统。模拟滤波器的设计一般包括两个方面，首先是根据设计的技术指标来确定滤波器的传递函数，其次是设计实际网络实现这一传递函数。幅度特性$|H(\mathrm{j}\Omega)|$一般不是有理函数，给设计和实现造成了不便。$H(s)$一般为实系数的有理函数，幅度平方函数$A(\Omega^2)$则是以Ω^2为变量的有理函数，并且，$A(\Omega^2)=A(-s^2)=H(s)H(-s)$。因此，通常用幅度平方函数$A(\Omega^2)$来确定传递函数$H(s)$。对于$A(-s^2)$零、极点分配，为了滤波器稳定，$s$平面左半平面的极点属于$H(s)$，为了获得最小相移的传递函数，$s$平面左半平面的零点也分配给$H(s)$。在了解到模拟滤波器设计的一般方法之后，掌握通过幅度平方函数$A(\Omega^2)$来确定传递函数$H(s)$的方法。

8.1.3　模拟滤波器的设计

熟练掌握巴特沃斯滤波器、切比雪夫滤波器的特点及幅度平方函数，并利用巴特沃斯滤波器、切比雪夫滤波器设计方法计算出模拟滤波器的传递函数。

1. 巴特沃斯滤波器设计

重点掌握巴特沃斯滤波器的基本概念、幅度平方函数的特点。在$\Omega=0$附近的低频范围，巴特沃斯滤波器具有最大平坦幅度特性，取任意阶次n，其带宽都相等，即幅度平方函数均下降1/2，即带宽为3 dB带宽，极点成等角度分布在以$|s|=\Omega_c$为半径的圆周上，这个圆称为巴特沃斯圆。熟练掌握巴特沃斯滤波器传递函数的计算方法。注意，在查表时所得到的是归一化频率的传递函数，即表中的s必须在实际使用的表达式中代之以s/Ω_c，相对归一化而言，这种方法称为去归一化。巴特沃斯滤波器设计步骤总结如下：

① 由Ω_p、Ω_z、α_p、α_z求解滤波器阶数N与Ω_c。

② 由N查表得归一化系统函数。

③ 确定 Ω_c。

④ 去归一化，得到实际滤波器的系统函数 $H(s)=H(s')|_{s'=s/\Omega}$。

2. 切比雪夫滤波器的设计

重点掌握切比雪夫滤波器特点。切比雪夫滤波器的阻带衰减特性比巴特沃斯滤波器下降要快，其幅度特性在通带（或阻带）内具有等波纹的形状。掌握切比雪夫多项式、切比雪夫滤波器幅度平方函数。掌握切比雪夫滤波器传递函数的计算方法。切比雪夫滤波器设计步骤总结如下：

① 由待求滤波器的通带截止频率 Ω_p 确定 Ω_c，即 $\Omega_c=\Omega_p$。

② 由通带截止频率 Ω_c 的衰减指标确定波纹系数 ε。

③ 由波纹系数 ε、截止频率 Ω_p、Ω_z 及阻带衰减指标确定系统的阶数 N，即

$$N\geqslant\frac{\operatorname{arcosh}\left(\frac{1}{\varepsilon}\sqrt{\frac{1}{\delta_z^2}-1}\right)}{\operatorname{arcosh}(\Omega_z/\Omega_c)}=\frac{\operatorname{arcosh}\left(\frac{1}{\varepsilon}\sqrt{10^{\alpha_z/10}-1}\right)}{\operatorname{arcosh}(\Omega_z/\Omega_c)}$$

④ 由波纹系数 ε 以及 N 查表得归一化系统函数 $H(s')$。

⑤ 去归一化，得到实际滤波器的系统函数 $H(s)=H(s')|_{s'=s/\Omega}$。

8.1.4　数字滤波器的基本原理

数字滤波器与模拟滤波器相比，具有不要求阻抗匹配、灵活性强、精度高，滤波器参数不随温度等环境因素变化以及能够实现模拟滤波器无法实现的特殊滤波功能等优点。从功能上看，数字滤波器与模拟滤波器相同，也可分为低通、高通、带通和带阻等滤波器。另外，数字滤波器根据单位脉冲响应序列长度是无限和有限（或从实现的网络结构），可分为无限冲激响应数字滤波器（IIR 滤波器）与有限冲激响应数字滤波器（FIR 滤波器）。

无限冲激响应数字滤波器实际上就是对相应模拟滤波器的模仿，其设计的基本思路是借助模拟滤波器的系统函数求出相应的数字滤波器的系统函数。这种由模拟滤波器设计数字滤波器的方法，其实质是从 s 平面到 z 平面的映射变换。这个变换（映射）的基本要求如下：

① 数字滤波器的频响要保持模拟滤波器的频响，所以 s 平面的虚轴 $\mathrm{j}\Omega$ 应当映射到 z 平面的单位圆上。

② 模拟滤波器的因果稳定性经映射后数字滤波器仍应保持，所以 s 平面的左半平面应当映射到 z 平面的单位圆内。

与 IIR 滤波器不同的是，FIR 滤波器的设计采用的是直接设计，通过窗口法和频率抽样法根据所需要的频响进行计算。FIR 数字滤波器的优点是可实现线性相位特性。

8.1.5　IIR 数字滤波器设计

1. 冲激响应不变法设计 IIR 数字滤波器

冲激响应不变法设计数字滤波器的一般步骤如下：

① 确定数字滤波器的性能要求及各数字临界频率 ω_k。

② 由脉冲响应不变法的变换关系将 ω_k 变换为模拟域临界频率 Ω_k。

③ 按 Ω_k 及衰减指标求出模拟滤波器的（归一化）传递函数 $H_a(s)$。这个模拟低通滤波器也称为模拟原型（归一化）滤波器。

④ 由冲激响应不变法的变换关系将 $H_a(s)$ 转变为数字滤波器的系统函数 $H(z)$。

2. 双线性变换法设计 IIR 数字滤波器

双线性变换法设计数字滤波器的一般步骤如下：

① 确定数字滤波器的性能要求及各数字临界频率 ω_k。

② 由双线性变换关系将 ω_k 变换为模拟域临界频率 Ω_k。双线性变换法中存在频率轴的非线性畸变，通过预畸解决。

③ 按 Ω_k 及衰减指标求出模拟滤波器的(归一化)传递函数 $H_a(s)$。

④ 由双线性变换关系将 $H_a(s)$ 转变为数字滤波器的系统函数 $H(z)$。

在掌握 IIR 滤波器设计的基本思路之后，运用冲激响应不变法和双线性变换法推导定义的系统函数基本形式和计算步骤，同时推导出其他类型(高通、带通、带阻)滤波器的系统函数以及变换关系。

8.1.6 FIR 数字滤波器设计

1. 线性相位 FIR 数字滤波器的条件和特点

(1) FIR 系统的线性相位充要条件

系统的单位脉冲响应 $h(n)$ 是实序列，且 $h(n)=h(N-1-n)(0\leqslant n\leqslant N-1)$。

(2) 满足线性相位的 FIR 系统的频率特性

系统的单位脉冲响应 $h(n)$ 满足 $h(n)=h(N-1-n)$，其相位特性 $\varphi(\omega)=-\frac{N-1}{2}\omega$。

2. FIR 数字滤波器的窗口法设计

窗口法一般根据给定的阻带衰减要求确定窗口类型，然后根据相应的过渡带宽度 $\Delta\omega$ 确定窗口长度 N。常用窗函数技术指标如表 8-1 所列。

表 8-1 常用窗函数技术指标

窗函数	旁瓣峰值衰减/dB	过渡带宽	最小阻带衰减/dB
矩形窗	−13	$4\pi/N$	21
三角窗	−25	$8\pi/N$	25
升余弦窗	−31	$8\pi/N$	44
改进升余弦窗	−41	$8\pi/N$	53
二阶升余弦窗	−57	$12\pi/N$	74

3. FIR 数字滤波器的频率抽样法设计

对理想频响 $H(e^{j\omega})$ 单位圆做 N 等分间隔抽样，得到 N 个频率抽样值 H_k，由 N 个频率抽样值以及对应的内插函数叠加逼近所需要的频率响应特性的滤波器。这种方法称为 FIR 数字滤波器的频率抽样法设计。

频率抽样法设计满足线性相位的 FIR 数字滤波器的设计过程中的关键环节：

(1) 确定取样点数 N

由过渡带 $\Delta\omega=2\pi/N$，可以解出 $N=2\pi/\Delta\omega$。

(2) 确定 $H(k)$

$$h(n)=h(N-1-n)\leftrightarrow\begin{cases}H(\omega)=H(2\pi-\omega)\rightarrow H_k=H_{N-k}, & N\text{ 为奇数}\\ H(\omega)=-H(2\pi-\omega)\rightarrow H_k=-H_{N-k}, & N\text{ 为偶数}\end{cases}$$

并且，$H(\mathrm{e}^{\mathrm{j}\omega})=H_k\mathrm{e}^{\mathrm{j}\varphi_k}$，其中 $\varphi(k)=-(N-1)\omega/2\Big|_{\omega=2\pi k/N}=-k\pi(1-1/N)$。

8.1.7　数字滤波器的实现

在实际问题中，数字滤波器的实现问题主要需要考虑软件实现和硬件实现、数字滤波器的结构、影响数字滤波器实现的因素以及数字滤波器类型的选择，A/D 变化的量化误差、滤波系数量化误差、数字运算过程中的计算误差，有限字长对数字滤波器的性能有很大的影响。重点掌握数字滤波器如何用结构图实现系统。

1. IIR 系统与 FIR 系统的比较

① IIR 系统函数为 $H(z)=\dfrac{B(z)}{A(z)}=\dfrac{\sum\limits_{k=0}^{M}b_kz^{-k}}{1+\sum\limits_{k=1}^{N}a_kz^{-k}}$，系统有极点。FIR 系统函数为 $H(z)=\sum\limits_{k=0}^{M}b_kz^{-k}$，系统只有零点。

② IIR 系统的差分方程为 $y(n)=-\sum\limits_{k=1}^{N}a_ky(n-k)+\sum\limits_{k=0}^{M}b_kx(n-k)$。FIR 系统的差分方程为 $y(n)=\sum\limits_{k=0}^{M}b_kx(n-k)$。

③ IIR 系统的单位脉冲响应 $h(n)$ 有无穷多项。FIR 系统的单位脉冲响应 $h(n)$ 只有有限项。

④ IIR 系统与过去的输出有关，所以网络结构有反馈支路，也被称为递归结构。FIR 系统只与激励有关，因此没有反馈支路，也被称为非递归结构。

2. IIR 系统的基本结构

(1) IIR 系统的直接Ⅱ型特点

① 所需要的延迟单元最少。

② 受有限字长影响大。

③ 系统调整不方便。

(2) IIR 系统的级联形式特点

① 可用不同的搭配关系改变基本节顺序，优选出有限字长影响小的结构。

② 改变第 k 节系数可以调整第 k 对的零、极点，系统调整方便。

(3) IIR 系统的并联形式特点

① 调整比较方便，可以单独调整第 k 节的极点。

② 各节的有限字长效应不会互相影响，有限字长影响小。

3. FIR 系统的基本结构

(1) FIR 系统的直接形式(横向型、卷积型)

$$y(n)=\sum_{m=0}^{N-1}x(m)h(n-m)=\sum_{m=0}^{N-1}h(m)x(n-m)$$

$$=h(0)x(n)+h(1)x(n-1)+\cdots+h(N-1)x(n-N+1)$$

(2) FIR 系统的级联形式

$$H(z)=A\prod_{k=1}^{N/2}(\beta_{0k}+\beta_{1k}z^{-1}+\beta_{2k}z^{-2})$$

(3) 线性相位 FIR 系统的结构形式

线性相位 FIR 系统的条件是单位脉冲响应 $h(n)$为实序列,并且关于$(N-1)/2$ 满足对称条件,即 $h(n)=h(N-1-n)$

① $h(n)=h(N-1-n)$,N 为奇数。

$$H(z)=\sum_{n=0}^{N-1}h(n)z^{-n}=\sum_{n=0}^{\frac{N-3}{2}}h(n)\left[z^{-n}+z^{-(N-1-n)}\right]+h\left(\frac{N-1}{2}\right)z^{-\frac{N-1}{2}}$$

$$=h(0)\left[1+z^{-(N-1)}\right]+h(1)\left[z^{-1}+z^{-(N-2)}\right]+\cdots+h\left(\frac{N-1}{2}\right)z^{-\frac{N-1}{2}}$$

② $h(n)=h(N-1-n)$,N 为偶数。

$$H(z)=\sum_{n=0}^{N-1}h(n)z^{-n}=\sum_{n=0}^{(N/2)-1}h(n)\left[z^{-n}+z^{-(N-1-n)}\right]$$

$$=h(0)\left[1+z^{-(N-1)}\right]+h(1)\left[z^{-1}+z^{-(N-2)}\right]+\cdots$$

(4) FIR 系统的频率抽样结构

$$H(z)=(1-z^{-N})\frac{1}{N}\sum_{k=0}^{N-1}\frac{H(k)}{1-W_N^{-k}z^{-1}}$$

式中,$W_N^{-k}=e^{j\frac{2\pi}{N}k}$。

修正的频率抽样系统函数 $H(z)$一般为

$$H(z)=\frac{(1-r^Nz^{-N})}{N}\sum_{k=0}^{N-1}\frac{H(k)}{1-rW_N^{-k}z^{-1}}$$

8.2 学习要求

① 通过对模拟滤波器基本概念的学习,能够对其有一定的了解,并掌握信号通过线性系统无失真传输的条件以及滤波器的理想特性和实际特性,掌握模拟滤波器的一般设计方法。

② 掌握巴特沃斯滤波器、切比雪夫滤波器求滤波器传递函数的方法。了解模拟高通、带通及带阻滤波器的设计方法。

③ 掌握数字滤波器的基本原理,了解数字滤波器按照时域特性的分类,掌握数字滤波器设计的步骤。

④ 掌握 IIR 数字滤波器冲激响应不变法与双线性变换法、FIR 数字滤波器窗口法与频率抽样法的设计方法,并且学会分别用两种方法求 IIR、FIR 滤波器的系统函数,学会求频率响应。

⑤ 掌握数字滤波器结构图,重点掌握 IIR 滤波器的直接Ⅱ型、级联型、并联型的结构图。

8.3 重点和难点提示

8.3.1 模拟滤波器的基本概念及设计方法

① 在模拟滤波器的设计步骤中，重点了解如何从 $A(-s^2)$ 的零、极点分布来组合 $H(s)$ 的零、极点，为使滤波器稳定，其极点必须落在 s 平面的左半平面；而零点的选取原则无这种限制，但如果要求 $H(s)$ 是具有最小相移的传递函数，则也需要全部选取在左半平面，因此确定传递函数。

模拟滤波器的幅度平方函数为

$$|H(\mathrm{j}\Omega)|^2=H(\mathrm{j}\Omega)H(-\mathrm{j}\Omega)$$

模拟滤波器的衰减函数 $\alpha(\mathrm{j}\Omega)$ 与幅度平方函数 $|H(\mathrm{j}\Omega)|^2$ 及幅频函数关系为

$$\alpha(\mathrm{j}\Omega)=10\lg\frac{P_1}{P_2}=10\lg\frac{|X(\mathrm{j}\Omega)|^2}{|Y(\mathrm{j}\Omega)|^2}=10\lg\frac{1}{|H(\mathrm{j}\Omega)|^2}=-20\lg|H(\mathrm{j}\Omega)|$$

式中，$X(\mathrm{j}\Omega)$、$Y(\mathrm{j}\Omega)$ 为滤波器输入和输出的傅里叶变换。

② 掌握模拟滤波器幅度平方函数的定义，以及由幅度平方函数得到滤波器传递函数的过程。理解幅度平方函数的引入，可以根据滤波器幅频特性要求，将滤波器传递函数的设计转化为以 Ω^2 为变量的有理函数幅度平方函数 $A(\Omega^2)$ 的设计。

8.3.2 巴特沃斯滤波器、切比雪夫滤波器的设计

1. 巴特沃斯滤波器设计

(1) 巴特沃斯滤波器的数学模型

巴特沃斯滤波器的模平方函数为

$$|H(\mathrm{j}\Omega)|^2=\frac{1}{1+(\Omega/\Omega_c)^{2n}}$$

(2) 确定 N 及 Ω_c

当通带边界频率处衰减 $\delta_c\leqslant 3$ dB 时，因为在所有的巴特沃斯滤波器一般设计中，通带均为 3 dB 带宽，即通带边界频率 Ω_c 已告知，所以有

$$10\lg\left[1+\left(\frac{\Omega}{\Omega_c}\right)^{2N}\right]\geqslant\delta_z \tag{8-1}$$

可求得 $N\geqslant\dfrac{\lg(10^{0.1\delta_z}-1)}{2\lg(\Omega_z/\Omega_c)}$。

当通带边界频率处衰减不为 3 dB 时，则要求同时根据通带和阻带边界频率 Ω_p 与 Ω_z 处的衰减要求 δ_p 和 δ_z，联立方程求解 Ω_c 和 N，则有

$$\begin{cases}10\lg\left[1+\left(\dfrac{\Omega_z}{\Omega_c}\right)^{2N}\right]\geqslant\delta_z\\10\lg\left[1+\left(\dfrac{\Omega_p}{\Omega_c}\right)^{2N}\right]\leqslant\delta_p\end{cases} \tag{8-2}$$

可求得 $N=\dfrac{\lg\dfrac{10^{0.1\delta_z}-1}{10^{0.1\delta_p}-1}}{2\lg\left(\dfrac{\Omega_z}{\Omega_p}\right)}$，$\Omega_c=\Omega_p(10^{0.1\alpha_p}-1)^{-\frac{1}{2N}}$（若用此式确定 Ω_c，阻带指标得到改善）

或 $\Omega_c=\Omega_z(10^{0.1\alpha_z}-1)^{-\frac{1}{2N}}$（若用此式确定 Ω_c，通带指标得到改善）。

（3）确定 $H(s)$

$$H(s)=\frac{\prod_{k=1}^{N}(-p_k)}{\prod_{k=1}^{N}(s-p_k)}=\frac{\Omega_c^N}{\prod_{k=1}^{N}(s-p_k)}$$

$$=\frac{\Omega_c^N}{s^N+a_{N-1}\Omega_c s^{N-1}+a_{N-2}\Omega_c^2 s^{N-2}+\cdots+a_1\Omega_c^{N-1}s+\Omega_c^N}$$

如果对－3 dB截止频率 Ω_c 归一化，则归一化后的 $H(s)$ 表示为

$$H(s)=\frac{1}{s^N/\Omega_c^N+a_{N-1}s^{N-1}/\Omega_c^{N-1}+a_{N-2}s^{N-2}/\Omega_c^{N-2}+\cdots+a_1 s/\Omega_c+1}$$

令 $s'=\dfrac{s}{\Omega_c}$，则

$$H(s')=\frac{1}{(s')^N+a_{N-1}(s')^{N-1}+\cdots+a_1 s'+a_0}$$

归一化后的 $H(s')$ 的分母，即巴特沃斯多项式。

2. 切比雪夫滤波器设计

（1）切比雪夫滤波器的数学模型

切比雪夫滤波器的模平方函数为

$$|H(\mathrm{j}\Omega)|^2=A(\Omega^2)=\frac{1}{1+\varepsilon^2 C_N^2(\Omega/\Omega_c)}$$

式中，N 是滤波器阶数；ε 是波纹系数，决定通带内波纹起伏的大小。可见，切比雪夫滤波器的幅度平方函数不仅与阶次 N 有关，而且与 ε 有关。

（2）确定 Ω_c、ε、N

首先

$$\Omega_c=\Omega_p$$

然后，由通带的衰减指标确定波纹系数 ε，即

$$\varepsilon=\sqrt{\frac{1}{|H_a(\mathrm{j}\Omega_p)|^2}-1}=\sqrt{\frac{1}{(1-\delta_1)^2}-1}=\sqrt{10^{\alpha_p/10}-1}$$

最后，由阻带衰减指标确定系统的阶数 N，即

$$N\geqslant\frac{\operatorname{arcosh}\left[\dfrac{1}{\varepsilon}\sqrt{\dfrac{1}{\delta_2^2}-1}\right]}{\operatorname{arcosh}(\Omega_s/\Omega_p)}=\frac{\operatorname{arcosh}\left[\dfrac{1}{\varepsilon}\sqrt{10^{\alpha_s/10}-1}\right]}{\operatorname{arcosh}(\Omega_s/\Omega_p)}$$

式中，$\operatorname{arcosh}z=\ln(z+\sqrt{z^2-1})$，其中 $z\in\mathbf{R}$。

（3）确定 $H(s)$

由通带波纹 ε 与阶数 N，查表得归一化系统函数 $H(s')$，去归一化得到 $H(s)$。

8.3.3　IIR和FIR数字滤波器基本特征及设计方法

1. 数字滤波器的基本原理

IIR、FIR滤波器的基本区别：IIR数字滤波器的输出与现时刻的输入及过去时刻的输入、输出有关，通常用递归的结构形式来实现；FIR滤波器的输出只与现时刻的输入及过去时刻的输入有关，与过去的输出没有直接关系，通常用非递归的结构形式来实现。

2. IIR数字滤波器的设计方法及计算

重点掌握冲激响应不变法与双线性变换法设计IIR滤波器的传递函数。掌握冲激响应不变法与双线性变换法的优缺点。理解冲激响应不变法设计滤波器的理论推导过程，掌握冲激响应不变法可设计的滤波器类型。掌握双线性变换法中设计指标的非线性变换关系。掌握由数字滤波器的临界频率求模拟原型滤波器的临界频率时的非线性"预畸"公式。

冲激响应不变法设计IIR数字滤波器的步骤如下：

首先，将$H_a(s)$部分分式展开

$$H_a(s)=\sum_{k=1}^{N}\frac{A_k}{s-s_k}$$

然后，直接对应$H(z)$的部分分式

$$H(z)=\sum_{k=1}^{N}\frac{A_k}{1-e^{s_kT}z^{-1}}$$

冲激响应不变法只适合满足带限条件的低通和带通滤波器设计，而高通和带阻滤波器不宜采用冲激响应不变法进行设计。

采用双线性变换法设计IIR数字滤波器时，将s平面映射到z平面的关系为

$$s=\frac{2}{T}\frac{1-z^{-1}}{1+z^{-1}}$$

$$H(z)=H_a(s)\bigg|_{s=\frac{2}{T}\frac{(1-z^{-1})}{(1+z^{-1})}}$$

双线性变换法克服了冲激响应不变法存在频谱混叠的问题，可应用于高通、带阻等各种滤波器的设计。由于s与z之间有比较简单的代数关系，因此运算比较简单，但是数字角频率与模拟角频率存在频率轴的非线性畸变，需要通过预畸来解决。因此，在IIR数字滤波器设计中，采用双线性变换法居多，但当强调滤波器的瞬态时域响应时，可以采用冲激响应不变法。

3. FIR数字滤波器的基本特征及设计方法

重点掌握FIR数字滤波器满足线性相位的充要条件和特点，并且在满足FIR滤波器线性相位要求下，重点掌握利用窗口法、频率抽样法设计FIR滤波器的传递函数。并充分利用FIR数字滤波器可实现线性相位的优点，学会基于窗口法与频率抽样法设计满足线性相位频率特性要求的FIR滤波器的传递函数。

4. 滤波器实现的结构图

重点掌握IIR滤波器的直接Ⅱ型、级联型、并联型结构图。了解FIR滤波器直接型、级联型、线性相位型以及频率抽样型结构图。

8.4 习题精解

1. 用冲激响应不变法及双线性变换法将模拟传递函数 $H_a(s)=\dfrac{3}{(s+1)(s+3)}$ 转变为数字传递函数 $H(z)$，采样周期 $T=0.5$。

解： ① 冲激响应不变法：

$$H_a(s)=\frac{3}{2}\left(\frac{1}{s+1}-\frac{1}{s+3}\right),\quad h_a(s)=\frac{3}{2}(\mathrm{e}^{-t}-\mathrm{e}^{-3t})u(t)$$

$$h(n)=\frac{3}{2}T(\mathrm{e}^{-nT}-\mathrm{e}^{-3nT})u(n)$$

代入 $T=0.5$

$$h(n)=\frac{3}{4}(\mathrm{e}^{-n/2}-\mathrm{e}^{-3n/2})u(n)$$

$$H(z)=\frac{3}{4}\left(\frac{1}{1-\mathrm{e}^{-1/2}z^{-1}}-\frac{1}{1-\mathrm{e}^{-3/2}z^{-1}}\right)=\frac{3}{4}\ \frac{(1-\mathrm{e}^{-3/2}z^{-1})-(1-\mathrm{e}^{-1/2}z^{-1})}{(1-\mathrm{e}^{-1/2}z^{-1})(1-\mathrm{e}^{-3/2}z^{-1})}$$

$$=\frac{3}{4}\ \frac{(\mathrm{e}^{-1/2}-\mathrm{e}^{-3/2})z^{-1}}{1-(\mathrm{e}^{-1/2}+\mathrm{e}^{-3/2})z^{-1}+\mathrm{e}^{-2}z^{-2}}=\frac{0.287\ 6z^{-1}}{1-0.829\ 7z^{-1}+0.135\ 3z^{-2}}$$

② 双线性变换法：

$$H(z)=H_a(s)\Big|_{s=\frac{2}{T}\frac{1-z^{-1}}{1+z^{-1}}}=\frac{3}{s^2+4s+3}\Big|_{s=4\frac{1-z^{-1}}{1+z^{-1}}}$$

$$=\frac{3}{16\left(\dfrac{1-z^{-1}}{1+z^{-1}}\right)^2+16\ \dfrac{1-z^{-1}}{1+z^{-1}}+3}$$

$$=\frac{3(1+z^{-1})^2}{16(1-z^{-1})^2+16(1+z^{-1})(1-z^{-1})+3(1+z^{-1})^2}$$

$$=\frac{3(1+2z^{-1}+z^{-2})}{16-32z^{-1}+16z^{-2}+16-16z^{-2}+3+6z^{-1}+3z^{-2}}=\frac{3(1+2z^{-1}+z^{-2})}{35-26z^{-1}+3z^{-2}}$$

$$=\frac{0.085\ 7+0.171\ 4z^{-1}+0.085\ 7z^{-2}}{1-0.742\ 9z^{-1}+0.085\ 7z^{-2}}$$

2. 用冲激响应不变法将以下 $H(s)$ 转变成 $H(z)$，采样周期为 T：

① $H(s)=\dfrac{A}{(s-s_0)^2}$；

② $H(s)=\dfrac{A}{(s-s_0)^m}$，$m$ 为任意正整数。

解： ①

$$H(s)=\frac{A}{(s-s_0)^2}\leftrightarrow h(t)=At\mathrm{e}^{s_0t}u(t)\rightarrow h(n)=AnT\mathrm{e}^{s_0nT}$$

令

$$h_1(n)=\mathrm{e}^{s_0nT}\leftrightarrow H_1(z)=\frac{T}{1-\mathrm{e}^{s_0T}z^{-1}}$$

$$h(n)=AnTh_1(n)\leftrightarrow H(z)=-ATz\ \frac{\mathrm{d}H_1(z)}{\mathrm{d}z}=-AT^2z\ \frac{-\mathrm{e}^{s_0T}z^{-2}}{(1-\mathrm{e}^{s_0T}z^{-1})^2}$$

$$=\frac{AT^2 e^{s_0 T} z^{-1}}{(1-e^{s_0 T} z^{-1})^2}$$

②
$$H(s)=\frac{A}{(s-s_0)^m}\leftrightarrow h(t)=\frac{A}{(m-1)!}t^{m-1}e^{s_0 t}u(t)$$

$$\rightarrow h(n)=\frac{A}{(m-1)!}(nT)^{m-1}e^{s_0 nT}u(n)=\frac{A}{(m-1)!}T^{m-1}n^{m-1}e^{s_0 nT}u(n)$$

令
$$h_1(n)=e^{s_0 nT}\leftrightarrow H_1(z)=\frac{T}{1-e^{s_0 T}z^{-1}}$$

$$\leftrightarrow H(z)=\frac{A}{(m-1)!}T^{m-1}(-z)^{m-1}\frac{d^{m-1}H_1(z)}{dz}$$

3. 设采样频率 $f_s=6.283\ 2$ kHz,用冲激响应不变法设计一个三阶巴特沃斯数字低通滤波器,截止频率 $f_c=1$ kHz,并画出该低通的并联形结构。

解: $\omega_c=2\pi f_c T=2\pi f_c/f_s=2\pi\times10^3/(2\pi\times10^3)=1$,冲激响应不变法的 $\Omega_c=\omega_c/T=2\pi f_c=2\ 000\pi$。三阶巴特沃斯模拟低通原型为

$$H_a(s)=\left.\frac{\Omega_c^3}{s^3+2s^2\Omega_c+2s\Omega_c^2+\Omega_c^3}\right|_{\Omega_c=1}$$

$$=\frac{1}{s^3+2s^2+2s+1}=\frac{1}{s+1}-\frac{s}{s^2+s+1}$$

$$=\frac{1}{s+1}-\frac{\sqrt{3}+j}{2\sqrt{3}}\frac{1}{s+\frac{1}{2}-j\frac{\sqrt{3}}{2}}-\frac{\sqrt{3}-j}{2\sqrt{3}}\frac{1}{s+\frac{1}{2}+j\frac{\sqrt{3}}{2}}$$

$$H(z)=\frac{1}{1-e^{-1}z^{-1}}-\frac{e^{j\pi/6}}{\sqrt{3}(1-e^{-\frac{1}{2}(1-j\sqrt{3})}z^{-1})}-\frac{e^{-j\pi/6}}{\sqrt{3}(1-e^{-\frac{1}{2}(1+j\sqrt{3})}z^{-1})}$$

$$=\frac{1}{1-0.368z^{-1}}-\frac{1}{\sqrt{3}}\cdot\frac{e^{j\pi/6}(1-e^{-\frac{1}{2}(1+j\sqrt{3})}z^{-1})+e^{-j\pi/6}(1-e^{-\frac{1}{2}(1-j\sqrt{3})}z^{-1})}{(1-e^{-\frac{1}{2}(1-j\sqrt{3})}z^{-1})(1-e^{-\frac{1}{2}(1+j\sqrt{3})}z^{-1})}$$

$$=\frac{1}{1-0.368z^{-1}}-\frac{1}{\sqrt{3}}\cdot\frac{(e^{j\pi/6}+e^{-j\pi/6})-e^{-\frac{1}{2}}(e^{j\left(\frac{\pi}{6}-\frac{\sqrt{3}}{2}\right)}+e^{-j\left(\frac{\pi}{6}-\frac{\sqrt{3}}{2}\right)})z^{-1}}{(1-e^{-\frac{1}{2}(1-j\sqrt{3})}z^{-1})(1-e^{-\frac{1}{2}(1+j\sqrt{3})}z^{-1})}$$

$$=\frac{1}{1-0.368z^{-1}}-\frac{1}{\sqrt{3}}\cdot\frac{2\cos\frac{\pi}{6}-2e^{-\frac{1}{2}}\cos\left(\frac{\pi}{6}-\frac{\sqrt{3}}{2}\right)z^{-1}}{1-2e^{-\frac{1}{2}}\cos\left(\frac{\sqrt{3}}{2}\right)z^{-1}+e^{-1}z^{-2}}$$

$$=\frac{1}{1-0.368z^{-1}}-\frac{1}{\sqrt{3}}\times\frac{2\times\frac{\sqrt{3}}{2}-2\times0.606\ 5\times0.941\ 94z^{-1}}{1-2\times0.606\ 5\times0.648z^{-1}+0.368z^{-2}}$$

$$=\frac{1}{1-0.368z^{-1}}+\frac{-1+0.665z^{-1}}{1-0.786z^{-1}+0.368z^{-2}}$$

其中
$$\frac{1}{2}(\sqrt{3}+j)=e^{j\pi/6},\quad \frac{1}{2}(\sqrt{3}-j)=e^{-j\pi/6}$$

$$\cos(\sqrt{3}/2)=\cos\left(\frac{\sqrt{3}/2}{\pi}\times 180°\right)=\cos(49.62°)=0.648$$

$$\cos\left(\frac{\pi}{6}-\frac{\sqrt{3}}{2}\right)=\cos(30°-49.62°)=\cos(19.62°)=0.942$$

并联型结构如图 8.1 所示。

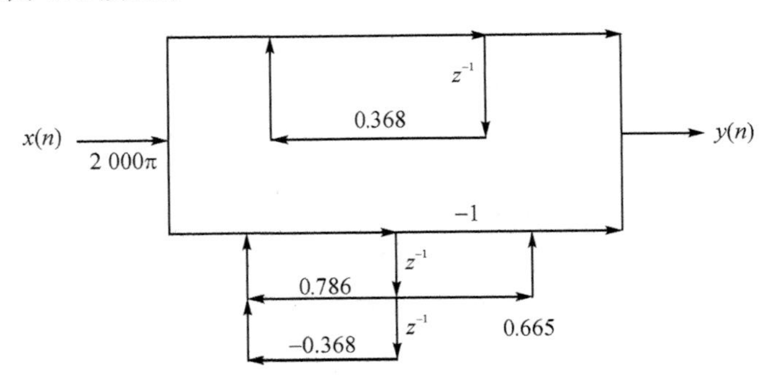

图 8.1　习题 3 图

4. 用双线性变换法设计一个三阶巴特沃斯数字低通滤波器，采样频率 $f_s=4$ kHz，截止频率 $f_c=1$ kHz。

解：$\omega_c=2\pi f_c T=2\pi f_c/f_s=2\pi\times 1/4=\pi/2$，$\Omega_c=2\pi f_c=2\,000\pi$。双线性变换法预畸变后的模拟角频率 $\Omega_c=\frac{2}{T}\tan\frac{\omega_c}{2}=\frac{2}{T}\tan\frac{\pi/2}{2}=\frac{2}{T}$，于是有

$$S=\frac{2}{T}\,\frac{1-z^{-1}}{1+z^{-1}},\qquad \frac{s}{\Omega_c}=\frac{\frac{2}{T}\,\frac{1-z^{-1}}{1+z^{-1}}}{\frac{2}{T}}=\frac{1-z^{-1}}{1+z^{-1}}$$

三阶巴特沃斯模拟低通原型为

$$H_a(s)=\frac{\Omega_c^3}{s^3+2s^2\Omega_c+2s\Omega_c^2+\Omega_c^3}\bigg|_{\Omega_c=\sqrt{3}}=\frac{3\sqrt{3}}{s^3+2\sqrt{3}s^2+6s+3\sqrt{3}}$$

$$H(z)=H_a(s)\bigg|_{s=\frac{1-z^{-1}}{1+z^{-1}}}=\frac{3\sqrt{3}}{s^3+2\sqrt{3}s^2+6s+3\sqrt{3}}\bigg|_{s=\frac{1-z^{-1}}{1+z^{-1}}}$$

$$=\frac{3\sqrt{3}}{\left(\frac{1-z^{-1}}{1+z^{-1}}\right)^3+2\sqrt{3}\left(\frac{1-z^{-1}}{1+z^{-1}}\right)^2+6\left(\frac{1-z^{-1}}{1+z^{-1}}\right)+3\sqrt{3}}$$

$$=\frac{3\sqrt{3}(1+z^{-1})^3}{(1-z^{-1})^3+2\sqrt{3}(1-z^{-1})^2(1+z^{-1})+6(1-z^{-1})(1+z^{-1})^2+3\sqrt{3}(1+z^{-1})^3}$$

$$=\frac{5.196\,2(1+3z^{-1}+3z^{-2}+z^{-3})}{(1-3z^{-1}+3z^{-2}-z^{-3})+2\sqrt{3}(1-z^{-1}-z^{-2}+z^{-3})+6(1+z^{-1}-z^{-2}-z^{-3})+3\sqrt{3}(1+3z^{-1}+3z^{-2}+z^{-3})}$$

5. 已知模拟滤波器的系统函数 $H(s)=\frac{8}{s^2+5s+6}$，利用冲激响应不变法将其映射为数字滤波器。设采样时间间隔为 0.02 s。

解：$H(s)=\frac{8}{s+2}-\frac{8}{s+3}$，极点 $s_1=-2$ 和 $s_2=-3$，当 $\mathrm{Re}[s_i]>-2$ 时，模拟滤波系统

为因果稳定的，它的单位冲激响应

$$h(t)=(8\mathrm{e}^{-2t}-8\mathrm{e}^{-3t})u(t)$$

以时间间隔 $T_s=0.02$ s 对 $h(t)$ 进行采样，得

$$h(n)=h(t)\Big|_{t=nT_s}=(8\mathrm{e}^{-2nT_s}-8\mathrm{e}^{-3nT_s})u(n)=(8\mathrm{e}^{-0.04n}-8\mathrm{e}^{-0.06n})u(n)$$

单位冲激响应为 $h(n)$ 的数字滤波系统的系统函数为

$$H(z)=\frac{8}{1-\mathrm{e}^{-2T_s}z^{-1}}-\frac{8}{1-\mathrm{e}^{-3T_s}z^{-1}}=\frac{8}{1-\mathrm{e}^{-0.04}z^{-1}}-\frac{8}{1-\mathrm{e}^{-0.06}z^{-1}}$$

由于 $h(n)$ 为因果序列，则 $H(z)$ 的收敛域为 $|z|>\max\{\mathrm{e}^{-0.04},\ \mathrm{e}^{-0.06}\}=\mathrm{e}^{-0.04}$，而 $\mathrm{e}^{-0.04}<1$，故 $H(z)$ 为因果稳定的。模拟滤波器的单位冲激响应 $h(t)$ 和幅频特性 $|H(\mathrm{j}\Omega)|$，以及数字滤波器的单位脉冲响应 $h(n)$ 和幅频特性 $|H(\mathrm{e}^{\mathrm{j}\omega})|$ 如图 8.2 所示。

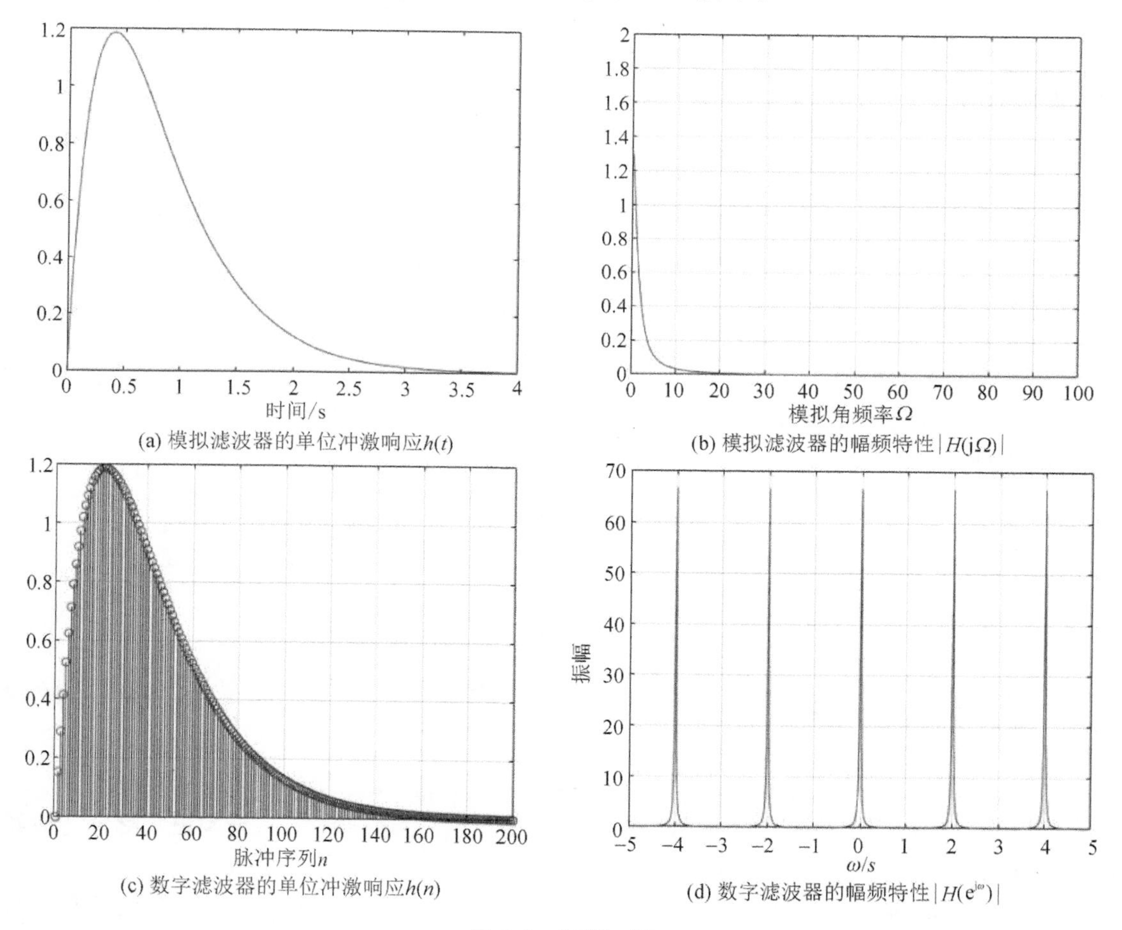

(a) 模拟滤波器的单位冲激响应$h(t)$

(b) 模拟滤波器的幅频特性$|H(\mathrm{j}\Omega)|$

(c) 数字滤波器的单位冲激响应$h(n)$

(d) 数字滤波器的幅频特性$|H(\mathrm{e}^{\mathrm{j}\omega})|$

图 8.2　习题 5 图

可以看出，$h(n)$ 的包络就是 $h(t)$，$|H(\mathrm{e}^{\mathrm{j}\omega})|$ 是 $|H(\mathrm{j}\Omega)|$ 的周期延拓，但幅值被放大 $1/T_s$ 倍。

6. 用矩形窗设计一个线性相位高通滤波器

$$H_d(e^{j\omega})=\begin{cases}e^{-(j-\omega)\alpha}, & \pi-\omega_c\leqslant\omega\leqslant\pi\\0, & 0\leqslant\omega\leqslant\pi-\omega_c\end{cases}$$

求出 $h(n)$的表达式,确定 α 与 N 的关系。

解: $h_d(n)=\dfrac{1}{2\pi}\displaystyle\int_0^{2\pi}H_d(e^{j\omega})e^{jn\omega}d\omega=\dfrac{1}{2\pi}\int_{\pi-\omega_c}^{\pi+\omega_c}e^{-j(\omega-\pi)\alpha}e^{jn\omega}d\omega$

$$=\frac{1}{2\pi}e^{j\pi\alpha}\int_{\pi-\omega_c}^{\pi+\omega_c}e^{j(n-\alpha)\omega}d\omega=\frac{1}{2\pi}\cdot\frac{1}{j(n-\alpha)}e^{j\pi\alpha}e^{j(n-\alpha)\omega}\Big|_{\pi-\omega_c}^{\pi+\omega_c}$$

$$=\frac{e^{j\pi\alpha}}{2\pi}\cdot\frac{1}{j(n-\alpha)}\left[e^{j(n-\alpha)(\pi+\omega_c)}-e^{j(n-\alpha)(\pi-\omega_c)}\right]$$

$$=\frac{e^{j\pi\alpha}}{2\pi}\cdot\frac{e^{j(n-\alpha)\pi}}{j(n-\alpha)}\left[e^{j(n-\alpha)\omega_c}-e^{-j(n-\alpha)\omega_c}\right]=\frac{e^{jn\pi}}{\pi(n-\alpha)}\sin\left[(n-\alpha)\omega_c\right]$$

$$=(-1)^n\ \frac{\omega_c}{\pi}\mathrm{Sa}\left[(n-\alpha)\omega_c\right]$$

为保证线性 $\qquad\alpha=(N-1)/2$

$$h(n)=h_d(n)R_N(n)=\begin{cases}h_d(n), & 0\leqslant n\leqslant N-1\\0, & \text{其他}\end{cases}$$

7. 用频率抽样法设计一个线性相位低通滤波器 $N=33$,$\omega_c=\pi/2$,边沿上设一点过渡带点 $|H(k)|=0.38$,试求各点采样值的幅值 H_k 及相位 $\theta(k)$,即求采样值 $H(k)$。

解: $N=33$ 为奇数,只能是第一种类型滤波器。频率间隔为

$$\Delta F=2\pi/N=2\pi/33$$

$$\theta(k)=-k\pi(1-1/N)=-32k\pi/33$$

而 $16\pi/33<\omega_c(\omega_c=\pi/2)<18\pi/33$(在 $k=8,9$ 之间),为保证通带指标取 $k=9,24$ 为过渡点(因为必须满足 $H_k=H_{N-k}$),则

$$H(k)=\begin{cases}e^{-j\frac{32}{33}k\pi}, & k=0,1,\cdots,8,25,26,\cdots,32\\0.38e^{-j\frac{32}{33}k\pi}, & k=9,24\\0, & \text{其他}\end{cases}$$

8. 如图 8.3 所示的系统中,$x(t)=\displaystyle\sum_{k=1}^{\infty}\frac{1}{2k}\sin(2k\pi t)$ (k 为整数),$h_1(t)=\dfrac{\sin\pi t}{\pi t}\cos 2\pi t$,$h_2(t)=\delta(t)-e^{-t}u(t)$。

① 计算 $h_1(t)$的傅里叶变换,以及第一个系统的输出 $y_1(t)$。

② 系统 $h_2(t)$为滤波器,请求出 $h_2(t)$的拉氏变换(收敛域 $\sigma>-1$),请判断为哪种滤波器(低通、高通、带通),并求出滤波器的输出 $y_2(t)$。

③ 设抽样周期 $T=2$ s,请问可选择哪种方法(冲激响应不变法或双线性变换法)将该模拟滤波器转换为数字滤波器,并写出变换得到的数字滤波器的系统函数 $H_2(z)$与差分方程。

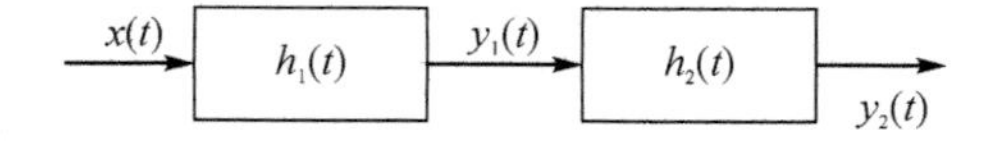

图 8.3　习题 8 图

解：① $h(t)=\dfrac{\sin \pi t}{\pi}\cdot\cos 2\pi t=\dfrac{\sin \pi t}{\pi t}\cdot\dfrac{1}{2}(e^{j2\pi t}+e^{-j2\pi t})$

由频移定理，可得

$$H_1(\Omega)=\frac{1}{2}\left[G_{2\pi}(\Omega+2\pi)+G_{2\pi}(\Omega-2\pi)\right]$$

所以，$y_1(t)=\dfrac{1}{4}\sin \pi t$。

② $h_2(t)=\delta(t)-e^{-t}u(t)$经拉氏变换得

$$H_2(s)=1-\frac{1}{s+1}=\frac{s}{s+1}$$

系统的频率响应为

$$H_2(j\Omega)=\frac{j\Omega}{j\Omega+1}=|H_2(j\Omega)|e^{j\varphi(\Omega)}=\frac{|\Omega|}{\sqrt{\Omega^2+1}}e^{j(\frac{\pi}{2}-\arctan\Omega)}$$

$h(t)$为高通滤波器。

$$\begin{aligned}y_2(t)&=\frac{1}{4}|H_2(j\pi)|\sin(\pi t+\varphi(\pi))\\&=\frac{|\pi|}{4\sqrt{\pi^2+1}}\sin\left(\pi t+\frac{\pi}{2}-\arctan\pi\right)\\&=0.24\sin(\pi t+0.31°)\end{aligned}$$

或

$$y_2(t)=0.24\sin(\pi t+17.66°)$$

③ $H_2(j\Omega)=\dfrac{j\Omega}{j\Omega+1}$，当$|\Omega|\geqslant\dfrac{\pi}{T}=\dfrac{\pi}{2}$时，$H_a(j\Omega)\neq 0$，因为该滤波器为高通滤波器，即不满足带限条件，会发生频率混叠现象，不能用冲激响应不变法，故选择双线性变换法。系统函数

$$H_2(z)=\frac{s}{s+1}\bigg|_{\frac{2}{T}\frac{1-z^{-1}}{1+z^{-1}}}=\frac{\frac{2}{T}\frac{1-z^{-1}}{1+z^{-1}}}{\frac{2}{T}\frac{1-z^{-1}}{1+z^{-1}}+1}=\frac{1-z^{-1}}{2}$$

差分方程 $H_2(z)=\dfrac{1-z^{-1}}{2}$，所以 $2Y(z)=X(z)-z^{-1}X(z)$，取双边 z 反变换得到差分方程：$y(n)=\dfrac{1}{2}(x(n)-x(n-1))$。

9. 一个线性时不变因果系统由下列差分方程描述：

$$y(n)=x(n)-2x(n-1)-0.2y(n-1)$$

求：① 系统函数 $H(z)$。

② 判断系统的滤波特性(高通、低通还是带通)。

③ 该系统属于 FIR 还是 IIR。

④ 若输入 $x(n)=2\cos(0.5\pi n)$，求系统的输出 $y(n)$。

解：① 根据题意，公式等号两边求 z 变换

$$Y(Z)=X(Z)-2Z^{-1}X(Z)-0.2Z^{-1}Y(Z)$$

$$H(Z)=\frac{Y(Z)}{X(Z)}=\frac{1-Z^{-1}}{1+0.2Z^{-1}}$$

② 由①可得 $H(e^{j\omega})=\frac{1-2e^{-j\omega}}{1+0.2e^{-j\omega}}$，可由该式画出方程的幅频特性 $|H(e^{j\omega})|$，如图 8.4 所示，判断得：该系统为高通滤波器。

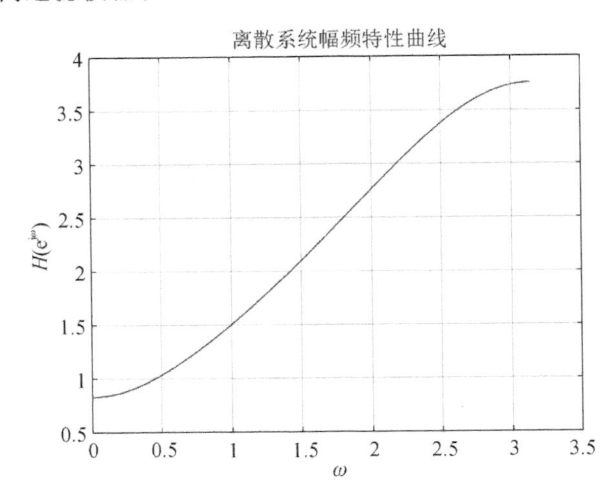

图 8.4　习题 9 图

③ 从系统函数 $H(Z)=\frac{1-Z^{-1}}{1+0.2Z^{-1}}$ 可以得知，该系统是 IIR。

④ 根据题意有 $x(n)=2\cos(0.5\pi n)$，即 $\omega=\frac{\pi}{2}$ 时可得 $|H(e^{j\omega})|=\frac{\sqrt{5}}{\sqrt{1.04}}$，$\varphi(\omega)=\arctan 2+\arctan 0.2$，则此时的系统响应为

$$y(n)=2\frac{\sqrt{5}}{\sqrt{1.04}}\cos(0.5\pi n+\arctan 2+\arctan 0.2)$$

10. 已知幅度平方函数

$$A(\Omega^2)=\frac{25}{(9+\Omega^2)(16+\Omega^2)}$$

① 求系统函数 $H(s)$，并判断是何种滤波器（高通或者低通）。

② 利用冲激响应不变法和双线性变换法，将上述模拟系统的系统函数转换为数字滤波器的系统函数 $H(z)$（设抽样周期 $T=2$ s）。

③ 若三阶 IIR 数字滤波器的系统函数为 $H(z)=\frac{3z^3-8z^2+5z-2}{\left(z-\frac{1}{3}\right)\left(z^2-z+\frac{1}{2}\right)}$，试画出该滤波器的直接 II 型结构图。

解：①

$$H(s)H(-s)=\frac{25}{(9-s^2)(16-s^2)}=\frac{25}{(s+3)(s-3)(s+4)(s-4)}$$

极点：$s_1=3$，$s_2=-3$，$s_3=4$，$s_4=-4$；无零点；$s_2=-3$，$s_4=-4$，位于左半平面，为 $H(s)$

的极点；$s_1=3,s_3=4$，位于右半平面，为 $H(-s)$ 的极点。所以

$$H(s)=\frac{k}{(s+3)(s+4)}$$

求增益 k：

$$H(0)=A(0),\quad A^2(0)=\frac{25}{9\times 16},\quad A(0)=\frac{5}{12},\quad H(0)=\frac{k}{12}$$

所以 $k=5$，该滤波器是低通滤波器 $H(s)=\frac{5}{(s+3)(s+4)}$。

② 冲激响应不变法：

$$H(s)=\frac{5}{s+3}-\frac{5}{s+4},\quad H(z)=\frac{5}{1-\mathrm{e}^{-6}z^{-1}}-\frac{5}{1-\mathrm{e}^{-8}z^{-1}}$$

双线性变换法：

$$H(z)=H(s)\Big|_{s=\frac{2}{T}g\frac{1-z^{-1}}{1+z^{-1}}}=\frac{5+10z^{-1}+5z^{-2}}{20+22z^{-1}+6z^{-2}}$$

③ $$H(z)=\frac{3z^3-8z^2+5z-2}{\left(z-\frac{1}{3}\right)\left(z^2-z+\frac{1}{2}\right)},\quad H(z)=\frac{3-8z^{-1}+5z^{-2}-2z^{-3}}{1-\frac{4}{3}z^{-1}+\frac{5}{6}z^{-2}-\frac{1}{6}z^{-3}}$$

该系统的差分方程形式为

$$y(n)-\frac{4}{3}y(n-1)+\frac{5}{6}y(n-2)-\frac{1}{6}y(n-3)$$
$$=3x(n)-8x(n-1)+5x(n-2)-2x(n-3)$$

该 IIR 滤波器的直接Ⅱ型结构图如图 8.5 所示。

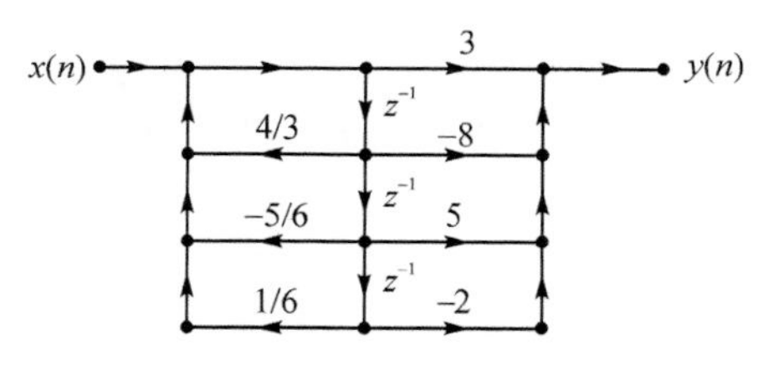

图 8.5　习题 10 图

11. 已知单位冲激响应为 $h(t)=\frac{1}{2T}\left[\mathrm{Sa}\left(\frac{\pi t}{T}\right)+2\mathrm{Sa}\left(\frac{\pi t}{T}-\frac{\pi}{2}\right)+\mathrm{Sa}\left(\frac{\pi t}{T}-\pi\right)\right]$ 的连续时间非时变系统，其中的函数 $\mathrm{Sa}(x)=\frac{\sin x}{x}$，试求：

① 该系统的频率响应 $H(\mathrm{j}\Omega)$，写出它的幅频响应 $|H(\mathrm{j}\Omega)|$ 和相频响应 $\varphi(\Omega)$，并判断它是什么类型滤波器（低通、高通、带通、全通）。

② 当系统的输入为 $f(t)=\sin(2\pi t/T)+\sum\limits_{k=0}^{\infty}2^{-k}\cos\left[k\left(\frac{\pi}{2T}t+\frac{\pi}{4}\right)\right]$ 时，试求系统的输出 $y(t)$。

解：① $$h(t)=\frac{1}{2T}\left[\mathrm{Sa}\left(\frac{\pi t}{T}\right)+2\mathrm{Sa}\left(\frac{\pi t}{T}-\frac{\pi}{2}\right)+\mathrm{Sa}\left(\frac{\pi t}{T}-\pi\right)\right]$$

$$=\frac{1}{2T}\mathrm{Sa}\left(\frac{\pi t}{T}\right) * \left[\delta(t)+2\delta\left(t-\frac{T}{2}\right)+\delta(t-T)\right]$$

$$\frac{1}{2T}\mathrm{Sa}\left(\frac{\pi t}{T}\right) \leftrightarrow \frac{1}{2}G_{\frac{2\pi}{T}}(w)$$

利用傅里叶变换时域卷积定理和线性性质，得

$$H(\mathrm{j}\Omega)=\frac{1}{2}G_{\frac{2\pi}{T}}(\Omega)\left(1+2\mathrm{e}^{-\mathrm{j}\frac{\Omega T}{2}}+\mathrm{e}^{-\mathrm{j}\Omega T}\right)=\frac{1}{2}G_{\frac{2\pi}{T}}(\Omega)\mathrm{e}^{-\mathrm{j}\frac{\Omega T}{2}}\left(\mathrm{e}^{\mathrm{j}\frac{\Omega T}{4}}+\mathrm{e}^{-\mathrm{j}\frac{\Omega T}{4}}\right)^2$$

$$=\left[1+\cos\left(\frac{\Omega T}{2}\right)\right]G_{\frac{2\pi}{T}}(\Omega)\mathrm{e}^{-\mathrm{j}\frac{\Omega T}{2}}$$

因此有

$$|H(\mathrm{j}\Omega)|=\begin{cases}1+\cos\left(\frac{\Omega T}{2}\right), & |\Omega|<\pi/T \\ 0, & |\Omega|>\pi/T\end{cases}, \quad \varphi(\Omega)=-\frac{\Omega T}{2}$$

它是一个具有线性相位的余弦低通滤波器。

② 将输入 $f(t)$ 看成两部分输入之和，$f(t)=f_1(t)+f_2(t)$。其中 $f_1(t)=\sin(2\pi t/T)$，正弦频率为 $2\pi/T$，因为低通滤波器截止频率为 π/T，$f_1(t)$ 通过滤波器后完全被滤掉了；$f_2(t)$ 是一个实周期信号的三角形式傅里叶级数展开，基频 $\Omega_0=\frac{\pi}{2T}$，由于滤波器的频率响应在 $k\,\frac{\pi}{2T}$ 处为

$$H\left(\mathrm{j}k\,\frac{\pi}{2T}\right)=\begin{cases}2, & k=0 \\ \left(1+\cos\frac{\pi}{4}\right)\mathrm{e}^{-\mathrm{j}\frac{\pi}{4}}, & k=1 \\ 0, & k\geqslant 2\end{cases}$$

因此，$f_2(t)$ 中只有直流分量和基波分量可以通过该滤波器，二次及二次以上谐波均被抑制，故 $f_2(t)$ 通过滤波器的输出为

$$y_2(t)=2+\frac{1}{2}\left(1+\cos\frac{\pi}{4}\right)\cos\left(\frac{\pi}{2T}t\right)$$

$f(t)$ 通过系统滤波器的输出为

$$y(t)=2+\frac{1}{2}\left(1+\cos\frac{\pi}{4}\right)\cos\left(\frac{\pi}{2T}t\right)$$

12. 设滤波器差分方程为 $y(n)=x(n)+\frac{1}{4}x(n-1)+\frac{3}{4}y(n-1)-\frac{1}{8}y(n-2)$，画出直接Ⅰ型、Ⅱ型及全部一阶节的级联型、并联型结构。

解：

$$Y(z)=X(z)+\frac{1}{4}z^{-1}X(z)+\frac{3}{4}z^{-1}Y(z)-\frac{1}{8}z^{-2}Y(z)$$

$$Y(z)\left[1-\frac{3}{4}z^{-1}+\frac{1}{8}z^{-2}\right]=X(z)\left[1+\frac{1}{4}z^{-1}\right]$$

$$H(z)=\frac{Y(z)}{X(z)}=\frac{1+\frac{1}{4}z^{-1}}{1-\frac{3}{4}z^{-1}+\frac{1}{8}z^{-2}}=\frac{1+\frac{1}{4}z^{-1}}{\left(1-\frac{1}{2}z^{-1}\right)\left(1-\frac{1}{4}z^{-1}\right)}$$

$$=\frac{3}{1-\frac{1}{2}z^{-1}}+\frac{-2}{1-\frac{1}{4}z^{-1}}$$

直接Ⅰ型、Ⅱ型及全部一阶节的级联型、并联型结构如图 8.6 所示。

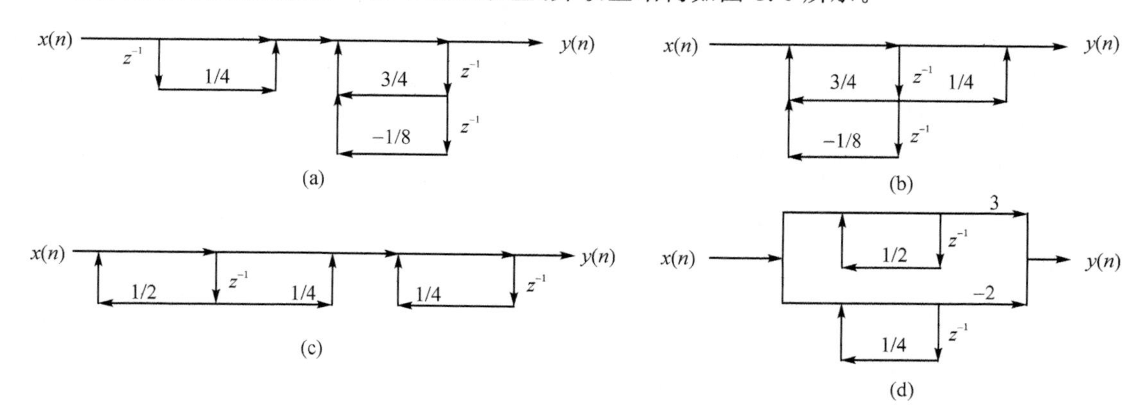

图 8.6　习题 12 图

13. 已知信号 $x(t)$的频谱图 X_n(如图 8.7(a)所示),将其分别通过图 8.7(b)所示的系统 $h(t)$以及 RC 滤波器,其中 $h(t)=\left[\frac{\sin(2\pi t)}{\pi t}\right]^2$,RC 滤波器的传递函数为 $H(\Omega)=\frac{1}{1+\mathrm{j}\Omega}$。

① 试求出 $g(t)$的表达式,并求出输出信号 $y(t)$。

② 试判断该滤波器类型。

③ 若周期 $T=0.1$ s,请利用冲激响应不变法和双线性变换法将该滤波器转化成等价的数字滤波器。

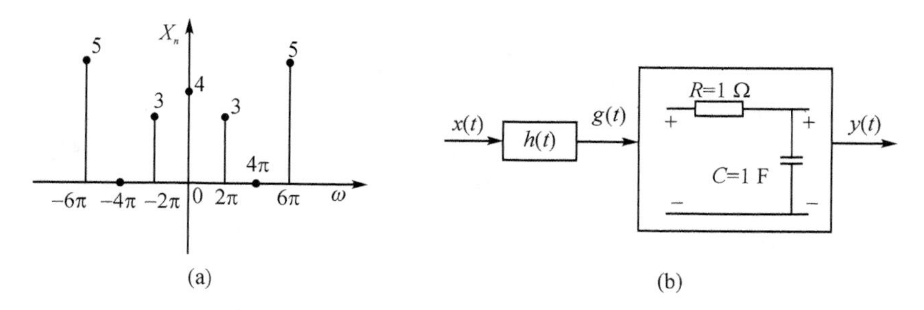

图 8.7　习题 13 图

14. 设 FIR 滤波器的单位抽样响应为 $h(n)$, $n=0,1,\cdots,N-1$。

① 写出线性相位 FIR 滤波器的充分必要条件。

② 当 $h(n)$满足偶对称时,证明:$H(z)=z^{-(N-1)}H(z^{-1})$。

③ 当 $h(n)$满足偶对称时,可以求出该 FIR 滤波器的幅度特性为 $H(\omega)=\sum_{n=0}^{\frac{N}{2}-1}2h(n)\cos\left[\left(\frac{N-1}{2}-n\right)\omega\right]$,问该 FIR 滤波器不能设计成什么类型的滤波器(低通、高通、带通、带阻)?

④ 给定抽样频率为 $\Omega_c=3\pi\times10^4$ rad/s,通带截止频率为 $\Omega_p=3\pi\times10^3$ rad/s,阻带截止频

率为 $\Omega_{st}=6\pi\times10^3$ rad/s，阻带衰减不小于 50 dB，试用窗函数法设计一个线性相位 FIR 低通滤波器，求出其单位抽样响应。

15. 已知系统的信号流如图 8.8 所示，请解答以下问题：

① 图中系统的传递函数 $H(s)=\dfrac{R(s)}{E(s)}$ 等于多少？

② 为使系统稳定，正实系数 K_1、K_2 应满足何种约束条件？

③ 在稳定条件下，画出 $H(s)$ 极点分布图。

④ 在稳定条件下，画出冲激响应 $h(t)$ 的波形图。

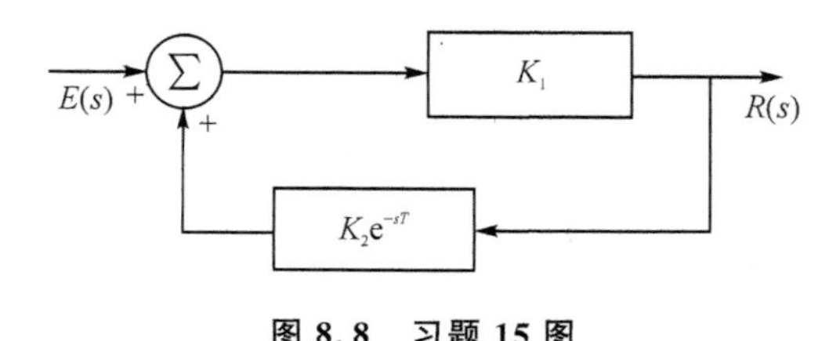

图 8.8　习题 15 图

扫码看习题 13～15 的讲解

8.5　思考与练习题

1. 用冲激响应不变法及双线性变换法将模拟传递函数 $H_a(s)=\dfrac{3s+2}{2s^2+3s+1}$ 转变为数字传递函数 $H(z)$，采样周期 $T=0.1$ s。

2. 用双线性变换法设计一个三阶巴特沃斯数字高通滤波器，其中采样频率 $f_s=6$ kHz，截止频率 $f_c=1.5$ kHz(不计 3 kHz 以上频率分量)。

3. 用双线性变换法设计一个三阶巴特沃斯数字带通滤波器，采样频率 $f_s=720$ Hz，上、下边带截止频率 $f_1=60$ Hz、$f_2=300$ Hz。

4. 用冲激响应不变法将以下 $H(s)$ 转变为 $H(z)$，采样周期为 T：

$$H(s)=\frac{s+a}{(s+a)^2+b^2}$$

5. 证明 $g(z^{-1})=\pm\prod\limits_{i=1}^{N}\dfrac{z^{-1}-\alpha_i^*}{1-\alpha_i z^{-1}}$ 满足全通特性，即 $|g(e^{-j\omega})|=1$。

6. 用矩形窗设计一个线性相位带通滤波器：

$$H_d(e^{j\omega})=\begin{cases}e^{-j\omega\alpha}, & -\omega_c\leqslant\omega-\omega_c\leqslant\omega_c\\ 0, & 0\leqslant\omega<\omega_0-\omega_c,\omega_0+\omega_c<\omega\leqslant\pi\end{cases}$$

① 设计 N 为奇数时的 $h(n)$；

② 设计 N 为偶数时的 $h(n)$。

7. 用频率抽样法设计一个线性相位高通滤波器，截止频率 $\omega_p=3\pi/4$，边沿上设一点过渡带点，其采样值 $|H(k)|=0.38$。求：

① $N=33$ 时的采样值 $H(k)$；

② $N=34$ 时的采样值 $H(k)$。

8. 有一理想系统的频响为 $H_d(e^{j\omega})$，令 $h_d(n)$ 为其单位取样响应。长度为 N 的矩形窗作用于 $h_d(n)$ 后，会得到单位脉冲响应 $h(n)$，其对应的频响为 $H(e^{j\omega})$，使得均方误差 $\varepsilon^2=\frac{1}{2\pi}\int_{-\pi}^{\pi}|H_d(e^{j\omega})-H(e^{j\omega})|^2 d\omega$ 最小。

① 误差函数 $E(e^{j\omega})=H_d(e^{j\omega})-H(e^{j\omega})$ 可以表示成幂级数 $E(e^{j\omega})=\sum_{n=-\infty}^{\infty}e(n)e^{-jn\omega}$，试求系数 $e(n)$，并以 $h_d(n)$、$h(n)$ 表示；

② 利用系数 $e(n)$ 表示均方误差 ε^2；

③ 试证明对于长度为 N 的单位脉冲响应 $h(n)$ 来说，当 $h(n)=h_d(n)=\begin{cases}h_d(n), & 0\leqslant n\leqslant N-1\\ 0, & \text{其他}\end{cases}$ 时，ε^2 达到最小值，即在 N 值固定的情况下，矩形窗是待求频响的最佳均方逼近。

9. 用直接 I 型与 II 型结构实现以下传递函数：

① $H(z)=\dfrac{-5+2z^{-1}-0.5z^{-2}}{1+3z^{-1}+3z^{-2}+z^{-3}}$；

② $H(z)=0.8\times\dfrac{3z^3+2z^2+2z+5}{z^3+4z^2+3z+2}=0.8\times\dfrac{3+2z^{-1}+2z^{-2}+5z^{-3}}{1+4z^{-1}+3z^{-2}+2z^{-3}}$；

③ $H(z)=\dfrac{-z+2}{8z^2-2z-3}=\dfrac{-z^{-1}+2z^{-2}}{8-2z^{-1}-3z^{-2}}$。

10. 用级联型结构及并联型结构实现以下传递函数：

① $H(z)=\dfrac{3z^3-3.5z^2+2.5z}{(z^2-z+1)(z-0.5)}$；

② $H(z)=\dfrac{4z^3-2.828z^2+z}{(z^2-1.414z+1)(z+0.707)}$。

11. 设 IIR 数字滤波器的系统函数 $H(z)$ 为

$$H(z)=\frac{2+7z^{-1}+z^{-2}}{(1+z^{-1}+5z^{-2})(1-3z^{-1}+z^{-2})}$$

试分别画出直接Ⅱ型、级联型的结构图。

12. 已知 FIR 数字滤波器的单位脉冲响应为

$$h(n)=\delta(n)+0.3\delta(n-1)+0.72\delta(n-2)+0.11\delta(n-3)+0.12\delta(n-4)$$

试画出其直接型结构和级联型结构。

13. 已知 FIR 数字滤波器的系统函数分别为

① $H(z)=1-0.3z^{-1}+0.72z^{-2}-0.3z^{-3}+z^{-4}$；

② $H(z)=1-0.3z^{-1}+0.72z^{-2}-0.72z^{-4}+0.3z^{-5}-z^{-6}$。

试分别画出两个系统的线性相位型结构。

第 8 章思考与练习题答案

第二部分

实践指导——MATLAB 实验指导

实验1　基础信号的编程实现

1. 实验目的

本实验旨在通过使用MATLAB对基本信号进行仿真，来加深读者对离散信号和连续信号的理解。通过编写MATLAB程序，展示和分析单位脉冲序列、正弦序列、离散周期方波、单位阶跃序列、指数序列等离散信号的波形，以及矩形脉冲信号、正弦信号、抽样函数信号、周期方波信号、阶跃信号、指数信号等连续信号的波形。通过实验，掌握MATLAB中处理基本信号的方法，理解信号的基本特性和波形。

2. 实验原理

(1) 离散信号

单位脉冲序列：单位脉冲序列是在$n=0$时取值为1，其他时刻取值为0的序列。

正弦序列：正弦序列是具有周期性和振幅的序列，用正弦函数表示。

离散周期方波：离散周期方波是一个以一定周期重复的方波信号，通常用sign函数表示。

单位阶跃序列：单位阶跃序列在$n \geqslant 0$时取值为1，$n<0$时取值为0。

指数序列：指数序列通常用e的n次方表示，其中e为自然对数的底。

(2) 连续信号

矩形脉冲信号：矩形脉冲信号是在一定时间间隔内取值为常数，其他时间取值为0的信号。

正弦信号：正弦信号是具有周期性和振幅的信号，用正弦函数表示。

抽样函数信号：抽样函数信号是指由正弦函数和自变量之比构成的函数，也称为采样函数或sinc函数。可用于描述连续时间信号在离散时间点上的采样过程。

周期方波信号：周期方波信号是一个以一定周期重复的方波信号，通常用square函数表示。

阶跃信号：阶跃信号在某一时刻突然变化为常数值，通常用heaviside函数表示。

指数信号：指数信号通常用e的at次方表示，其中a为常数。

3. 思考题

① 编写MATLAB程序以产生实验图1中所示的锯齿波序列，并将序列绘制出来。

② 算术运算符 * 和 .* 之间的区别是什么？

③ 下面是生成扫频正弦信号的范例程序，如何修改这个程序才能产生一个最小频率为0.1 Hz、最大频率为0.3 Hz的扫频正弦信号？

```
n = 0:100;
a = pi/2/100;
b = 0;
arg = a * n. * n + b * n;
x = cos(arg);
clf;
```

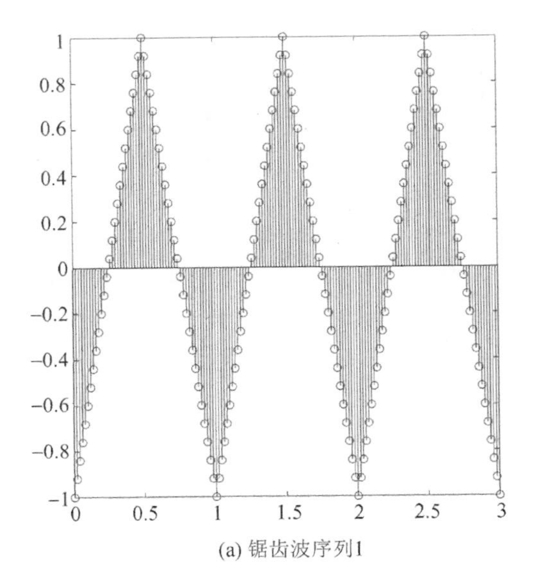

(a) 锯齿波序列1

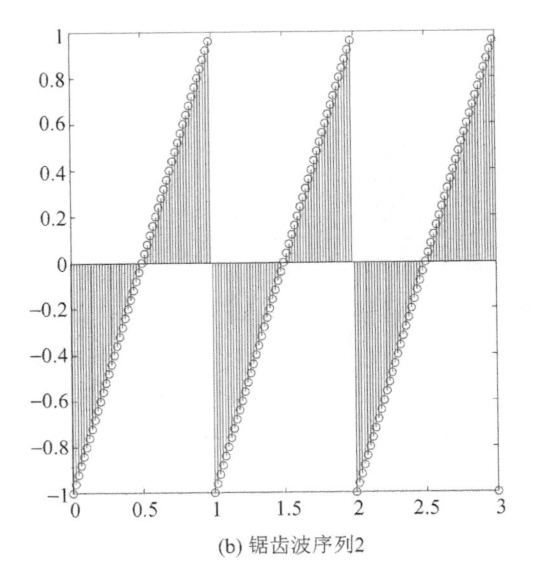

(b) 锯齿波序列2

实验图 1　锯齿波序列

```
stem(n,x);
axis([0,100,-1.5,1.5]);
title('扫频正弦信号');
xlabel('时间序号 n');
ylabel('振幅');
grid;axis;
```

实验 1 思考题①程序代码

实验 1 思考题②答案

实验 1 思考题③程序代码

4. 实验结果

实验 1 MATLAB 程序及结果

实验2　信号、系统及系统响应

1. 实验目的

① 熟悉连续信号经理想采样前后的频谱变化关系，加深对时域采样定理的理解。

② 熟悉时域离散系统的时域特性。

③ 利用卷积方法观察分析系统的时域特性。

④ 掌握序列傅里叶变换的计算机实现方法，利用序列的傅里叶变换对连续信号、离散信号及系统响应进行频域分析。

2. 实验原理

采样是连续信号数字处理的一个关键环节。对采样过程的研究不仅可以了解采样前后信号时域和频域特性发生的变化以及信号信息不丢失的条件，而且可以加深对傅里叶变换 z 变换和序列傅里叶变换之间关系式的理解。

我们知道，对一个连续信号 $x(t)$进行理想采样的过程可用式(1)表示：

$$x_s(t)=x(t)p(t) \tag{1}$$

其中，$x_s(t)$为 $x(t)$的理想采样，$p(t)$为周期冲击脉冲，即

$$p(t)=\sum_{n=-\infty}^{\infty}\delta(t-nT) \tag{2}$$

$x_s(t)$的傅里叶变换 $X_s(t)$为

$$X_s(\mathrm{j}\Omega)=\frac{1}{T}\sum_{m=-\infty}^{\infty}X[\mathrm{j}(\Omega-m\Omega_s)] \tag{3}$$

式(3)表明 $X_s(\mathrm{j}\Omega)$为 $X(\mathrm{j}\Omega)$的周期延拓，其延拓周期为采样角频率 $\Omega_s=\frac{2\pi}{T}$。只有满足采样定理时，才不会发生频谱混叠失真。

在计算机上用高级语言编程直接按式(3)计算理想采样 $x_s(t)$的频谱 $X_s(\mathrm{j}\Omega)$很不方便(请思考为什么不方便)。下面导出用序列的傅里叶变换来计算 $X_s(\mathrm{j}\Omega)$的公式。

将式(2)代入式(1)并进行傅里叶变换

$$\begin{aligned}X_s(\mathrm{j}\Omega)&=\int_{-\infty}^{+\infty}\left[x_s(t)\sum_{m=-\infty}^{\infty}\delta(t-nT)\right]\mathrm{e}^{-\mathrm{j}\Omega t}\,\mathrm{d}t\\&=\sum_{m=-\infty}^{\infty}\int_{-\infty}^{+\infty}[x_s(t)\delta(t-nT)]\,\mathrm{e}^{-\mathrm{j}\Omega t}\,\mathrm{d}t\\&=\sum_{n=-\infty}^{\infty}x_s(nT)\mathrm{e}^{-\mathrm{j}\Omega nT}\end{aligned} \tag{4}$$

式中，$x_s(nT)$就是采样后得到的序列 $x_s(n)$，即 $x(n)=x_s(n)$。

$x(n)$的傅里叶变换为

$$X(\mathrm{e}^{\mathrm{j}\omega})=\sum_{n=-\infty}^{\infty}x(n)\mathrm{e}^{-\mathrm{j}\omega n} \tag{5}$$

比较式(4)和式(5)可知

$$X_s(\mathrm{j}\Omega) = X(\mathrm{e}^{\mathrm{j}\omega})\big|_{\omega=\Omega T} \tag{6}$$

这说明两者之间只在频率度量上差一个常数因子 T。实验过程中应注意这一差别。

离散信号和系统在时域均可用序列来表示。序列图形给人以形象直观的印象,可以加深读者对信号和系统的时域特征的理解。本实验还将观察分析几种信号及系统的时域特性。

为了在计算机上观察分析各种序列的频域特性,通常对 $X(\mathrm{e}^{\mathrm{j}\omega})$ 在$[0,2\pi]$上进行 M 点采样来观察分析。对长度为 N 的有限长序列 $x(n)$,有

$$X(\mathrm{e}^{\mathrm{j}\omega_k}) = \sum_{n=0}^{N-1} x(m)\mathrm{e}^{-\mathrm{j}\omega_k n} \tag{7}$$

其中,$\omega_k = \frac{2\pi}{M}k, k=0,1,2,\cdots,M-1$。

通常 M 应取得大一些,以便观察谱的细节变化。取模 $|X(\mathrm{e}^{\mathrm{j}\omega_k})|$ 可绘出幅频特性曲线。

一个时域离散线性非移变系统的输入/输出关系为

$$y(n) = x(n) * h(n) = \sum_{n=-\infty}^{\infty} x(m)h(n-m) \tag{8}$$

这里,$y(n)$为系统的输出序列,$x(n)$为输入序列。$h(n)$、$x(n)$可以是无限长的。为了计算机绘图观察方便,主要讨论有限长的情况。如果 $h(n)$和 $x(n)$的长度分别为 N 和 M,则 $y(n)$的长度为 $L=N+M-1$。这样,式(8)所描述的卷积运算应是序列移位、相乘和累加的过程,所以编程十分简单。

上述卷积运算也可以在频域实现

$$Y(\mathrm{e}^{\mathrm{j}\omega}) = X(\mathrm{e}^{\mathrm{j}\omega})H(\mathrm{e}^{\mathrm{j}\omega}) \tag{9}$$

式(8)等号右边的相乘是在各频点$\{\omega_k\}$上的频谱值相乘。

3. 实验步骤

步骤 1:认真复习采样理论、离散信号与系统、线性卷积、序列的傅里叶变换及性质等有关内容,阅读本实验原理与方法。

步骤 2:编制实验用主程序及相应子程序。

(1) 信号产生子程序

用于产生实验中用到的下列信号序列。

① 采样信号系列:对下面连续信号

$$x_s(t) = A\mathrm{e}^{-at}\sin(\Omega_0 t)u(t)$$

进行采样,可得到采样序列

$$x_\omega(t) = x_\omega(nT) = A\mathrm{e}^{-\omega T}\sin(\Omega_0 nt)u(n), \quad 0 \leqslant n < 50$$

其中,A 为幅度因子,a 为衰减因子,Ω_0 是模拟角频率,T 为采样间隔。这些参数都是在实验过程中由键盘输入的,可以产生不同的 $x_s(t)$和 $x_s(n)$。

② 单位脉冲序列:

$$x_b(n) = \delta(n)$$

③ 矩形序列:

$$x_c(n) = R_N(n), \quad N=10$$

④ 阶跃序列:

$$x_d(n)=U(n)$$

（2）系统单位脉冲响应序列产生子程序

本实验用到两种 FRI 系统：

$$h_a(n)=R_{10}(n)$$

$$h_b(n)=\delta(n)+2.5\delta(n-1)+2.5\delta(n-2)+\delta(n-3)$$

（3）有限长序列线性卷积子程序

用于完成两个给定长度的序列的卷积。可以直接调用 MATLAB 语言中的卷积函数 conv，conv 用于两个有限长度序列的卷积，它假定两个序列都从 $n=0$ 开始。调用格式如下：

$$y=\text{conv}(x,h)$$

其中，参数 x 和 y 是两个已赋值的行向量序列。

在完成编制上述子程序的基础上，编制本实验主程序，实验步骤最后给出可供参考的主程序流程框图。

步骤 3：调用并运行实验程序，完成下述实验内容：

（1）分析采样序列的特性

产生采样信号序列 $x_s(n)$，使

$$A=522,\quad a=55\sqrt{2}\pi,\quad \Omega_0=55\sqrt{2}\pi$$

① 取采样频率

$$f_s=1.5\ \text{kHz}$$

② 观察所得采样 $x_s(n)$ 的幅频特性 $|X_a(\text{j}\Omega)|$ 在折叠频率附近有无明显差别。应当注意，实验中所得频谱是用序列 $x_s(n)$ 的傅里叶变换公式求得的，所以在频率测量上存在关系：$\omega=\Omega T$，ω 为数字频率，Ω 为模拟频率。

③ 改变采样频率，$f_s=500$ Hz，观察 $|X(\text{e}^{\text{j}\omega})|$ 的变化，并做记录（打印曲线）；进一步降低采样频率，$f_s=200$ Hz，观察频谱混叠是否明显存在，说明原因，并记录（打印）这时的 $|X(\text{e}^{\text{j}\omega})|$ 曲线。

（2）时域离散信号、系统和系统响应分析

① 观察信号 $x_b(n)$ 和系统 $h_b(n)$ 时域和频域特性；利用线性卷积求信号 $x_b(n)$ 通过系统 $h_b(n)$ 的响应 $y(n)$，比较所求响应 $y(n)$ 和 $x_b(n)$ 的时域及频域特性，注意它们之间有无差别，绘图说明，并用所学理论解释所得结果。

② 观察系统 $h_a(n)$ 对信号 $x_c(n)$ 的响应特性。利用线性卷积求系统响应 $y(n)$，并判断 $y(n)$ 图形及其非零值序列长度是否与理论结果一致，若 $x_c(n)=h_a(n)=R_{10}(n)$，说出一种定性判断 $y(n)$ 图形正确与否的方法。调用序列傅里叶变换数值计算子程序，求得 $Y(\text{e}^{\text{j}w_k})$，观察 $|Y(\text{e}^{\text{j}w_k})|$ 特性曲线，定性判断结果的正确性。改变 $x_c(n)$ 的长度，取 $N=10$ 重复该实验。注意参数变化的影响，并解释所得结果。

③ 用线性卷积求信号 $x_d(n)$ 通过系统 $h_b(n)$ 的响应 $y(n)$，比较所求响应 $y(n)$ 和 $x_b(n)$ 的时域及频域特性。

（3）卷积定理的证明

将实验（2）中的信号换成 $x_s(n)$，使

$$a=0.5,\quad \Omega_0=2.33,\quad A=1.5,\quad T=2$$

重复实验(2)①,打印$|Y(e^{j\omega_k})|$曲线;对主程序做简单修改,按式(9)计算$Y(e^{j\omega_k})=X_a(e^{j\omega_k})H_b(e^{j\omega_k})$,并绘出$|Y(e^{j\omega_k})|$曲线,与前面直接对$y(n)$进行傅里叶变换所得幅频特性曲线进行比较,验证时域卷积定理。

主程序框图如实验图2所示。

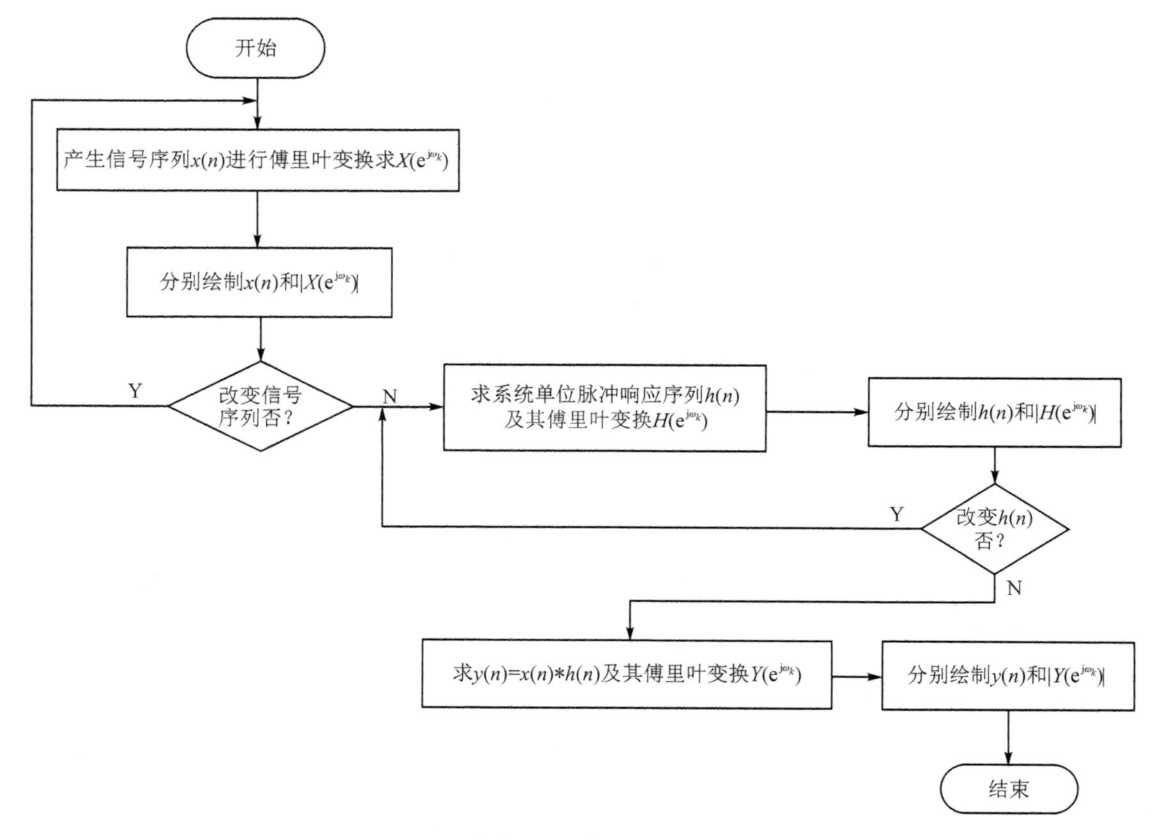

实验图2　主程序框图

4. 思考题

① 在分析理想采样序列特性的实验中,采样频率不同时,相应理想采样序列的傅里叶变换频谱的数字频率是否都相同?它们所对应的模拟频率是否相同?为什么?

② 在卷积定理验证的实验中,如果选用不同的频域采样点数M值,例如选$M=10$和$M=20$,分别做序列的傅里叶变换,求得

$$Y(e^{j\omega_k})=X_a(e^{j\omega_k})H_b(e^{j\omega_k}),\quad k=0,1,\cdots,M-1$$

所得结果之间有无差异?为什么?

实验2思考题答案

5. 实验结果

实验 2 实验结果

6. 实验 MATLAB 代码

实验 2 MATLAB 代码

实验3 DFT性质

1. 实验目的

① 熟悉和加深对离散时间傅里叶变换(DFT)的定义和性质的理解。

② 熟悉圆位移和圆卷积的定义和性质。

③ 学习通过MATLAB编程证明DFT和圆卷积的性质,并作出图形进行分析。

2. 实验原理

(1) 离散时间傅里叶变换的定义及性质

① DFT定义。

当$0\leqslant n\leqslant N-1$时,有限长序列$x(n)$的$N$点离散傅里叶变换(DFT)定义为

$$X(k)=\sum_{n=0}^{N-1}x(n)W_N^{kn},\quad k=0,1,\cdots,N-1$$

其中

$$W_N=\mathrm{e}^{-\mathrm{j}2\pi/N}$$

② DFT的几个性质。

DFT的很多性质对于实际的信号处理工程应用有重要的意义,本实验用MATLAB编程来证明DFT的时移性质、频移性质、线性卷积性质及调制性质、时间翻转性质。

时移性质:若$X(\mathrm{e}^{\mathrm{j}\omega})$表示序列$x(n)$的离散时间傅里叶变换,则时移序列$x(n-n_0)$的离散时间傅里叶变换为$\mathrm{e}^{-\mathrm{j}n_0}X(\mathrm{e}^{\mathrm{j}\omega})$。

频移性质:若$X(\mathrm{e}^{\mathrm{j}\omega})$表示序列$x(n)$的离散时间傅里叶变换,则序列$\mathrm{e}^{\mathrm{j}\omega_0 n}x(n)$的离散时间傅里叶变换为$X(\mathrm{e}^{\mathrm{j}(\omega-\omega_0)})$。

线性卷积性质:若$X(\mathrm{e}^{\mathrm{j}\omega})$和$H(\mathrm{e}^{\mathrm{j}\omega})$分别表示序列$x(n)$和$h(n)$的离散时间傅里叶变换,则序列$x(n)*h(n)$的离散时间傅里叶变换为$X(\mathrm{e}^{\mathrm{j}\omega})H(\mathrm{e}^{\mathrm{j}\omega})$。

调制性质:若$X(\mathrm{e}^{\mathrm{j}\omega})$和$H(\mathrm{e}^{\mathrm{j}\omega})$分别表示序列$x(n)$和$h(n)$的离散时间傅里叶变换,则序列$x(n)h(n)$的离散时间傅里叶变换为$\dfrac{1}{2\pi}\int_{-\pi}^{\pi}X(\mathrm{e}^{\mathrm{j}\theta})H(\mathrm{e}^{\mathrm{j}(\omega-\theta)})\,\mathrm{d}\theta$。

时间翻转性质:若$X(\mathrm{e}^{\mathrm{j}\omega})$表示序列$x(n)$的离散时间傅里叶变换,则时间翻转序列$x(-n)$的离散时间傅里叶变换为$X(\mathrm{e}^{-\mathrm{j}\omega})$。

(2) 离散时间傅里叶变换的圆周卷积

圆周移位是指序列的这样一种移位:将长度为N的序列$x(n)$进行周期延拓,周期为N,构成周期序列$x_p(n)$,然后对周期序列$x_p(n)$做m位移位处理,得移位序列$x_p(n-m)$,再取其主值序列($x_p(n-m)$与一矩形序列$R_N(n)$相乘),所谓的圆周移位序列就是$x_p(n-m)\ R_N(n)$。

若对于N点的序列有

$$X(k)=\mathrm{DFT}[x(n)],\quad H(k)=\mathrm{DFT}[h(n)],\quad Y(k)=\mathrm{DFT}[y(n)],\quad Y(k)=X(k)H(k)$$

则有

$$y(n)=\mathrm{IDFT}[Y(k)]=\sum_{m=0}^{N-1}x(m)h_p(n-m)R_N(n)$$

在上式中，若 $x(m)$ 保持不移位，则 $h_p(n-m)R_N(n)$ 是 $h(n)$ 的圆周位移，故称

$$\sum_{m=0}^{N-1} x(m)h_p(n-m)R_N(n)$$

为圆周卷积，简称圆卷积，或称循环卷积，运算过程用符号 $\otimes$ 表示，以区别于线卷积的符号 $*$，即

$$y(n)=x(n)\otimes h(n)=\sum_{n=0}^{N-1} x(m)h_p(n-m)R_N(n)$$

而线卷积是

$$y(n)=x(n)*h(n)=\sum_{n=-\infty}^{\infty} x(m)h(n-m)$$

圆周卷积有以下性质：

① 圆周时移性质：若 $X(k)$ 表示长度为 N 的序列 $x(n)$ 的 N 点离散傅里叶变换，则圆周时移序列 $g[(n-n_0)_N]$ 的 N 点离散傅里叶变换为 $W_N^{kn}\otimes G(k)$，其中 $W_N=\mathrm{e}^{-\mathrm{j}2\pi/N}$。

② 圆周频移性质：若 $X(k)$ 表示长度为 N 的序列 $x(n)$ 的 N 点离散傅里叶变换，则序列 $W_N^{-k_0 n}\otimes g(n)$ 的 N 点离散傅里叶变换为 $X[(k-k_0)_N]$。

③ 帕斯瓦尔定理：若 $X(k)$ 表示长度为 N 的序列 $x(n)$ 的 N 点离散傅里叶变换（DFT），则

$$\sum_{n=0}^{N-1}|x(n)|^2=\frac{1}{N}\sum_{n=0}^{N-1}|X(k)|^2$$

3. 实验步骤

步骤1：验证离散时间傅里叶变换的时移特性。

① 生成频率范围从 −pi 到 pi 的包含256个点的频率向量 **w**。定义中心频率 w_o 为 0.4 * pi，并且定义一个时移量 D 为10。

② 定义一个长度为9的向量 **num**，表示系统的分子多项式系数。

③ 计算原始序列的频率响应。用 freqz 函数计算离散时间系统的频率响应。计算经过时移的序列的频率响应。在这里，时移通过在原始序列前面添加10个零来实现。

④ 绘制原始序列的幅度谱，横轴为频率（归一化到 π），纵轴为幅度。同样的操作分别用于绘制时移后序列的幅度谱、原序列的相位谱和时移后序列的相位谱。

步骤2：验证离散时间傅里叶变换的频移特性。

① 生成频率范围从 −pi 到 pi 的包含256个点的频率向量 **w**。定义中心频率 w_o 为 0.4 * pi。定义一个长度为9的向量 $\mathbf{num}_1$，表示系统的分子多项式系数。

② 计算原始序列的频率响应。生成一个时间序列 n，长度为 L。计算经过频率移动后的新序列 $\mathbf{num}_2$。使用欧拉公式，计算频率移动后序列的频率响应。

③ 绘制原始序列的幅度谱，横轴为频率（归一化到 π），纵轴为幅度。同样的操作分别用于绘制频率移动后序列的幅度谱、原序列的相位谱和频率移动后序列的相位谱。

步骤3：验证离散时间傅里叶变换的调制特性。

① 生成频率范围从 −pi 到 pi 的包含256个点的频率向量 **w**。定义第一个序列 x_1，包含9个元素。定义第二个序列 x_2，也包含9个元素。

② 计算两个序列的乘积序列 y。计算第一个序列 x_1 的频率响应，计算第二个序列 x_2 的

频率响应,计算乘积序列 y 的频率响应。

③ 绘制第一个序列的幅度谱,横轴为频率(归一化到 π),纵轴为幅度。同样的操作分别用于绘制第二个序列的幅度谱和乘积序列的幅度谱。

步骤 4:验证离散时间傅里叶变换的时间翻转性质。

① 生成频率范围从 $-$pi 到 pi 的包含 256 个点的频率向量 $\boldsymbol{w}$。定义一个长度为 4 的向量 $\mathbf{num}_3$,表示系统的分子多项式系数。

② 计算原始序列的频率响应,计算时间翻转后序列的频率响应。fliplr 函数用于翻转向量。计算时间翻转后序列的频率响应,并乘以一个相位偏移。

③ 绘制原始序列的幅度谱,横轴为频率(归一化到 π),纵轴为幅度。绘制时间翻转后序列的幅度谱。同样的操作分别用于绘制原序列的相位谱和时间翻转后序列的相位谱。

步骤 5:说明离散傅里叶变换的圆周卷积性质。

① 定义输入序列 $g_1=[1\ 2\ 3\ 4\ 5\ 6]$,$g_2=[1\ -2\ 3\ 3\ -2\ 1]$,调用自定义函数 circonv,计算输入序列 g_1 和 g_2 的圆周卷积,并输出结果。

② 分别对 g_1、g_2 进行离散傅里叶变换,在频域中,将输入序列的傅里叶变换相乘,然后进行离散傅里叶逆变换,得到结果并输出。

③ 定义自定义函数 circonv,这个函数实现了圆周卷积的计算。在循环中,对输入序列进行循环移位,并计算相应位置的乘积和,最终得到圆周卷积的结果。

4. 思考题

① 编写一个 MATLAB 程序实现一个有限长序列圆周移位(使用函数 circshift)。

② 编写一个 MATLAB 程序证明离散傅里叶变换的圆周时移性质(使用函数 circshift)。

实验 3 思考题代码

5. 实验结果

实验 3 实验结果

6. 实验 MATLAB 代码

实验 3 MATLAB 代码

实验4　常用窗函数的时域波形特性及频率特性比较分析

1. 实验目的

① 掌握矩形窗、汉宁(Hanning)窗、海明(Hamming)窗的时域波形特征和频率特性。

② 对几种常用窗函数的特性进行比较分析，了解不同窗函数的应用特性。

2. 实验原理

(1) 常见窗函数的表达式

记窗函数为 $w(n)$，$W(\omega)$ 为其傅里叶变换，则各窗函数的表达式分别如下：

① 矩形窗。

$$w(n)=R_N(n)=\begin{cases}1, & 0\leqslant n\leqslant N-1\\ 0, & \text{其他}\end{cases}$$

$$W(\omega)=W_R(\omega)=\frac{\sin(\omega N/2)}{\sin(\omega/2)}\mathrm{e}^{-\mathrm{j}\left(\frac{N-1}{2}\right)\omega}$$

② 汉宁(Hanning)窗。

$$w(n)=\left[0.5-0.5\cos\left(\frac{2\pi n}{N}\right)\right]R_N(n)$$

$$W(\omega)=0.5W_R(\omega)+0.25\left[W_R\left(\omega-\frac{2\pi}{N}\right)+W_R\left(\omega+\frac{2\pi}{N}\right)\right]$$

③ 海明(Hamming)窗。

$$w(n)=\left[0.54+0.46\cos\left(\frac{2\pi n}{N}\right)\right]R_N(n)$$

$$W(\omega)=0.54W_R(\omega)+0.23\left[W_R\left(\omega-\frac{2\pi}{N}\right)+W_R\left(\omega+\frac{2\pi}{N}\right)\right]$$

(2) 常见窗函数的参数

常见窗函数及其参数如实验表1-1所列。

实验表1-1

窗函数名称	第一旁瓣衰减 A/dB	主瓣带宽 B	旁瓣峰值衰减 D/dB
矩形窗	−13	$4\pi/N$	−6
汉宁窗	−32	$8\pi/N$	−18
海明窗	−41	$8\pi/N$	−6

(3) 窗函数的选择

设实际信号中包含 f_1 和 f_2 两个频率分量，窗函数的选择与两个频率分量的间距以及两个频率分量的幅度比例密切相关，一般来说：幅值比例小、频率间隔小的信号需选用主瓣窄的窗函数；幅值比例大、频率间隔大的信号需选用阻带衰减大的窗函数。不同的窗函数都会引起频谱泄露的情况，一般来说，主瓣窄的窗函数旁瓣泄露大，频谱泄露集中在旁瓣范围内；旁瓣衰减大的窗函数主瓣较宽，频谱泄露集中在主瓣范围内。因此，实际问题中的窗函数需要结合实际信号的特征来选取。

3. 实验步骤

① 利用 MATLAB 自带函数 boxcar、hanning、hamming 得到不同窗函数的时域波形图。

② 利用 fft 函数，绘制各个窗函数的频域波形，并对 FFT 谱图取对数，以 dB 为单位绘制频谱。

③ 用不同的 N 点数进行 FFT，比较它们的频谱图。

4. 思考题

① 为什么要给待处理信号加窗？加窗的作用是什么？

② 如何结合实际情况进行窗函数的选取？请举例说明。

5. 实验 MATLAB 代码

实验 4 MATLAB 代码

实验5 FIR的几种实现方法

1. 实验目的

① 掌握用线性卷积法、循环卷积法、FFT算法进行卷积来实现FIR滤波器的原理和方法。

② 对几种实现方法进行比较，了解FFT算法进行卷积的优点。

2. 实验原理

(1) 线性卷积

设输入$x(n)$为因果序列，长度为N，则对于长度为M的因果系统$h(n)$有

$$y(n)=x(n)*h(n)=\sum_{m=0}^{n}h(n-m)x(m)=\sum_{m=0}^{n}x(n-m)h(m)$$

显然，$y(n)$的长度$L=M+N-1$。

在MATLAB中，也可以用内部函数conv来直接计算线卷积。

(2) 循环卷积

设$L\geqslant M+N-1$，且$L=2^r$，将$x(n)$、$h(n)$序列补零至长度L，则有

$$y(n)=x(n)\otimes h(n)=\sum_{r=0}^{L-1}h(n-r)x(n)=\sum_{r=0}^{L-1}x(n-r)h(n)$$

(3) 利用FFT进行卷积

在循环卷积法的基础上，利用FFT算法可以大大减少计算量，将$x(n)$、$h(n)$分别进行L点DFT，对应$X(k)$、$H(k)$，则

$$Y(k)=X(k)H(k)$$

其中

$$X(k)=\sum_{n=0}^{L-1}x(n)W_L^{kn},H(k)=\sum_{n=0}^{L-1}h(n)W_L^{kn},\quad 0\leqslant k\leqslant L-1$$

$$y(n)=\frac{1}{N}\sum_{k=0}^{L-1}Y(k)W_L^{-kn}$$

本实验中FFT采用频率抽取法，蝶形运算由以下方程确定：

$$\begin{cases}X(I)=X(I)+X(IP)\\X(IP)=[X(I)-X(IP)]W_N^r\end{cases}$$

蝶形运算的输出为倒序，因此须经一整序程序将其转为自然顺序输出：

倒序序列：$x(0)x(4)x(2)x(6)x(1)x(5)x(3)x(7)\sim x(J)$

自然顺序：$x(0)x(1)x(2)x(3)x(4)x(5)x(6)x(7)\sim x(I)$

由以上两序列可见，设倒序序列序号为J，自然序列序号为I，如$J>I$时交换，则倒序序列变换为自然序列。

在MATLAB中，也可以用函数fft来直接进行快速傅里叶变换。

(4) 利用卷积实现FIR滤波

FIR滤波器的单位抽样响应$h(n)$是有限长的，其输出只取决于现时刻的输入，不存在过

去输出的反馈，为因果序列，系统的输入 $x(n)$、输出 $y(n)$ 和单位抽样响应 $h(n)$ 间是一线性卷积关系：

$$y(n)=x(n)*h(n)$$

3. 实验步骤

① 根据线性卷积、循环卷积、FFT 的公式，编程实现线卷积、圆周卷积和 FFT，并封装成自编函数，对比自编函数和 MATLAB 函数 conv 及 fft 的效果。

② 结合实验原理中关于 FFT 实现卷积的理论知识，利用 FFT 实现卷积(思考 FFT 实现的卷积是线性卷积还是循环卷积?)。

③ 已知 FIR 滤波器的单位抽样响应 $h(n)$，输入信号为 $x(n)$，分别用卷积法和 FFT 法编程求解输出信号 $y(n)$(思考求解过程用到的是线性卷积还是循环卷积？线性卷积和循环卷积在什么样的条件下可以互相转化？如何使用 FFT 实现线性卷积和循环卷积?)。

4. 思考题

① 线性卷积、循环卷积之间有什么关系？

② 利用 FFT 实现卷积，实现的是线性卷积还是循环卷积？

③ 直接卷积运算和 FFT 运算的时间复杂度分别是多少？FFT 算法进行卷积有什么优点？

5. 实验 MATLAB 代码

实验 5 MATLAB 代码

实验6 判断离散线性系统的稳定性

1. 实验目的

① 理解无限脉冲响应滤波器稳定性的重要性。

② 掌握通过冲激响应判据和舒尔稳定(Schur stability)定义判断离散线性系统稳定性的原理。

③ 通过编写 MATLAB 程序利用冲激响应判据和舒尔稳定定义判断滤波器的稳定性。

2. 实验原理

数字滤波器分析中所说的稳定性是指有界输入，有界输出(BIBO)。所谓 BIBO，就是对于任一个有界输入序列$|x(k)|$，滤波器系统的输出序列$|y(k)|$也都是有界的。

(1) 冲激响应判据

若一个线性时不变离散时间系统的冲激响应是绝对可和的，则该系统就是 BIBO 稳定的。因此可知，无限冲激响应线性时不变系统稳定的一个必要条件是，随着样本的增加，冲激响应衰减到零。可以利用这个条件来判断系统的稳定性。

(2) Schur 判据

若一个数字滤波器的传输函数$H(z)=A(z)/B(z)$，判断该数字滤波器是否为 BIBO 稳定，就要看多项式$B(z)$是否满足$B(z)\neq 0, |z|\geqslant 1$。如果$B(z)$满足这个条件，则相应的数字滤波器为 BIBO 稳定，$B(z)$也就被称为 Schur 多项式。

舒尔稳定是关于离散线性系统的稳定性定义，对于离散线性系统的特征多项式，如果其根均位于单位圆内，则称此系统是舒尔稳定的。这样来看，判断系统稳定性和判断$B(z)$是否为 Schur 多项式两者是等效的。假设：$B(z)=b_n z^n+b_{n-1}z^{n-1}+\cdots+b_1 z+b_0$中的系数均为实数，并令$b_0\neq 0, b_n\neq 0, n\neq 0$。下面就是一种判断$B(z)$是否为 Schur 多项式的可实现算法：从上式的$B(z)$可以得到阶数为$n-1$的多项式$B_1(z)$，即$B_1(z)=\dfrac{1}{z}\left[b_n B(z)-b_0 z^n B\left(\dfrac{1}{z}\right)\right]$，则$B(z)$是一个 Schur 多项式的充分必要条件为

① $|b_0|<|b_n|$；

② $B_1(z)$是一个 Schur 多项式。

由以上分析可以看出，$B_1(z)$的n个系数实际上是由下列矩阵

$$\begin{bmatrix} b_n & b_{n-1} & \cdots & b_0 \\ b_0 & b_1 & \cdots & b_n \end{bmatrix}$$

的第一列分别与各列组成的2×2子矩阵得出的n个行列式。

很明显，上述矩阵第一行是$B(z)$的系数(按降幂排列)，第二行是$z^n B\left(\dfrac{1}{z}\right)$的系数(按降幂排列)。

$B_2(z)$的系数可用同样的方法由$B_1(z)$得出；依此类推，直至最终得出1阶的$B_{n-1}(z)$。所有的多项式构成一个集合

$$\{B(z), B_1(z), \cdots, B_{n-2}(z), B_{n-1}(z)\}$$

要使$B(z)$成为一个 Schur 多项式，就要求上述集合的每一成员的常数项和最高阶项系数的绝对比值小于1。

3. 实验步骤

步骤 1：利用 Schur 判据判断系统稳定性。

针对如何测试一个数字滤波器是否稳定的问题，可以通过检测该数字滤波器传递函数的分母多项式 $B(z)$是否为 Schur 多项式而实现，具体的程序设计框图如实验图 3 所示。

由于测试无限脉冲响应滤波器稳定性具有非常重要的意义，所以编写相关测试稳定性的程序非常重要。程序设计要求使用时只要输入 $B(z)$的阶数及其各项系数即可。

输入数据：$B(z)$的阶数 n 和系数(按升幂形式)。

输出数据：$B(z)$，$B_1(z)$，…，$B_{n-2}(z)$，$B_{n-1}(z)$的系数(按升幂形式)；系统稳定与否的信息。

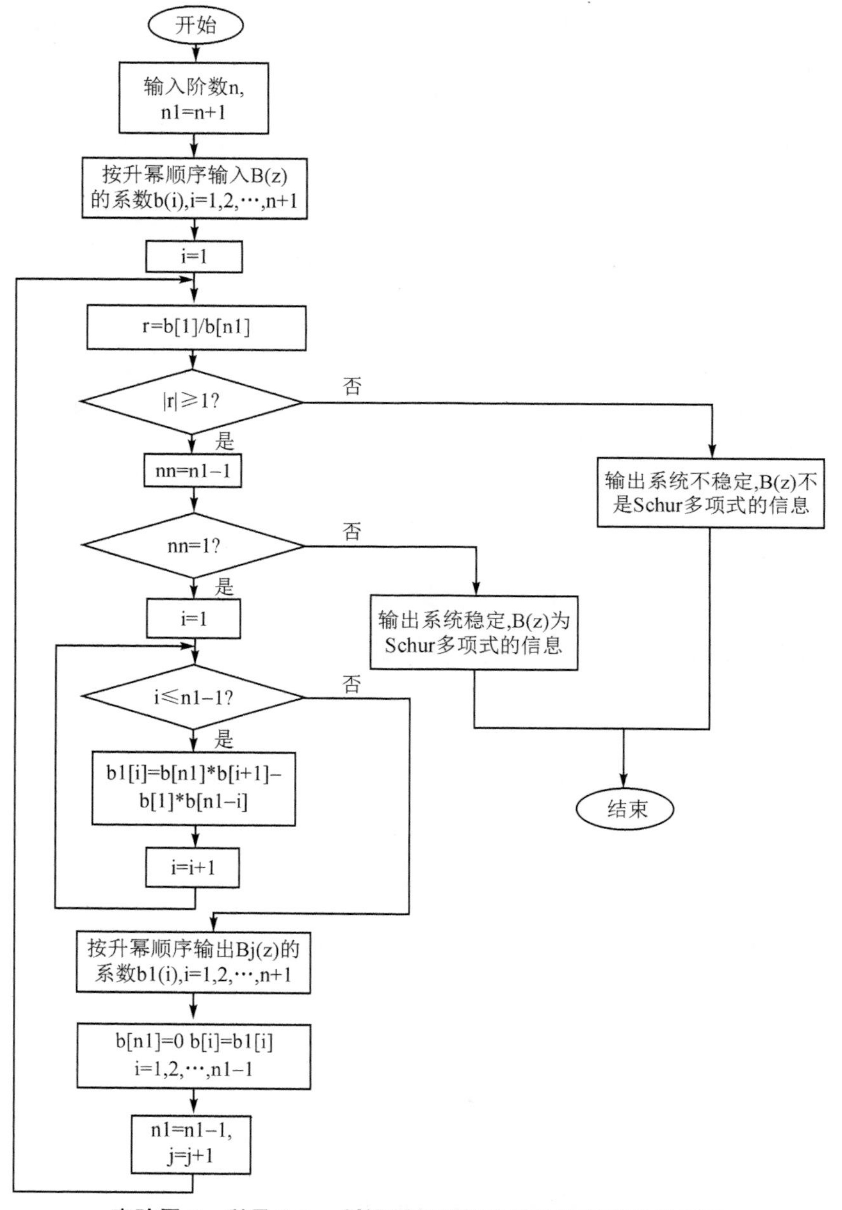

实验图 3　利用 Schur 判据判断系统稳定性的程序设计框图

步骤 2：利用冲激响应判据判断系统稳定性。

已知若一个线性时不变离散时间系统的冲激响应是绝对可和的，则该系统就是 BIBO 稳定的。因此可知，无限冲激响应线性时不变系统稳定的一个必要条件是，随着样本的增加，冲激响应应衰减到零。MATLAB 程序实现原理为通过计算一个因果 IIR 线性时不变系统的冲激响应的绝对值的和来进行判断，具体的程序设计框图如实验图 4 所示。下面的式子表示计算了冲激响应序列的 N 个样本，并得到累加的 K 个值的表达式。

$$S(K)=\sum_{n=0}^{K}|h(n)|$$

在每一次迭代中检查 $|h(K)|$ 的值。若 $|h(K)|$ 的值小于 10^{-6}，则可认为上式中的 $S(K)$ 已经收敛并且非常接近于 $S(\infty)$。

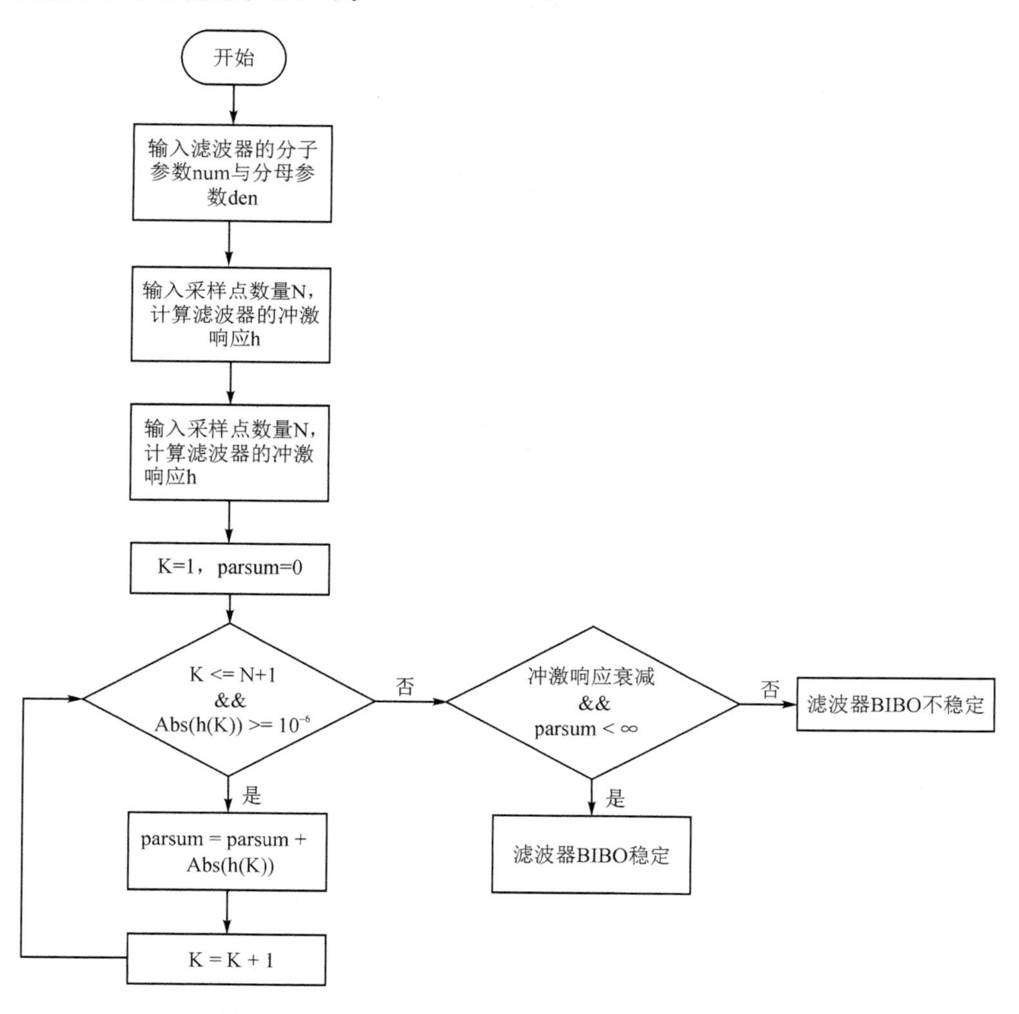

实验图 4　利用冲激响应判据判断系统稳定性的程序设计框图

步骤 3：分别利用 Schur 判据和冲激响应判据判断下列数字滤波器的稳定性。

① 判断滤波器 $H(z)=(z^2-0.5z+0.1)/(z^3+0.4z^2+0.3z-0.2)$ 的稳定性。

② 判断滤波器 $H(z)=(z^3+3z^2+3z+1)/(z^3+1.847\,8z^2+1.765\,4z+1)$ 的稳定性。

③ 判断系统 $H(z)=(0.5z^2+z+0.5)/(z^2+0.8z+0.3)$的稳定性。

4. 思考题

① 探讨舒尔稳定性在控制系统、信号处理或其他工程应用中的实际用途。为什么在某些情况下我们更关心舒尔稳定性而不是其他稳定性概念?

② 说明舒尔稳定性与矩阵的舒尔分解之间的关系。如果一个矩阵是上/下三角舒尔矩阵,它是否一定是稳定的?

实验 6 思考题答案

5. 实验结果

实验 6 实验结果

6. 实验 MATLAB 代码

实验 6 MATLAB 代码

实验7　信号叠加、分析及信号频谱滤波——信号分析与处理设计性实验

1. 实验目的

① 综合应用信号频谱分析和数字滤波器设计的知识，实现信号的滤波。

② 比较分析干扰信号加入前、后的频谱有何区别，分析噪声的影响。

③ 加深理解信号时域和频域分析的物理概念，认识不同滤波器的特性和适用范围。

④ 掌握设计 IIR、FIR 数字滤波器的原理和特性，通过比较对两种滤波器的滤波作用有直观认识。

2. 实验原理

(1) FIR 数字滤波器的设计原理

FIR 数字滤波器总是稳定的系统，且可以设计成具有线性相位。m 阶 FIR 数字滤波器的系统函数为

$$H(z)=\sum_{n=0}^{m}h(n)z^{-n}$$

系统的单位脉冲响应 $h(n)$ 是长度为 $m+1$ 的有限长因果序列。当满足 $h(n)=\pm h(m-n)$ 的对称条件时，该 FIR 数字滤波器具有线性相位。FIR 数字滤波器设计方法主要有窗口法、频率取样法、优化设计法。

MATLAB 中常用的 FIR 数字滤波器设计函数如下：

① fir1(窗函数法 FIR 数字滤波器设计)：低通、高通、带通、带阻、多频带滤波器。

② fir2(频率抽样法 FIR 数字滤波器设计)：任意频率响应。

③ firls(最小二乘线性相位法 FIR 数字滤波器设计)：指定频率响应。

(2) IIR 数字滤波器的设计原理

IIR 数字滤波器一般为线性时不变的因果离散系统，n 阶 IIR 数字滤波器的系统函数可以表达为 $z-1$ 的有理多项式，即

$$H(z)=\frac{\sum_{j=0}^{m}b_j z^{-j}}{1+\sum_{i=1}^{n}a_i z^{-i}}=\frac{b_0+b_1z^{-1}+\cdots+b_{m-1}z^{-(m-1)}+b_m z^{-m}}{1+a_1z^{-1}+\cdots+a_{n-1}z^{-(n-1)}+a_n z^{-n}}$$

分母系数中 $\{a_i;i=1,2,\cdots,n\}$ 至少有一个非零。对于因果 IIR 数字滤波器，满足 $m\leqslant n$。

IIR 数字滤波器的设计主要通过成熟的模拟滤波器设计方法来实现。首先在频域将数字滤波器设计指标转化为模拟低通滤波器设计指标，根据模拟低通滤波器设计指标设计出模拟低通滤波器 $H_{lp}(s)$，由 $H_{lp}(s)$ 经过相应的复频域变换得到 $H(s)$，由 $H(s)$ 经过脉冲响应不变法或双线性变换法得到所需的 IIR 数字滤波器 $H(z)$。由此可见，IIR 数字滤波器设计的重要环节是模拟低通滤波器的设计，涉及低通模拟滤波器的方法有巴特沃斯法、切比雪夫法和椭圆法等滤波器设计方法。

用 MATLAB 设计 IIR 滤波器的常用函数如下：

IIR 滤波器阶数选择：

① buttord：巴特沃斯(Butterworth)滤波器阶数选择。

② cheb1ord：切比雪夫(Chebyshev)Ⅰ型滤波器阶数选择。

③ cheb2ord：切比雪夫(Chebyshev)Ⅱ型滤波器阶数选择。

④ ellpord：椭圆(Elliptic)滤波器阶数选择。

IIR 滤波器设计：

① butter：巴特沃斯(Butterworth)滤波器设计。

② cheby1：切比雪夫(Chebyshev)Ⅰ型滤波器设计。

③ cheby2：切比雪夫(Chebyshev)Ⅱ型滤波器设计。

④ maxflat：通用的巴特沃斯(Butterworth)低通滤波器设计。

3. 实验步骤

① 利用 audioread 函数读入一段 wav 格式的音频信号，利用 fft 函数求出原信号的频谱并绘制频谱图，需注意如读取的音频信号为双声道信号，则需要提取其单个声道。

② 向原音频信号中引入给定频率的噪声，为简便起见，噪声可以由正弦信号组成，利用 fft 函数得到噪声信号的频谱和引入噪声后音频信号的频谱。

③ 设计 IIR 滤波器除去噪声，可以选用巴特沃斯滤波器或切比雪夫滤波器等进行 IIR 设计。以巴特沃斯滤波器为例：首先结合前两步获得的频谱信息，设置通带波纹、阻带衰减、通带区间、阻带区间等参数，利用 buttord 函数选择巴特沃斯滤波器阶数，利用 butter 函数设计巴特沃斯滤波器，再利用 filter 函数滤去噪声。滤去噪声后，利用 fft 函数得到滤波器的幅频响应和去除噪声后的音频信号频谱。需要注意的是，如引入的噪声有多种频率，针对每种频率进行多次滤波可能有更好的效果。

④ 设计 FIR 滤波器除去噪声，可以选用窗口法或频率抽样法进行 FIR 设计。以窗口法为例：首先结合前两步获得的频谱信息，设置阻带频率、窗口类型，利用 fir1 函数设计 FIR 滤波器，再利用 filter 函数滤去噪声。滤去噪声后，利用 fft 函数得到滤波器的幅频响应和去除噪声后的音频信号频谱。同样需要注意的是，如引入的噪声有多种频率，针对每种频率进行多次滤波可能有更好的效果。

⑤ 利用 audiowrite 函数保存音频信号为 wav 格式，播放对比不同方式滤波前后音频的效果并进行分析。

4. 思考题

① 利用频率选择滤波器(FIR 滤波器、IIR 滤波器)进行信号去噪的基本思想及主要步骤是什么？

② 如何根据含有噪声信号的频谱特性选择滤波器的类型和设计指标？

5. 实验 MATLAB 代码

实验 7 MATLAB 代码

附录　MATLAB 常用信号运算及命令

MATLAB 是 Matrix Laboratory(矩阵实验室)的缩写,最初是 20 世纪 70 年代后期美国 New Mexico 大学计算机系主任 Cleve Moler 开发的教学辅助软件,后来发展成为适合多学科、多部门要求的应用软件。MATLAB 具有强大的数值计算和图示能力,编程简单易用。在高校,MATLAB 可以作为线性代数、控制理论、信号分析与处理等课程的基本教学工具;在设计研究单位和工程部门,MATLAB 可被用于科学研究和解决各种实际问题。

MATLAB 由内建于解释器中的函数或以 M 文件存在的函数组成,它包含有实现某种算法的程序语句序列。一个全新的算法可以由只包含少量这些函数的程序写出,并可作为另一个 M 文件保存。

MATLAB 常用信号运算及命令如附表 1～附表 12 所列。

附表 1　常用信号运算的 MATLAB 实现

运算名称	数学表达式	MATLAB 实现
信号幅度变化	$y[k]=Ax[k]$	$Y=A*x$
信号时移	$y[k]=x[k-n]$	Y= [zeros(1,k),x]
信号翻转	$y[k]=x[-k]$	Y=fliplr(x)
信号累加	$y[k]=\sum_{n=-\infty}^{k}x[n]$	Y=cumsum(x)
信号差分 (或近似微分)	$y[k]=x[k+1]-x[k]$	Y=diff(x)
信号求和	$y[k]=\sum_{k=n_1}^{n_2}x[k]$	Y=sum(x(n1:n2))
信号能量	$E_x=\sum_{k=-\infty}^{\infty}\|x[k]\|^2$	E=sum(abs(x)^2)
信号功率	$P_x=\frac{1}{N}\sum_{k=0}^{N-1}\|x[k]\|^2$	E=sum(abs(x)^2)/N
两个信号相加	$y[k]=x_1[k]+x_2[k]$	Y=x1+x2
两个信号相乘	$y[k]=x_1[k]x_2[k]$	Y=x1*x2
两个信号卷积	$y[k]=\sum_{n=-\infty}^{\infty}x[n]h[k-n]=x[k]*h[k]$	Y=conv(x,h)
两个信号相关	$R_{xy}[k]=\sum_{k=-\infty}^{\infty}x[k]y[k+n]$	R=xcorr(x,y)

附表 2　MATLAB 操作界面常用菜单选项

菜单项	选　项	功　能
File 基本文件操作	New	建立新文件，包括 M 文件、Simulink 模型和 GUI
	Open	打开已存在的文件
	Close Command Windows	关闭命令窗口
Edit 编辑操作	Clear Command Windows	清除命令内容
	Clear Command History	清除命令历史内容
	Clear Workspace	清除工作空间的内容
View 视图操作	Command Windows	打开命令窗口
	Command History	打开命令历史窗口
	Current Directory	打开当前目录窗口
	Workspace Browser	打开工作空间窗口
Help 帮助	MATLAB Help	MATLAB 帮助
	Demo	演示

附表 3　命令窗口

命　令	功　能	命　令	功　能
clc	清除命令窗口	legend	图例注释函数，用于在图形中添加注释信息
clf	从当前图形删除所有对象	function	产生新的 M 函数
format	控制输出显示的格式	hold	保持当前图形
title	给当前图像加上标题文本		

附表 4　工作空间

命　令	功　能	命　令	功　能
what	提供文件的目录清单	while	以不确定的次数重复语句
which	定位函数和文件	who，whos	列出内存中的当前变量

附表 5　函数说明中的符号

符　号	含　义	符　号	含　义
ai	多项式系数初值	Fs	采样频率
alpha	系数 a	Ftype	滤波器类型
den	分母多项式	pi	返回最接近 π 的浮点数
duty	工作周期	h	幅值
eps	表示浮点相对精度	iter	迭代次数
Fc	载波频率	iu	序号

续附表 5

符　号	含　义	符　号	含　义
lap	区域大小	sd	时宽
nfft	FFT 的长度	W	权值或频率
novelap	覆盖点数	npt	点数
num	分子多项式	width	宽度
opt	可选参数	window	窗函数
order	顺序格式	Wn	频率
Rp	通带波纹	Wp	通带截止频率
Rs	阻带波纹	Ws	阻带截止频率
flops	计算浮点运算累积数	Wt	加权矢量

附表 6　MATLAB 函数及常用指令

函数名	功　能	函数名	功　能
break	终止循环的执行	randn	产生具有零均值和单位方差的随机数和矩阵
ceil	朝$+\infty$方向最接近整数进行取整		
conj	计算复共轭	real	确定一个复数或矩阵的实部
cos	计算余弦	rem	确定矩阵除以同样大小的矩阵后的余数
else	在一个 if 循环中描述另一语句块		
elseif	条件执行在一个 if 循环内的语句块	xlabel	X 轴名
end	终止一个循环	return	引起返回键盘或调用函数
error	显示一个错误信息	roots	确定多项式的根
exp	计算指数	plot	平面线图
fix	朝零方向取整	subplot	创建子图
fliplr	将矩阵进行左右方向翻转	stem	二维杆图
length	确定向量的长度	lookfor	通过所有 help 条目提供关键字搜索
linspace	产生线性间隔的向量	nargin	表明函数 M 文件体内变量的数目
load	从磁盘文件中取回保存好的数据	num2str	将一个数字转换成它的字符串表示
log10	计算常用对数	ones	产生所有元素是 1 的向量或矩阵
if	条件执行语句	pause	暂时停止执行直到用户按任何键
imag	确定一个复数或矩阵的虚部	ploy2rc	确定一个 IIR 全通传输函数级联实现系数
inv	矩阵求逆		
max	确定向量的最大元素	sawtooth	产生周期为 2π 的锯齿波
min	确定向量的最小元素	sign	执行符号函数
rand	产生(0,1)间均匀分布的随机数和矩阵	sin	确定正弦

续附表 6

函数名	功　能	函数名	功　能
sin c	计算一个向量或排列的 sin c 函数	zp2tf	由给定零、极点和增益确定其分子和分母系数
size	返回矩阵维数		
sqrt	计算平方根	zplane	在 z 平面中显示极点和零点
square	产生周期为 2π 的方波	zeros	全零数组
stairs	画阶梯图	grid	在当前图形上增加或减少网格线
sum	确定一个向量的所有元素的和	ylabel	Y 轴名
tf2zp	确定给定传输函数的零点、极点和增益	axis	控制轴刻度和风格的高层指令
zp2sos	由给定零、极点和增益表示一个等效二阶表示	for	以一个给定数目的次数重复执行语句块

附表 7　信号处理的基本函数

函数名	功　能	函数名	功　能
abs	复数幅值	fitter	数字滤波器
angle	复数相角	filter2	二维数字滤波器
conv	卷积	ifft	快速傅里叶逆变换
conv2	二维卷积	ifft2	二维快速傅里叶逆变换
deconv	退卷积	fftshift	将零点平移到频谱中心
fft	快速傅里叶变换	ifftshift	快速傅里叶逆变换平移
fft2	二维快速傅里叶变换		

附表 8　窗函数

命　令	功　能	命　令	功　能
blackman	布莱克曼窗	hanning	汉宁窗
chebwin	多尔夫-切比雪夫窗	kaiser	凯泽窗
hamming	海明窗	bartlett	巴特利特窗

附表 9　滤波器分析和实现

函数名	功　能	函数名	功　能
ellip	设计所有四种类型数字或模拟椭圆滤波器	freqz	数字滤波器的频率响应
ellipord	选择数字或模拟椭圆传输函数的最小阶数	impz	数字滤波器的冲激响应
freqs	模拟滤波器频率响应	filtfilt	进行数据的零相位滤波

附表 10 IIR 和 FIR 滤波器设计

函数名	功 能	函数名	功 能
butter	Butterworth(贝塞尔)模拟滤波器设计	remez	基于 Parks - McClellan 算法的 FIR 滤波器设计
cheby1	Chebshev(切比雪夫)Ⅰ型滤波器设计	fir1	基于窗函数的 FIR 滤波器设计——标准响应
cheby2	Chebshev(切比雪夫)Ⅱ型滤波器设计	fir2	基于窗函数的 FIR 滤波器设计——任意响应

附表 11 IIR 滤波器阶的选择

函数名	功 能	函数名	功 能
butter	设计巴特沃斯滤波器	cheb1ord	计算 Chebshev Ⅰ型滤波器参数
buttord	生成巴特沃斯滤波器的阶次 N 和截止频率 ω_c	Cheb2ord	计算 Chebshev Ⅱ型滤波器参数

附表 12 FIR 滤波器阶的选择

函数名	功 能	函数名	功 能
fir1	设计有限冲击响应滤波器	firls	设计最小二乘法 FIR 滤波器
fir2	设计任意频带的有限冲击响应滤波器	firwin	使用窗函数设计 FIR 滤波器

参考文献

[1] 王睿,周浩敏. 测试信号处理技术[M]. 3 版. 北京:北京航空航天大学出版社,2019.

[2] 程佩青. 数字信号处理教程[M]. 3 版. 北京:清华大学出版社,2007.

[3] 俞卿章. 数字信号处理导教、导学、导考[M]. 西安: 西北工业大学出版社, 2003.

[4] 陈后金. 信号与系统学习指导及题解[M]. 北京: 北京交通大学出版社, 2005.

[5] [美] 米特拉 (Mitra S K). 数字信号处理实验指导书(MATLAB 版)[M]. 北京: 电子工业出版社, 2005.

[6] 胡光锐, 吴小滔. "信号与系统"上机实验[M]. 北京: 科学出版社, 1999.

[7] 熊庆旭,刘锋,常青. 信号与系统[M]. 北京:高等教育出版社,2011.

[8] 王俊,王祖林,高飞,等. 数字信号处理[M]. 北京:高等教育出版社,2019.

[9] 韩萍,何炜琨,冯青,等. 信号分析与处理[M]. 北京:清华大学出版社,2020.

[10] 姜志基. 欧拉公式及其应用[J]. 甘肃教育学院学报:自然科学版, 1997(01):14.

[11] 李昌利. 有限长序列卷积和求解法[J]. 电气电子教学学报, 2008, 30(1):3.

[12] 潘小红. 判断连续时间系统的线性非时变性和因果性[J]. 硅谷, 2012(12):2.

[13] Proakis J G,Manolakis D G. Digital Signal Processing[M]. 方艳梅,刘永清,等译. 北京:电子工业出版社,2007.

[14] Oppenheim A V,Schafer R W. Digital Signal Processing[M]. 刘树棠,译. 西安:西安交通大学出版社,2001.

[15] Ingle V K,Proakis J G. Digital Signal Processing Using MATLAB[M]. 刘树棠,译. 西安:西安交通大学出版社,2008.

[16] 高西全,丁玉美,阔永红. 数字信号处理——原理、实现及应用[M]. 北京:电子工业出版社,2006.

[17] 丁玉美,高西全. 数字信号处理[M]. 西安:西安电子科技大学出版社,2001.

[18] 丁玉美,高西全. 数字信号处理(第 3 版)学习指导[M]. 西安:西安电子科技大学出版社,2008.

[19] 谷源涛. 信号与系统(第 3 版)习题解析[M]. 北京:高等教育出版社,2011.

[20] 郭永彩,廉飞宇,林晓钢. 数字信号处理[M]. 重庆:重庆大学出版社,2009.

[21] 姚天任. 数字信号处理学习指导与题解[M]. 武汉:华中科技大学出版社,2005.

[22] 张莉,陈迎春. 数字信号处理学习指导与题解[M]. 西安:西安电子科技大学出版社,2009.

[23] 程佩青, 李振松. 数字信号处理教程习题分析与解答[M]. 北京:清华大学出版社,2018.

[24] 史林,赵树杰. 数字信号处理[M]. 北京:科学出版社,2007.

[25] 海欣,何慧君,凌桂龙. 数字信号处理学习及考研辅导[M]. 北京:国防工业出版社,2008.

[26] 郑南宁,程洪. 数字信号处理[M]. 北京:清华大学出版社,2007.

[27] 张小虹,王丽娟,任妹婕. 数字信号处理基础[M]. 北京:清华大学出版社,2007.

[28] 周利清,苏菲. 数字信号处理基础[M]. 北京:北京邮电大学出版社,2005.
[29] 方勇. 数字信号处理学习指导与习题详解[M]. 北京:清华大学出版社,2008.
[30] 罗军辉,罗勇江. MATLAB 7.0 在数字信号处理中的应用[M]. 北京:机械工业出版社,2005.
[31] 程正务. 信号与系统简明教程[M]. 北京:机械工业出版社,2009.
[32] 王瑞兰. 信号与系统[M]. 北京:机械工业出版社,2011.
[33] 程佩青. 数字信号处理教程[M]. 北京:清华大学出版社,2017.
[34] 刘顺兰. 数字信号处理[M]. 西安:西安电子科技大学出版社,2015.